普通高等学校“十四五”规划计算机类专业特色教材

数据结构与算法

主　编　罗艳玲　戴晶晶　肖丹丹

副主编　李凤麟　卢　娜　林豪发

胡定兴　许小迪　王利元

华中科技大学出版社

中国·武汉

内 容 介 绍

本书是一本针对计算机科学领域的专业基础性教材。全书共分为9章，涵盖了数据结构与算法的基本概念、线性表、栈和队列、串、树、图、查找、排序、算法分析与设计等方面的知识。本书的编写以“案例驱动”为特色，通过生动的案例引入，帮助读者更加直观地理解和应用理论知识。此外，本书还采用了大量的图解和代码示例，以深入浅出的方式呈现出复杂的算法过程，帮助读者轻松地掌握编程方法。

本书内容难度适中，适用于应用型大学的学习者，旨在培养学生的结构化思维能力，提升学生解决实际问题的能力，并为学生构建稳固的数据结构与算法知识体系打下基础。

图书在版编目（CIP）数据

数据结构与算法/罗艳玲，戴晶晶，肖丹丹主编. -- 武汉:华中科技大学出版社，2024.1

ISBN 978-7-5772-0415-4

Ⅰ.①数… Ⅱ.①罗… ②戴… ③肖… Ⅲ.①数据结构 ②算法分析 Ⅳ.①TP311.12

中国国家版本馆CIP数据核字(2024)第016313号

数据结构与算法
Shuju Jiegou yu Suanfa

罗艳玲　戴晶晶　肖丹丹　主编

策划编辑：范　莹
责任编辑：陈元玉
封面设计：原色设计
责任监印：周治超
出版发行：华中科技大学出版社(中国·武汉)　电话：(027)81321913
武汉市东湖新技术开发区华工科技园　邮编：430223
录　　排：代孝国
印　　刷：武汉市洪林印务有限公司
开　　本：787mm×1092mm　1/16
印　　张：22
字　　数：549千字
版　　次：2024年1月第1版第1次印刷
定　　价：54.00元

本书若有印装质量问题，请向出版社营销中心调换
全国免费服务热线：400-6679-118　竭诚为您服务
版权所有　侵权必究

前　言

本书是一本全面介绍数据结构和算法的教材，涵盖了计算机科学领域中基本的理论和实践知识。本书旨在让读者深入了解数据结构和算法的基础知识，以及它们在实际应用中的作用和意义。以下是本书内容的简要介绍。

第 1 章主要介绍了数据结构和算法的基础知识，包含数据结构的研究内容、基本概念、常用术语、数据类型和抽象数据类型，以及算法和算法分析等方面的内容。此外，本章还对 C 语言基础知识进行了简要概述，包括指针、结构体、函数参数传递、内存的动态分配与释放等内容。

第 2 章到第 6 章依次介绍了线性表、栈和队列、串、树和图等常见数据结构的定义、基本操作及相关算法。具体内容包括线性表的顺序存储和链式存储、栈的顺序栈和链栈、队列的顺序队列和链队、串的存储结构和模式匹配算法、树的基本术语、二叉树的遍历及其应用、线索二叉树、树与二叉树的转换、哈夫曼树及其应用。此外，还介绍了图的定义和基本术语、存储结构、遍历算法及其在实际中的应用，包括最小生成树和最短路径等内容。

第 7 章、第 8 章分别介绍了查找和排序的相关知识。其中，查找部分介绍了线性表查找和树表查找的方法，包括顺序查找、折半查找、分块查找、二叉排序树和平衡二叉排序树等内容。排序部分介绍了各种排序算法的基本概念和分类，包括插入排序、交换排序等内容，并对它们的性能进行了分析比较。

第 9 章着重介绍了常见的算法设计方法，包括分治算法、回溯算法、贪心算法以及动态规划算法。对每种算法的设计方法进行了概述，并通过具体案例的分析和实现来帮助读者深入理解这些算法。

通过全面且系统的内容安排，本书旨在帮助读者构建数据结构与算法框架，为读者在计算机科学领域的学习和研究打下坚实的基础。

本书在编写过程中注重以下几个方面，以确保为读者提供有效的学习体验。

（1）“案例驱动”编写模式：我们深知理论知识与实际问题之间的紧密联系，只有把算法应用到实际场景中，读者才能深刻理解算法的含义和原理。通过实际案例的引入，我们致力于将抽象的理论知识与实际问题相结合，帮助读者更直观地理解和应用所学知识。

（2）图解算法过程：为了确保读者能够轻松地理解复杂的算法原理，我们在书中精心设计了大量图解算法过程。这些图解不仅使用了通俗易懂的语言，而且结合了生动形象的图示，使得抽象的算法概念更加形象化，易于理解。

（3）新增了代码构建思路：我们特别关注培养学生的结构化思维能力，因此在书中新增了代码构建思路。通过详细阐述代码构建的思路和步骤，我们希望能帮助学生树立良好的编程习惯，培养学生的工程实践能力，以及提高学生解决实际问题的能力。

（4）提供完整代码：我们意识到，对于学生来说，通过实际的编程练习能够更好地巩固所学知识。因此，本书提供了丰富的完整代码示例，旨在帮助学生快速掌握编程实现思路并自行进行实践操作。这些代码示例不仅简洁明了，而且易于学生上手操作和实际应用。

此外，本书难度适中，书中的内容既符合理论体系的完整性，又贴近实际应用，以简洁易懂的语言和案例为主线，注重知识的系统性和实用性，确保学生能够快速理解并灵活运用所学知识解决实际问题。

我们希望本书能够为广大读者提供一种愉悦而高效的学习方式，激发读者的学习热情，提升读者解决实际问题的能力，培养读者持久学习计算机科学的兴趣。

本书由武汉工商学院长期从事数据结构教学的一线教师编写，由罗艳玲、戴晶晶、肖丹丹主编，参与编写的教师包括李凤麟、卢娜、林豪发、胡定兴、许小迪、王利元。具体编写分工如下：林豪发编写了第 1 章，卢娜编写了第 2 章，戴晶晶编写了第 3 章，王利元编写了第 4 章，肖丹丹编写了第 5 章，罗艳玲编写了第 6 章，许小迪编写了第 7 章，胡定兴编写了第 8 章，李凤麟编写了第 9 章。全书由罗艳玲统稿。

本书可以作为普通高等院校计算机及相关专业本科、专升本教材，也可作为研究生入学考试的复习参考书。编者提供了电子教案、课后习题答案、作业及实验电子题库，还提供了算法讲解视频（请参见以下二维码），欢迎同行来信交流，编者的电子邮箱是 lyl0627@126.com。

由于编者水平有限，书中难免有错，恳请同行专家及广大读者批评指正。

编　者

2023 年 10 月

目　录

第 1 章　绪论

1.1　数据结构的研究内容

数据结构是计算机科学的基础学科之一，通过研究数据的存储和组织方式来实现高效的数据操作和算法设计。它与算法设计密切相关，是实现高效算法的关键。

数据结构的研究内容主要包括以下几个方面。

（1）数据的逻辑结构：数据的逻辑结构是指描述数据之间的关系，比如线性结构、树形结构、图形结构等。线性结构中的数据元素之间是一对一的关系，如数组和链表；树形结构中的数据元素之间是一对多的关系，如二叉树和 B 树；图形结构中的数据元素之间是多对多的关系，如有向图和无向图。

（2）数据的物理结构：数据的物理结构是指数据在存储器中的实际存储方式，包括顺序存储结构和链式存储结构。顺序存储结构是将数据元素依次存放在连续的存储单元中，如数组；链式存储结构是通过指针将数据元素链接起来，如链表。

（3）数据的操作：数据结构还需要定义一些基本的操作，如插入、删除、查找等。这些操作是对数据结构进行操作和处理的基本方法，能够实现对数据的增删改查等操作。

（4）数据结构的算法：为了能够高效地对数据进行操作，数据结构需要结合相应的算法。算法是一系列解决问题的步骤，通过对数据结构的操作，能够实现对数据的处理。常见的算法包括排序算法、查找算法、图算法等。

（5）数据结构的性能分析：在设计和选择数据结构时，需要考虑其在不同操作下的性能表现，如时间复杂度和空间复杂度。性能分析能够帮助我们评估和比较不同数据结构的效率，选择最适合特定问题的数据结构。

1.2　数据结构的基本概念

数据结构是计算机科学中的一个重要概念，它主要涉及数据的逻辑结构和存储结构，以及对数据的操作等。在学习数据结构的过程中，我们需要掌握一些基本概念和术语。本节将介绍一些常用数据结构的基本概念，有助于读者理解和应用更复杂的数据结构。

1.2.1 逻辑结构

1. 集合结构

集合结构是数据结构中最简单的逻辑结构之一。它描述了一组元素的集合，其中元素之间没有任何顺序关系或层次关系，如图 1-1 所示。集合结构中的元素是无序且唯一的，每个元素在集合中出现一次。

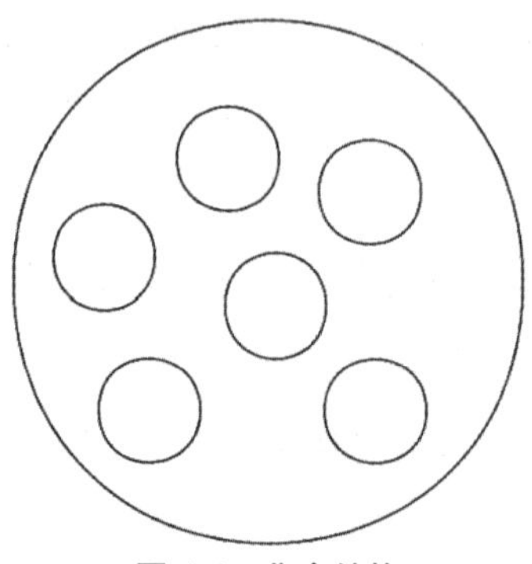

图 1-1 集合结构

集合结构的主要特点包括以下几点。

（1）无序性：集合中的元素没有特定的顺序，元素之间的位置不重要。

（2）唯一性：集合中的元素不可重复，每个元素只能在集合中出现一次。

（3）动态性：集合是可以动态操作的，可以随时添加或删除元素。

集合结构在数据结构领域中被广泛应用，如线性结构、树形结构和图形结构中都有集合结构的应用，且在不同的结构中有其独有的特点和用途。在实际应用中，应根据需求和场景选择合适的集合结构来提高算法与系统的效率及性能。

2. 线性结构

线性结构是最简单也是最常用的数据结构之一，它的元素之间存在一对一的关系。线性结构的主要特点是数据元素之间只存在一个前驱和一个后继，其中第一个元素没有前驱，最后一个元素没有后继，如图 1-2 所示。常见的线性结构有数组、链表、栈和队列等。

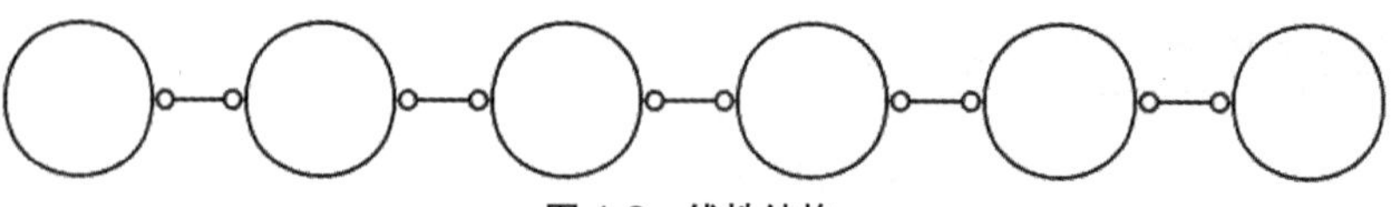

图 1-2 线性结构

数组：数组是由相同类型的元素组成的有限序列，元素在内存中占用连续的空间。数组具有随机访问的特点，可以通过下标直接访问数组中的元素。但是数组的大小一旦确定，就不能动态改变，且插入和删除操作较慢。

链表：链表是由结点组成的数据结构，每个结点包含数据域和指针域。数据域用于存储数据，指针域用于指向下一个结点。链表的插入和删除操作较快，但是随机访问需要遍历整个链表。

栈：栈是一种特殊的线性结构，它是一种后进先出（LIFO）的数据结构。栈的插入和删除操作只能在栈顶进行，数据从顶部进入（push）和离开（pop）。

队列：队列是一种先进先出（FIFO）的数据结构，它的插入操作在队尾进行。队列的删除操作在队头进行。

3. 树形结构

树形结构是一种非线性的数据结构，它由结点和边组成。树的一个结点可以有零个或多个子结点，每个子结点都有一个父结点。在树中，起始结点称为根结点，没有子结点的结点称为叶子结点，其他结点称为内部结点（见图 1-3）。树的常见应用有二叉树、二叉查找树、堆和哈夫曼树等。

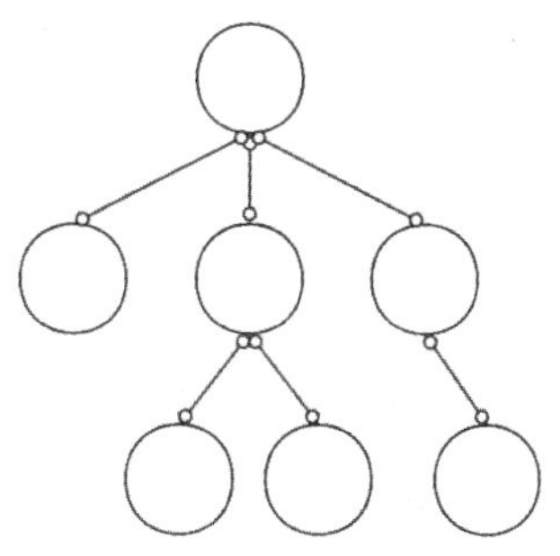

图 1-3　树形结构

二叉树：二叉树是一种特殊的树形结构，每个结点最多只能有两个子结点，称为左子结点和右子结点。二叉树的遍历方式有前序遍历、中序遍历和后序遍历。

二叉查找树：二叉查找树是一种特殊的二叉树，它的左子结点都小于根结点，右子结点都大于根结点。二叉查找树的插入、删除和查找操作较快，时间复杂度为 O(logn)。

堆：堆是一种特殊的树形结构，也称优先队列。堆可以分为最大堆和最小堆，最大堆的父结点大于或等于子结点，最小堆的父结点小于或等于子结点。堆常用于实现堆排序和优先队列。

哈夫曼树：哈夫曼树是一种特殊的二叉树，它是一种最优二叉树，用于数据压缩和编码。哈夫曼树的构建过程是根据数据的频率来构造的，频率越高的数据离根结点越近。

4．图形结构

图是由结点和边组成的一种更为复杂的数据结构，结点之间的关系可以是多对多的。图的结点称为顶点，顶点之间的边表示结点之间的关系，如图 1-4 所示。图的常见应用有无向图、有向图、加权图和图的遍历等。

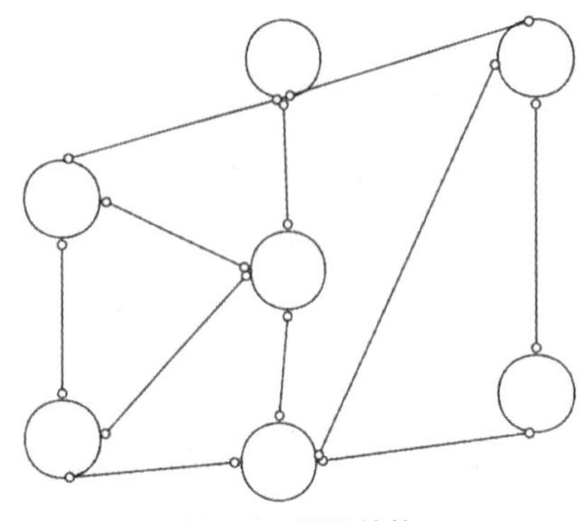

图 1-4　图形结构

无向图：无向图是指边没有方向的图，边是无序的关系。例如，六度空间中，可以把人与人之间的关系看成是无向图。

有向图：有向图是指边具有方向的图，边是有序的关系。例如，可以把网页之间的超链接关系看成是有向图。

加权图：加权图是指边上带有权值的图，表示顶点之间的权重关系。例如，可以把城市之间的距离看成是加权图。

图的遍历：图的遍历是指对图中的所有顶点进行访问的过程。常见的图的遍历方式有深度优先遍历（DFS）和广度优先遍历（BFS）。

以上是数据结构中的一些基本概念，它们是学习和理解更复杂数据结构的基础。在实际应用中，不同的数据结构适用于不同的场景和问题，我们应根据具体的需求选择合适的数据结构以提高程序的效率和性能。

1.2.2　存储结构

存储结构是指数据在内存中的组织方式，对于不同的数据类型和算法来说，我们需要选择适当的存储结构来优化空间利用和提高操作效率。

在数据结构中，常见的存储结构包括顺序存储结构和链式存储结构。

顺序存储结构：将数据元素按照逻辑顺序依次存储到一块连续的存储空间中，如图 1-5 所示。这种存储结构的优势在于通过元素的下标可以直接访问元素，因此查找、插入和删除等操作都可以在 O(1)的常数时间内完成。同时，由于连续的存储空间在物理上也是连续的，因此对于大部分计算机系统来说，顺序存储结构的缓存利用率更高、访问效率更高。

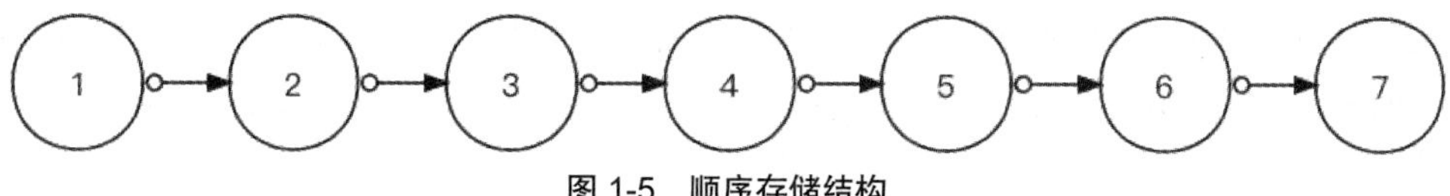

图 1-5　顺序存储结构

链式存储结构：将数据元素存储在一系列不连续的存储块中，并通过指针将这些存储块串联起来，如图 1-6 所示。这种存储结构的优势在于可以适应动态的数据增加和删除，不需要预先分配固定大小的存储空间。同时，链式存储结构对于插入和删除等操作来说更加高效，而查找操作需要遍历整个链表，因此时间复杂度为 O(n)。

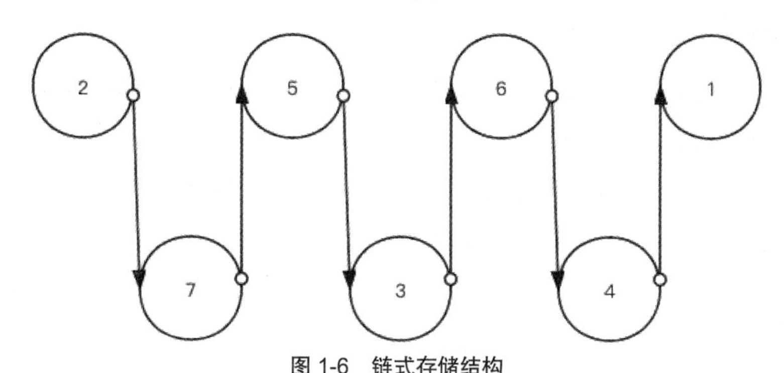

图 1-6　链式存储结构

在实际应用中，我们应根据具体的需求选择适当的存储结构。例如，在需要频繁插入和删除操作的情况下，链式存储结构更为合适；而在需要频繁随机访问元素的情况下，顺序存储结构更为高效。

除了顺序存储结构和链式存储结构，还有一些其他的存储结构，例如散列表和索引等。散列表采用了哈希函数将数据元素映射到固定的存储位置，通过散列函数的均匀性，可以使得散列表的查找操作非常高效。索引则是通过额外的数据结构（例如 B+树）来提供针对特定字段的快速访问。

总之，存储结构是数据结构设计中一个关键的考虑因素。根据实际需求和算法特点选择合适的存储结构，可以有效地提高程序的性能和效率。

1.3　常用术语

数据结构研究的是数据的组织、存储和操作方式。在学习数据结构时，我们经常会遇到一些常用的术语，了解和理解这些术语的含义对于掌握数据结构的概念和原理非常重要。本节将介绍一些常用的数据结构术语，以帮助读者更好地理解数据结构的相关知识。

1.3.1 数据

在计算机科学中，数据是指以可处理的形式存储在计算机系统中的信息。数据可以是数字、文字、图像、音频或视频等形式，可以被处理、分析和存储。数据是信息的基本单位，是计算机科学中最重要的资源之一。

数据可以分为不同的类型，常见的数据类型包括整数、浮点数、字符、布尔值等。这些数据类型在计算机科学中有特定的表示方法和计算规则，用于处理不同的问题和应用场景。

数据的存储和处理有着不同的方式。计算机系统使用二进制来表示和存储数据，通过位和字节的组合来表示不同的数据类型。数据可以存储在内存中或者磁盘等外部存储介质中，通过读/写操作来实现对数据的访问和修改。

数据具有一些重要的属性，包括数据的结构、性质和表现形式。数据的结构指的是数据元素之间的关系和组织方式，如线性结构、树形结构和图形结构等。数据的性质指的是数据的属性和特征，如数据的大小、类型、精度、有效性等。数据的表现形式指的是数据在计算机系统中的存储和传输方式，如文本、图像和音频等。

1.3.2 数据对象

数据对象是指在计算机科学中使用的具体实体或抽象概念，用于表示和存储数据。数据对象可以是一个独立的实体，如一个学生、一本书，也可以是一个抽象的概念，如一个队列、一个图。数据对象通过数据结构进行组织和管理，提供一种灵活的方式来处理和操作数据。

数据对象可以包含多个数据元素，每个数据元素表示数据的最小单位。数据元素可以是基本类型，如整数、浮点数，也可以是复合类型，如结构体、数组。数据元素之间可以存在依赖关系，通过定义数据结构，我们可以建立起数据元素之间的连接和组织方式。

数据对象具有一些重要的属性和操作功能。属性是描述数据对象特征的值，例如学生对象的属性可以包括姓名、年龄、成绩等。操作是对数据对象进行的具体处理和操作，例如图对象可以包括添加顶点、删除顶点等操作。通过对数据对象的操作，我们可以实现对数据的增删改查等功能。

1.3.3 数据元素

数据元素是构成数据对象的最小单位，它是对现实世界中一个个独立的实体或抽象概念的抽象和表示。数据元素可以是一个字符、一个数字、一个对象等，它们可以用来表示某个具体的事物或抽象的概念。

数据元素可以包含一个或多个属性，每个属性描述了数据元素的某个特征或性质。例如，在一个学生数据对象中，一个数据元素可以包含姓名、年龄和成绩三个属性。每个属性都有着自己的数据类型和取值范围，这些属性可以用来描述和区分不同的数据元素。

数据元素之间可以存在某种关系或联系，通过这些关系，我们可以建立数据元素之间的联系和依赖。例如，在一个图数据对象中，数据元素可以表示图的顶点，而顶点之间的边则表示顶点之间的关系。通过定义和操作数据元素之间的关系，可以实现对数据对象的操作和处理。

1.3.4 数据项

数据项是数据元素中最小的单位，它表示数据元素中的一个具体的值或信息。数据项可以是一个单一的数据元素，也可以是由多个数据元素组成的数据集合。

数据项的具体形式和特点取决于所使用的数据类型。在基本数据类型中，一个数据项可以是一个字符、一个整数或一个浮点数。在复合数据类型中，一个数据项可以由多个数据元素组成，如结构体中的各个属性。

数据项是对实际数据进行抽象和表示的结果，它可以用来表示现实世界中的各种数据。例如，在一个学生数据对象中，一个数据项可以表示学生的姓名或年龄。每个数据项都有着自己的类型和取值范围，这样可以方便对其进行操作和处理。

对数据项的操作包括读取、写入和修改等。我们可以通过读取数据项来获取其中存储的信息，通过写入数据项来更新其中的内容，通过修改数据项来改变其中的值。这些操作都是在数据元素的基础上进行的，通过对数据元素的操作，我们可以对数据项进行操作。

最后通过图 1-7 来反映数据元素和数据项之间的关系。

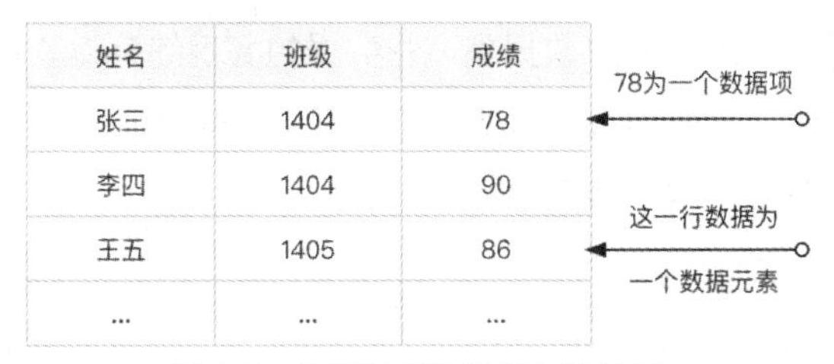

姓名	班级	成绩
张三	1404	78
李四	1404	90
王五	1405	86
...	...	...

图 1-7 数据元素和数据项的关系

1.4 数据类型和抽象数据类型

1.4.1 数据类型

数据类型是编程语言中用于对数据进行分类和定义的概念。它描述了数据的种类、取值范围和可执行的操作。不同的数据类型具有不同的特点和功能，可以用于表示不同的数据。

在数据结构中，常用的数据类型包括基本数据类型和复合数据类型（见图 1-8）。基本数据类型是编程语言中已经定义好的一组最基本的数据类型，如整型、浮点型、字符型等。复合数据类型是由多个基本数据类型组成的数据类型，如数组、结构体、枚举等。

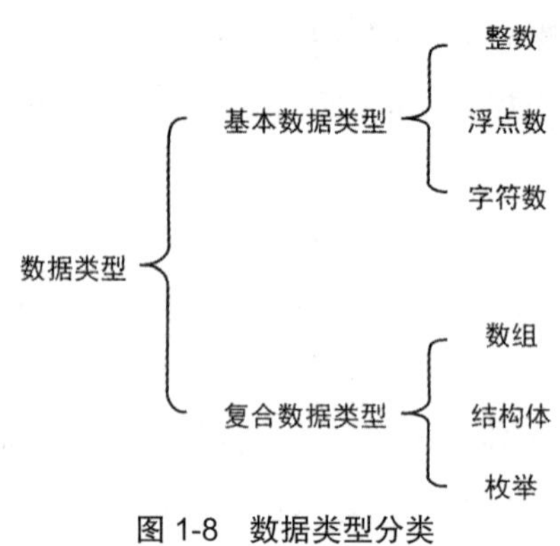

图 1-8 数据类型分类

数据类型定义了数据对象的属性和操作，可以帮助程序员更好地理解和使用数据。例如，在一个学生信息系统中，我们可以定义学生的数据类型，包括姓名、年龄、性别等属性，然后定义一些操作，如获取学生的姓名、修改学生的年龄等。

不同的数据类型有不同的存储方式和空间需求。例如，整数类型可能占用 4 个字节的内存空间，而字符类型可能只需要 1 个字节的内存空间。了解数据类型的存储方式和空间需求可以帮助我们更好地设计和管理内存空间，提高程序的效率和性能。

1.4.2 抽象数据类型

抽象数据类型（Abstract Data Type，ADT）是一种编程方法论，它提供了一种将数据的逻辑结构和操作进行抽象的方式。抽象数据类型将数据的实现细节封装起来，只暴露出数据的功能和特性，隐藏了实现细节，使得数据的使用更加简单和安全。

抽象数据类型的一般形式描述如下：

```
ADT X {
  数据成员定义;
  操作成员定义;
}
```

其中，“ADT X”表示抽象数据类型的名称，“数据成员定义”表示该数据类型的属性或状态，“操作成员定义”表示对该数据类型进行的操作或行为。

具体来说，数据成员定义可以包括该数据类型的字段、属性、变量等；操作成员定义可以包括对该数据类型的创建、修改、删除等操作，以及操作的输入/输出等要求。

抽象数据类型的一般形式描述了该数据类型的基本特征和行为，但并不指定具体的实现方式。具体实现方式可以在具体的编程语言中进行定义和编写。

在抽象数据类型中，数据对象被视为一个整体，称为数据抽象。数据抽象不需要关注具体的存储方式和内部结构，而是关注数据的属性和操作。数据的属性描述了数据的特征和性质，而操作定义了对数据的各种操作和处理方式。

抽象数据类型的核心思想是“定义+实现分离”。它将数据的定义和实现进行分离，使得对数据的使用和操作不依赖于具体的实现细节。这样，我们可以在不影响程序其他部分的情况下，改变数据的实现方式，提高代码的可维护性和灵活性。

1.5　算法和算法分析

1.5.1　算法的定义及特性

算法是一种有限的、明确的步骤序列，用于解决特定的问题或执行特定的任务。它是一种精确而机械的描述，可以按照严格的规定执行，从而得到准确的结果。

算法的特性如下。

（1）有限性（finiteness）：算法必须在有限的步骤之后结束，并产生一个确定的结果，不能永无止境或进入死循环。

（2）确定性（definiteness）：算法的每个步骤必须具有明确的定义和执行顺序，以确保结果的确定性。算法中的每一条指令都必须清晰明了，没有二义性。

（3）输入（input）：算法至少有一个输入，即问题的初始数据。输入可以是零个、一个或多个，但必须通过某种方式明确给定。

（4）输出（output）：算法必须产生一个输出，这是为了解决问题或执行任务而定义算法的关键目标。输出可能是一个特定的结果、一个状态改变或一个生成的数据结构。

（5）可行性（feasibility）：算法的每一步必须是可以执行的，并且可以通过有限的基本操作（如赋值、比较、运算等）来实现。

（6）正确性（correctness）：算法必须能够在有限的步骤内解决问题，并且这个结果要符合预期的要求。算法的正确性要保证对于任何输入都能得到正确的输出。

（7）效率（efficiency）：算法的执行时间和所需的空间资源应尽量少（即时间复杂度和空间复杂度）。算法应该设计得尽可能高效，以便在合理的时间内处理大量的数据。

1.5.2　算法的评价标准

算法的评价是衡量其性能和质量的过程，可以根据下列标准对算法进行评价。

（1）正确性（correctness）：算法的结果必须是正确的。评估算法的正确性包括验证其在各种输入情况下是否能产生预期的正确输出。

（2）时间复杂度（time complexity）：时间复杂度是衡量算法执行时间随输入规模增长的增长率。通常用大 O 符号表示。

（3）空间复杂度（space complexity）：空间复杂度是衡量算法执行所需内存空间随输入规模增长的增长率。通常也用大 O 符号表示。

（4）可读性（readability）：算法应该具有清晰、简洁和易于理解的结构。良好的可读性可以提高代码的可维护性和可管理性。

（5）可维护性（maintainability）：算法设计应考虑到代码的可维护性，包括易于修改、扩展和重用。合理的算法结构和注释可以提高代码的可维护性。

（6）可靠性（reliability）：算法应该在各种输入情况下都能给出正确的结果。算法应该经过充分的测试和验证，以确保其可靠性。

（7）可移植性（portability）：算法应该具备一定的通用性，可以在不同的平台和环境下执行。算法应该尽量避免依赖特定的硬件或软件。

（8）可扩展性（scalability）：算法应该具备一定的可扩展性，能够处理大规模的输入数据。算法的性能应该随着数据规模的增大而能够合理地扩展。

其中，时间复杂度和空间复杂度是评价算法优劣的重要标准，而其他的评价标准属性比较好理解，下面将详细讲解时间复杂度和空间复杂度。

1.5.3 算法的时间复杂度

时间复杂度是衡量算法执行时间随输入规模增大的增长率。它是分析算法执行效率的重要指标，通过对算法的操作次数进行估计得出。通常情况下，时间复杂度的度量标准是算法基本运算的执行次数。

在介绍时间复杂度之前，需要对大 O 进行解释。

在算法分析中，大 O 表示一种上界（上限）符号，用来表示算法在最坏情况下的时间复杂度。

具体来说，我们通常使用大 O 符号来指示算法在处理输入规模增大时的渐进行为。大 O 符号提供了一种近似框架，使得我们可以描述算法的运行时间与输入规模之间的关系。

记号中的“O”表示“Order of”（阶），后面的表达式表示算法运行时间的增长率。因此，大 O 表示算法的渐进上界，它告诉我们在最坏的情况下，算法的运行时间将不会超过这个上界。

例如，如果我们说一个算法的时间复杂度是 $O(n)$，那么它的运行时间将直接随着输入规模 n 的增长而线性增长。如果时间复杂度是 $O(n^2)$，那么它的运行时间将随着输入规模 n 的增长而平方级增长。

需要注意的是，大O表示的是一个上界，因此也包含了比该上界更小的复杂度。

大O表示法（O notation）是一种用于描述算法复杂度的标记符号，它表示算法执行时间（或空间）与问题规模的增长关系。

大O表示法的一般格式为O(f(n))，其中f(n)是一个函数，表示算法执行时间（或空间）的增长率。在这种表示法中，忽略了常数系数和低次项，只关注随着输入规模n的增长，算法的执行时间（或空间）如何增长。

上面的时间复杂度的表示还是较复杂，我们一般使用大O表示法来简化表示时间复杂度。

以下是一些常见的大O表示法的例子。

- 复杂度为常数时，如45、555555等都表示为O(1)。
- 复杂度包含n时，省略系数与常数项，只取n的最高阶项，如5n+67为O(n)、$34n^3+5n^2+6n$为$O(n^3)$。
- 复杂度为对数时，如$\log_9(n)$、$\log_3(n)$等都表示为O(logn)。
- 省略低阶、只取高阶（即取最大阶）时，如logn+nlogn表示为O(nlogn)。

复杂度的大小如下。

$O(1) < O(\log n) < O(n) < O(n\log n) < O(n^2) < O(n^3) < O(2n) < O(n!) < O(n^n)$

复杂度越小，说明算法越好。

需要注意的是，大O表示法只表示算法的渐进增长率，而不考虑具体的常数因素。因此，同样的大O复杂度的两个算法，可能具有不同的实际执行时间。

大O表示法提供了一种简洁、标准化的方式来比较和分析不同算法的效率和性能，帮助我们选择最优的算法来解决具体的问题。

常见的时间复杂度包括以下几种。

1. O(1)

O(1)：常数时间复杂度，表示算法执行时间固定，与输入数据规模无关。常数时间复杂度的代码实现如算法1-1所示。

算法1-1　常数时间复杂度

```
#include <stdio.h>
int main() {
    int a = 1;
    int b = 2;
    int c = a + b;
    printf("%d\n",c);
    return 0;
}
```

上述代码中，无论a和b的值如何变化，c的计算时间都是恒定的，即只运算一次，因此时间复杂度为 O(1)。

2. O(n)

O(n)：线性时间复杂度，表示算法的执行时间与输入规模呈线性关系。线性时间复杂度代码实现如算法 1-2 所示。

算法 1-2　线性时间复杂度

```
int i;
for(i = 0;i < n;i++) {
   printf("%d\n",i);
}
```

上述代码中，循环的执行次数与 n 的大小线性相关，因此时间复杂度为 O(n)。

3. $O(n^2)$

$O(n^2)$：平方时间复杂度，表示算法的执行时间与输入规模的平方成正比。平方时间复杂度的代码实现如算法 1-3 所示。

算法 1-3　平方时间复杂度

```
int i,j;
for(i = 0;i < n;i++) {
   for(j = 0;j < n;j++) {
      printf("%d %d\n",i,j);
   }
}
```

上述代码中，双重循环导致了 n^2 次的执行次数，因此时间复杂度为 $O(n^2)$。

4. O(logn)

O(logn)：对数时间复杂度，表示算法的执行时间与输入规模的对数成正比。对数时间复杂度的代码实现如算法 1-4 所示。

算法 1-4　对数时间复杂度

```
i=1;           /*运行 1 次*/
while(i<=n)  /*可假设运行 x+1 次*/
{
 i=i*2;        /*可假设运行 x 次*/
}
```

上述代码中，可以计算出循环体中每条语句的执行次数，进而确定整个循环的时间复杂度。

（1）在每次循环迭代中，i 的值会翻倍，因此，可以将循环次数表示为 2^x。

（2）由于 i 的初始值为 1，所以循环的终止条件为 $i > n$。

（3）因此，循环终止的条件是 $2^x > n$，即 $x > \log_2(n)$。

（4）因此，循环体中的语句将执行 x 次，即 x 的值为 $\log_2(n)$。

根据以上分析，循环体的时间复杂度为 O(logn)，其中 n 表示循环的输入大小。循环体中的代码执行次数随着 n 的增加而增加，但是，由于每次迭代都将 i 翻倍，因此循环体中代码的执行次数并不是线性增长，而是呈指数增长。也就是说，每次循环执行都会使得 i 的值翻倍，直到 i 大于 n 才会停止循环。所以循环体中的代码执行次数是与 n 的大小相关的。但是根据上述分析，循环的执行次数与 x 有关，满足 $x+1 > \log n + 1$。因此，可以得出结论，该代码的时间复杂度为 O(logn)。

5. O(nlogn)

O(nlogn)：线性对数时间复杂度，表示算法的执行时间与输入规模的线性关系和对数关系的乘积成正比。常见的排序算法如快速排序和归并排序具有线性对数时间复杂度。

6. $O(2^n)$

$O(2^n)$：指数时间复杂度，表示算法的执行时间呈指数增长，其执行时间会随着输入规模的增加而急剧增加。通常来说，指数时间复杂度的算法不太实用。

在分析算法的时间复杂度时，我们通常关注最坏情况下的执行时间，即算法执行时间的上界。通过计算算法中基本操作的执行次数，我们可以得到算法的时间复杂度表示。例如，将上述前三个例子的代码合并，可以得到其时间复杂度为 n^2+n+1，但当 n 趋近于无限大时，n^2+n+1 近似 n^2，因此我们用 $O(n^2)$而非 $O(n^2)+O(n)+O(1)$去表示这段结合代码的算法时间复杂度。

1.5.4　算法的空间复杂度

空间复杂度是衡量算法执行所需内存空间随输入规模增大的增长率。它是分析算法占用空间资源的重要指标，通过对算法所使用的额外内存空间进行估计得出。通常将算法所需的辅助空间作为度量标准。辅助空间即除了输入数据和算法本身占用的空间外，算法在执行过程中额外使用的空间。

常见的空间复杂度包括以下几种。

1. 常数空间复杂度（O(1)）

常数空间复杂度（O(1)）：算法占用的额外内存空间与输入规模无关，无论输入的数据量大小如何，所需要的额外内存空间大小固定。常数空间复杂度的代码实现如算法 1-5 所示。

算法 1-5　常数空间复杂度

```
int a = 1;
int b = 2;
int sum = a + b;
```

上述代码中的变量 a、b、sum 都是固定的，不会随输入变化而增加额外空间，因此空间复杂度为 O(1)。

2. 线性空间复杂度（O(n)）

线性空间复杂度（O(n)）：算法占用的额外内存空间与输入规模呈线性关系，随着输入规模的增加，额外内存空间的占用也相应地线性增长。线性空间复杂度的代码实现如算法 1-6 所示。

算法 1-6　线性空间复杂度

```
int* arr = malloc(sizeof(int) * n);
```

上述代码中的数组 arr 的长度会随着输入 n 的增加而增加额外空间，因此空间复杂度为 O(n)。

3. 平方空间复杂度（O(n^2)）

平方空间复杂度（O(n^2)）：算法占用的额外内存空间与输入规模的平方成正比。常见的嵌套循环算法通常具有平方空间复杂度。平方空间复杂度的代码实现如算法 1-7 所示。

算法 1-7　平方空间复杂度

```
#include <stdio.h>
int main() {
    int n;
    printf("请输入数组的长度：");
    scanf("%d",&n);
    int arr[n];
    printf("请输入数组元素：");
    for(int i=0;i<n;i++) {
        scanf("%d",&arr[i]);
    }
    int sum = 0;
    for(int i=0;i<n;i++) {
        for(int j=0;j<n;j++) {
            sum += arr[i] * arr[j];
        }
    }
    printf("平方和为：%d\n",sum);
    return 0;
}
```

上述代码中首先接受用户输入一个数组的长度和元素，然后使用两个嵌套的循环遍历数组的每个元素，计算它们的乘积，并将结果累加到 sum 变量中。因为需要使用一个大小为 n 的数组来存储用户输入的数据，同时还要使用两个循环来处理数组中的每个元素，所以这个算法的空间复杂度为 O(n^2)。

4. 对数空间复杂度（O(logn)）

对数空间复杂度（O(logn)）：算法占用的额外内存空间与输入规模的对数成正比，随着输入规模的增加，额外内存空间占用增长较慢。对数空间复杂度的代码实现如算法 1-8 所示。

算法 1-8　对数空间复杂度

```
#include <stdio.h>
void func(int n) {
    if (n <= 1) {
```

```
        return 0;/* 如果 n 小于等于 1，则结束函数，不执行函数体内剩余的语句 */
    }
    int i;
    for (i = 1;i <= n;i *= 2) {
        printf("%d ",i);
    }
}
int main() {
    int n = 8;
    func(n);
    return 0;
}
```

上述代码中演示 func(int n)函数接收一个整数 n 作为参数，用于打印从 1 到 n 的所有幂次。

（1）在函数中，我们首先检查输入参数 n 是否小于等于 1，如果是，则返回。这是递归的停止条件。

（2）接下来是一个循环，从 i = 1 开始，每次将 i 乘以 2，直到 i 超过 n 为止。在每次迭代中，我们打印 i 的值。

（3）在 main()函数中，我们设置 n 的值为 8，并通过调用 func(n)来执行该函数。

（4）由于循环条件是 i <= n，且每次迭代时 i 乘以 2，所以循环的次数为 $\log_2(n)$。因此，程序的空间复杂度为 O(logn)。

（5）最终结果为：1 2 4 8，即 $\log_2(8)=3$ 次迭代。

5. 线性对数空间复杂度（O(nlogn)）

线性对数空间复杂度（O(nlogn)）：算法占用的额外内存空间与输入规模的线性关系和对数关系的乘积成正比。常见的排序算法如快速排序和归并排序具有线性对数空间复杂度。

6. 指数空间复杂度（$O(2^n)$）

指数空间复杂度（$O(2^n)$）：算法占用的额外内存空间呈指数增长，其占用的额外内存空间会随着输入规模的增加而急剧增加。通常来说，指数空间复杂度的算法不太实用。

在分析算法的空间复杂度时，我们通常关注额外的内存空间占用情况，不包括输入数据本身所占用的空间。通过计算算法所使用的额外内存空间大小，可以得到算法的空间复杂度表示。

1.6 C语言基础

C 语言是一种通用的、高级的编程语言，广泛用于系统软件和应用软件的开发。在数据结构中，我们需要掌握 C 语言的基础知识，以便实现各种数据结构和算法。

本节将介绍 C 语言的基础知识，包括指针、结构体、函数参数传递、内存的动态分配与释放等内容。

1.6.1 指针

指针是C语言中非常重要的概念，它是一种特殊的变量类型，存储的是内存地址而不是实际的数据值。通过指针，我们可以直接访问和操作内存中的数据，这在数据结构和算法的实现中非常有用。

在数据结构中，指针可以用于实现链表、树、图等数据结构，让数据的存储和访问更加灵活和高效。指针的使用能够节省内存空间，提高程序的运行效率。

指针的声明和使用十分简单，首先要定义一个指针变量，可以使用操作符来声明一个指针类型的变量。然后可以使用&操作符来获取变量的地址，赋值给指针变量。通过指针变量，可以通过操作符来访问和修改指针所指向的内存。

以下是一个展示指针基本用法的简单例子，如算法1-9所示。

算法1-9 指针基本用法

```
#include <stdio.h>
int main() {
    int num = 10;
    int *ptr;            /*声明一个指针变量*/
    ptr = &num;          /* 将num的地址赋值给ptr */
    printf("num的值为：%d\n",num);
    printf("ptr的地址为：%p\n",ptr);
    printf("ptr所指向的值为：%d\n",*ptr);
    return 0;
}
```

输出结果如下。

```
num的值为：10
ptr的地址为：0x7ffc6e95a22c（地址会根据系统的不同而有所变化）
ptr所指向的值为：10
```

在上面的例子中，首先声明了一个指针变量ptr，然后将变量num的地址赋给了ptr。通过*ptr可以访问和修改num的值，这就是指针的基本用法。

1.6.2 结构体

结构体是一种自定义数据类型，它可以将多个不同类型的数据组合在一起形成一种新的类型。结构体可以包含不同类型的数据，比如整数、浮点数、字符、指针，以及其他结构体本身。

结构体的定义使用关键字struct，后面紧跟结构体的名称以及结构体的成员。成员的定义由成员类型和成员名称组成，它们之间使用冒号分隔。结构体定义通常放在函数之外，因为它们会被多个函数使用。

下面是一个结构体定义的示例，如算法1-10所示。

算法 1-10　指针基本用法

```
struct Person {
    char name[50];
    int age;
    float height;
};
```

在上面的例子中，我们定义了一个名为 Person 的结构体，它有 name、age 和 height 三个成员，分别表示人的名字、年龄和身高。name 是一个字符数组，age 是一个整数，height 是一个浮点数。

我们可以使用定义好的结构体来创建结构体变量。结构体变量的创建需要使用关键字 struct 加上结构体的名称，后面再跟上变量的名称。下面是一个示例：

```
struct Person person1;
```

在上面的例子中，我们创建了一个名为 person1 的结构体变量，它的类型是 Person，即我们之前定义的结构体。

我们可以通过点运算符来访问结构体变量的成员。结构体成员的访问的代码实现如算法 1-11 所示。

算法 1-11　结构体成员的访问

```
strcpy(person1.name,"John");
person1.age = 25;
person1.height = 1.75;
/*                例 1-11 结构体成员的访问                */
```

在上面的例子中，我们使用了字符串函数 strcpy 来给 person1.name 赋值，将字符串"John"复制给 person1.name；然后，我们给 person1.age 和 person1.height 分别赋了整数 25 和浮点数 1.75。

结构体可以作为函数的参数和返回值。当作为参数传递时，我们通常将结构体作为值传递，即将结构体的副本传递给函数。结构体作为函数参数进行值传递的代码实现如算法 1-12 所示。

算法 1-12　结构体作为函数参数进行值传递

```
void printPerson(struct Person p) {
    printf("Name: %s\n",p.name);
    printf("Age: %d\n",p.age);
    printf("Height:%.2f\n",p.height);
}
```

在上面的示例中，我们定义了一个打印结构体成员的函数 printPerson()，它接受一个 Person 类型的参数 p，并打印出 p 的成员。

结构体还可以相互嵌套，即一个结构体的成员可以是另一个结构体的成员。这种嵌套能让我们更灵活地组织和处理数据。

结构体是C语言中非常重要的数据类型，它提供了一种有效的方式来组织、操作和传递数据。在学习数据结构和算法时，结构体常被用来实现复杂的数据类型，比如链表、树等。

1.6.3 函数参数传递

函数是一种可以执行特定任务的可重用代码块，通过使用参数传递，函数能够接收输入并返回输出。实际上，函数参数传递有以下几种不同的方式。

1. 值传递

在C语言中，函数参数传递采用值传递方式。当调用函数时，函数的形参将会在内存中分配一个新的空间，并将实参的值复制到该空间。因此，在函数内部修改形参的值不会影响到实参的值。

值传递的代码实现如算法1-13所示。

算法1-13 值传递

```
#include <stdio.h>
void swap(int a,int b)
{
    int temp = a;
    a = b;
    b = temp;
}

int main()
{
    int x = 5,y = 10;
    printf("Before swap:x = %d,y = %d\n",x,y);
    swap(x,y);
    printf("After swap:x = %d,y = %d\n",x,y);
    return 0;
}
```

输出结果如下：

```
Before swap:x = 5,y = 10
After swap:x = 5,y = 10
```

从以上代码可以看到，即使在swap函数中进行了交换操作，但在main函数中，原来的变量值并没有改变。

2. 指针传递

为了在函数内部修改实参的值，可以使用指针作为函数参数，通过指针传递实现。

指针传递的代码实现如算法1-14所示。

算法1-14 指针传递

```
#include <stdio.h>
void swap(int *a,int *b)          /* a和b为指针类型的形参 */
{
```

```
    int temp = *a;
    *a = *b;
    *b = temp;
} /* 在函数内部调换*a 和*b 的值，即 x 和 y 的值 */
int main()
{
    int x = 5,y = 10;
    printf("Before swap:x = %d,y = %d\n",x,y);
    swap(&x, &y);           /* 将 x 和 y 的地址分别赋值给函数形参 a 和 b */
    printf("After swap:x = %d,y = %d\n",x,y);
    return 0;
}
```

输出结果如下：

```
Before swap:x = 5,y = 10
After swap:x = 10,y = 5
```

从以上代码可以看到，通过传递指向实参的指针，实现了在 swap 函数内部交换实参的值。

3. 数组作为函数参数

数组作为函数参数时，传递的是数组的首地址。因此，函数内部对数组元素的修改会影响到原数组。

数组作为函数参数传递的代码实现如算法 1-15 所示。

算法 1-15　数组作为函数参数传递

```
#include <stdio.h>
void modifyArray(int arr[],int size)
{
    for (int i = 0;i < size;i++)
    {
        arr[i] += 10;
    }
}
int main()
{
    int arr[] = {1,2,3,4,5};
    int size = sizeof(arr) / sizeof(arr[0]);   /* 数组空间大小除以一个数组元素空间大
小，结果为 5 */
    printf("Before modify:");
    for (int i = 0;i < size;i++)
    {
        printf("%d",arr[i]);
    }/* 打印数组 */
    printf("\n");
    modifyArray(arr, size);         /* 进入函数 modifyArray */
    printf("After modify:");
    for (int i = 0;i < size;i++)
    {
        printf("%d",arr[i]);
    }/* 经过函数 modifyArray 后打印数组 */
```

```
    printf("\n");
    return 0;
}
```

输出结果如下：

```
Before modify:1 2 3 4 5
After modify:11 12 13 14 15
```

从以上代码可以看到，通过将数组作为参数传递给函数，并在函数内部修改数组元素的值，实现了对原数组的修改。

1.6.4 内存的动态分配与释放

在C语言中，内存的动态分配与释放是非常重要的概念。在程序编写过程中，我们通常无法预先确定需要多少内存空间来存储数据，因此需要动态地分配内存以容纳数据。动态分配内存的最常用的方法是使用C标准库提供的malloc()函数，而释放已分配内存则使用free()函数。

1. 动态分配内存

动态分配内存的函数是malloc()。它的原型如下：

```
void* malloc(size_t size);
```

其中，size是需要分配的内存大小，单位是字节。malloc()函数返回一个指向分配内存的指针，如果分配失败，则返回NULL。

动态分配内存的代码实现如算法1-16所示。

算法1-16 动态分配内存

```
int* ptr;
ptr = (int*)malloc(4 * sizeof(int));        /* 在堆上分配 4 个整数长度的内存空间 */
if (ptr == NULL) {
    printf("动态内存分配失败！");
    return 0;
}
```

上述代码将在堆中分配一个整数大小的空间，并返回指向该空间的指针。要注意的是，当使用malloc()函数分配内存时，应使用强制类型转换将返回的指针转换为我们需要的指针类型。

2. 释放内存

释放动态分配的内存是非常重要的，否则会导致内存泄漏。释放内存的函数是free()，其原型如下：

```
void free(void* ptr);
```

其中，ptr是一个指向动态分配内存的指针。调用该函数后，ptr所指向的内存将被释放，并可以重新被其他程序使用。

释放动态分配的内存的代码实现如算法 1-17 所示。

算法 1-17　释放动态分配的内存

```
free(ptr);              /* 释放 ptr 指向的堆内存 */
ptr = NULL;             /* 将指针置为 NULL 是一个良好的编程习惯 */
```

需要注意的是，首先，malloc()函数和 free()函数在使用前需要包含 stdlib.h 头文件。其次，动态分配内存后一定要记得释放，否则会导致内存泄漏，造成程序运行速度变慢或崩溃。

实践小技巧：在使用 malloc()函数分配内存后，应该检查返回的指针是否为 NULL，以确保内存分配成功。

在释放内存后，将指针置为 NULL 是一个良好的编程习惯，这可以防止野指针的产生。

总结：动态分配内存是 C 语言的重要概念，使用 malloc()函数可以在堆内存中分配指定大小的内存空间。释放内存时应当使用 free()函数，释放后将指针置为 NULL。合理地使用动态分配和释放内存可以节约内存资源，并避免内存泄漏和程序崩溃的问题。

1.7　本章小结

本章主要介绍了数据结构的研究内容、基本概念、常用术语、数据类型和抽象数据类型、算法和算法分析以及 C 语言基础。

在第 1.1 节中，我们了解到数据结构的研究内容主要包括数据的组织、存储和操作等方面。

在第 1.2 节中，我们介绍了数据结构的基本概念，包括逻辑结构和存储结构。其中，逻辑结构描述了数据之间的关系，分为集合结构、线性结构、树形结构和图形结构；存储结构描述了数据在计算机中的实际存储方式，分为顺序存储和链式存储。

在第 1.3 节中，我们学习了一些常用的术语，包括数据、数据对象、数据元素和数据项，这些术语在后续的学习中会频繁出现。

在第 1.4 节中，我们介绍了数据类型和抽象数据类型。数据类型描述了数据的性质和操作，而抽象数据类型则是一种将数据类型的定义及其操作封装起来的方法。

在第 1.5 节中，我们讨论了算法和算法分析。算法是指解决问题的一系列步骤。我们还介绍了算法的定义及其特性，以及如何评价算法的好坏，包括时间复杂度和空间复杂度。

在第 1.6 节中，我们对 C 语言基础进行了简要介绍。这些基础知识包括指针、结构体、函数参数传递以及内存的动态分配与释放，这些基础知识将在后续的学习和实践中发挥重要作用。

通过本章的学习，我们对数据结构的基本概念、常用术语、数据类型和抽象数据类型、算法和算法分析以及 C 语言基础有了初步的了解，为后续的学习打下了基础。

习　题

一、简答题

1.1　数据结构的研究内容

1. 什么是数据结构？为什么要研究数据结构？

2. 数据结构的分类和特点是什么？

1.2　数据结构的基本概念

1. 逻辑结构和存储结构之间的关系是什么？

2. 逻辑结构的分类和特点是什么？

3. 存储结构的分类和特点是什么？

1.3　常用术语

1. 数据、数据对象、数据元素和数据项之间的关系是什么？

2. 数据元素和数据项的定义和特点是什么？

1.4　数据类型和抽象数据类型

1. 什么是数据类型？数据类型的分类和特点是什么？

2. 什么是抽象数据类型？为什么需要抽象数据类型？

1.5　算法和算法分析

1. 算法的定义和特性是什么？

2. 算法的评价标准有哪些？

3. 什么是算法的时间复杂度？如何计算时间复杂度？

4. 什么是算法的空间复杂度？如何计算空间复杂度？

1.6　C 语言基础

1. 什么是指针？指针的作用和特点是什么？

2. 什么是结构体？结构体的作用和特点是什么？

3. 函数参数传递的方式有哪些？它们的特点和适用场景是什么？

4. 动态内存分配和释放的方法有哪些？如何使用它们？

二、选择题

1. 数据结构是研究（　　）的学科。

A.程序设计　　　　B.数据管理

C.数据和信息的组织　　　　D.数据安全性

2. 逻辑结构描述的是数据元素之间的（　　）。

A.物理位置关系　　B.存储方式关系

C.相互依赖关系　　D.逻辑操作关系

3. 数据元素是（　　）。

A.多个数据项的集合　　B.数据的基本单位

C.数据的逻辑关系　　D.数据存储的方式

4. 抽象数据类型主要强调的是（　　）。

A.数据的物理存储　　B.数据的逻辑关系

C.数据的操作过程　　D.数据的安全性

5. 算法的时间复杂度是指（　　）。

A.程序运行的时间　　B.算法所需的空间

C.算法执行的步骤数　　D.算法的计算精度

6. C 语言中的指针是（　　）。

A.一种数据类型　　B.一种数据结构

C.一种算法　　D.一种存储方式

7. 结构体是用来（　　）。

A.存储多个不同类型的数据　　B.存储多个相同类型的数据

C.控制程序的执行顺序　　D.实现循环结构

8. 函数参数传递的方式有（　　）。

A.值传递和引用传递　　B.数组传递和指针传递

C.值传递和指针传递　　D.数组传递和引用传递

9. 动态内存分配和释放是为了解决（　　）问题。

A.提高程序运行效率　　B.简化程序的编写过程

C.降低内存的占用量　　D.灵活管理内存空间

10. 指针的作用是（　　）。

A.存储数据的值　　B.存储数据的地址

C.存储数据的索引　　D.存储数据的类型

第 2 章　线性表

2.1　案例引入

线性表是一种由一系列元素组成的数据结构，这些元素按照线性的顺序进行排列。除了第一个元素没有前驱元素、最后一个元素没有后继元素，每个元素都有唯一的直接前驱元素和唯一的直接后继元素。

线性表可以通过顺序存储结构（如数组）或链式存储结构（如链表）来实现。线性表是一种常见且应用场景极其广泛的数据结构，可以用来组织和存储一组有序的元素，有很多现实应用案例，比如火车时刻表、在线购物平台的购物清单、社交媒体的时间线等。

【案例一】　图 2-1 为某日武汉到深圳部分列车的简化车次时刻表，如何组织以下信息并处理各种查询操作呢？（比如查询从指定起点站到终点站的所有列车信息，并按照发车时间的先后顺序或者所需时长进行排序。）

车次	起点站	终点站	出发时刻	到达时刻	路程时长
K641	武昌	深圳东	2:33	18:22	15时49分
K1347	武昌	深圳	5:34	19:57	14时23分
Z229	武昌	深圳东	6:21	19:10	12时49分
G1001	武汉	深圳北	7:25	12:14	4时49分
G2703	武汉	深圳北	7:38	14:35	6时57分
G1003	武汉	深圳北	7:55	12:47	4时53分
G2705	武汉	深圳	8:00	15:42	7时42分
G1005	武汉	深圳北	8:12	13:08	4时56分
G881	武汉	深圳北	9:00	13:20	4时20分
G2281	武汉	深圳北	9:23	6:38	7时15分
G1017	武汉	深圳北	9:27	14:44	5时17分
G849	武汉	深圳	9:30	14:50	5时20分
G531	武汉	深圳北	9:43	15:00	5时17分
G1030	汉口	深圳北	9:51	16:00	6时09分
G883	武汉	深圳北	10:07	14:40	4时33分
G1027	武汉	深圳北	10:22	16:00	5时38分
G2707	武汉	深圳北	10:45	7:22	6时37分
G1034	汉口	深圳北	10:57	16:46	5时49分
G1185	武汉	深圳北	10:57	16:09	5时12分

图 2-1　车次时刻表示意图

【案例二】　图 2-2 为用户在某平台的购物车清单，如何组织购物车中的商品信息，以便让用户能够增加、删除和查看修改后的购物清单中的商品呢？

商品ID	商品名称	商品数量	单价（元）
10034	洁面乳	2	100
10036	爽肤水	1	200
10038	面霜	1	300
20013	男士外套	1	500
20016	女士裙子	2	300
20017	女士牛仔裤	1	250
50002	牛奶巧克力	2	15
50004	薯片	1	20
50007	果冻	3	5

图 2-2　购物车清单示意图

观察发现，如果将案例一中的每列车次的信息作为一个数据元素，案例二中的每件商品的信息作为一个数据元素，那么上述问题都能够以线性表的方式组织起来进行操作。线性表是深入学习数据结构和算法的基础，它为解决实际问题和优化计算机程序提供了有力的工具。

注意：为了描述简洁，本章后面出现的前驱和后继均指直接前驱和直接后继。

2.2　线性表的基本概念

2.2.1　线性表的定义及特点

线性表（list）是由 n（n≥0）个具有相同数据类型的数据元素组成的有限序列。线性表有且只有一个开始数据元素，它没有前驱数据元素但有一个后继数据元素；线性表有且只有一个终结数据元素，它没有后继数据元素但有一个前驱数据元素；其他所有数据元素有且只有一个前驱数据元素和一个后继数据元素。数据元素之间的关系是一对一的关系。其通常记为如下形式：

$$\{a_1,a_2,\cdots,a_{i-1},a_i,a_{i+1},\cdots,a_n\}$$

其中：n 为表长，当 n=0 时，表示该表为空表。

线性表具有以下几个特点。

（1）有序性：线性表中的元素是有序排列的，每个元素都有一个确定的位置。这种有序性使得线性表的元素可以按照先后顺序进行访问和处理。

（2）相同类型：线性表中的元素具有相同的数据类型。这意味着所有元素都是相似的，可以使用相同的操作和规则进行处理。

（3）可变长度：线性表的长度是可变的，可以根据需要动态增加或删除元素。这种灵活性使得线性表在实际应用中能够动态适应数据的变化。

（4）前驱和后继：除了第一个元素没有前驱元素、最后一个元素没有后继元素，线性表中的每个元素都有唯一的前驱数据元素和后继数据元素。这种关系使得线性表中的元素之间具有明确的关联。

（5）实现方式多样：线性表可以用多种存储方式来实现，常见的有数组和链表。数组是顺序存储结构，通过连续的存储空间存储元素；链表是链式存储结构，通过数据元素之间的指针链接存储元素。不同的实现方式适用于不同的应用场景。

2.2.2 线性表的基本操作

需要注意的是，数据结构的基本操作描述的是基于逻辑结构层面的，而基本操作的具体实现是基于存储结构层面的。下面定义的线性表的基本操作仅是定义在逻辑结构上的，其具体实现需要先明确线性表的存储结构。为了不失一般性，一般采用抽象数据类型（abstract data type，ADT）格式对线性表进行定义。

```
ADT List {
```

数据对象：$D = \{a_i \mid i=1,2,\cdots,n,n\geqslant 0\}$

数据关系：$R = \{<a_i,a_{i+1}> \mid a_i,a_{i+1} \in D,\ i=1,2,\cdots,n-1\}$

基本操作如下。

（1）InitList(L)

初始条件：表不存在。

操作结果：线性表初始化操作，建立空的线性表 L。

（2）GetLength(L)

初始条件：线性表 L 存在。

操作结果：返回线性表的数据元素的个数。

（3）GetElem(L,i)

初始条件：线性表 L 存在，i 是待查找元素在顺序表中的位置。

操作结果：取线性表 L 中第 i 个位置数据元素值返回。

（4）LocateElem(L,x)

初始条件：线性表 L 存在。

操作结果：在线性表 L 中查找与给定值 x 相等的数据元素，如果查找成功，则返回第一个与 x 相等的数据元素的位置；否则返回-1。

（5）ListInsert(L,i,x)

初始条件：线性表 L 存在且插入位置正确（1≤i≤n+1，n 为插入操作前表的长度）。

操作结果：如果插入位置 i 正确，则在线性表 L 的第 i 个位置插入新的数据元素 x；否则返回-1。

（6）ListDelete(L,i,x)

初始条件：线性表 L 存在且删除位置正确（1≤i≤n，n 为删除操作前表的长度）

操作结果：如果删除位置 i 正确，则删除线性表 L 第 i 个位置的数据元素，否则返回-1。

（7）DisplayList(L)

初始条件：线性表 L 存在。

操作结果：从线性表 L 的第一个数据元素依次遍历至最后一个数据元素并输出各数据元素。

```
} ADT List
```

2.3　线性表的顺序存储

2.3.1　顺序表的定义

线性表在内存中一般有两种不同的存储结构，一种是顺序存储结构，另一种是链式存储结构。线性表的顺序存储是一种基本的数据组织方式，它将线性表中的数据元素按照顺序紧密地存储在计算机内存里的一组地址连续的存储单元中。这种存储方式使得线性表中的数据元素在内存里彼此相邻，可以通过数据元素的索引（位置）来快速访问和操作。这种使用顺序存储形式的线性表称为顺序表（sequential list）。显然，顺序表中的逻辑顺序上相邻的数据元素，其物理顺序上也相邻。

假设顺序表$\{a_1,a_2,\cdots,a_{i-1},a_i,a_{i+1},\cdots,a_n\}$中的每个数据元素需占用 k 个存储单元，则第 i 个数据元素的存储地址 $Loc(a_i)$可以一般化地表示为：

$$Loc(a_i)=Loc(a_1)+(i-1)\times k，i\in[1,n]$$

其中：$Loc(a_1)$是顺序表中第一个数据元素 a_1 的存储地址，通常称为线性表的起始地址。顺序表的存储结构示意图如图 2-3 所示，从图中可以看到，顺序表中的数据元素 a_{i-1} 和 a_i 的存储地址相邻，且其存储地址相差一个常数 k。因此，只要确定了起始地址 $Loc(a_1)$，则顺序表中的任一数据元素可根据存储地址随机存取。因此顺序表具备随机存取的特点。在高级程序语言中，通常使用同样具备随机存取特性的数组作为数据结构中顺序表的存储结构。

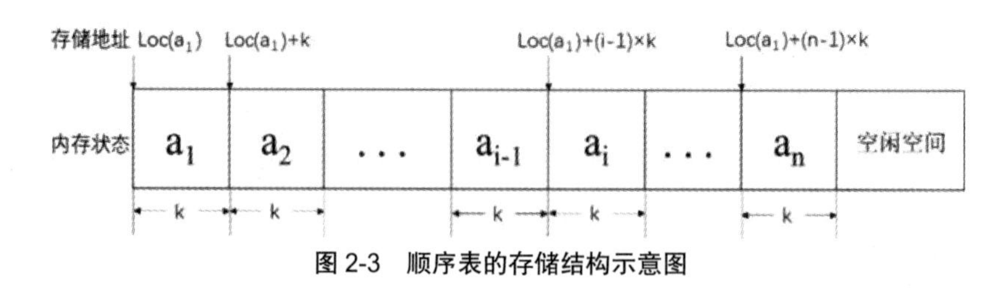

图 2-3 顺序表的存储结构示意图

2.3.2 顺序表基本操作的实现

在定义线性表时，一般以 1 作为起始数据元素序号，而 C 语言中的数组下标却是从 0 开始的。为了让程序更加简洁明了，我们将顺序表中的各数据元素序号从 0 开始编号，这样顺序表中的各序号就与其对应数组的下标保持一致。即将一个长度为 n 的顺序表记为如下形式：

$$\{a_0,a_1,\cdots,a_{i-1},a_i,a_{i+1},\cdots,a_{n-1}\}$$

高级程序语言的内存分配分为静态分配和动态分配两种方式。静态分配是在程序编译时就确定数据结构的大小，并为其分配固定大小的内存空间。在静态分配中，当定义顺序表时就指定元素的最大数量，然后编译器会在编译时为其分配内存。这种分配方式适用于数据量固定、大小可预测的情况。内存管理相对简单，不涉及动态内存分配和释放，避免了内存泄漏等问题，适用于数据规模已知，不需要频繁插入和删除操作的场景。但是静态分配的顺序表大小是固定的，无法动态调整，可能会导致内存浪费或内存不足等问题。如果数据量超过了预先分配的大小，则可能需要重新编写代码来调整更大的数据规模。因为静态分配的连续内存可以高效地实现随机访问，因此一般以静态分配方式实现顺序表的基本操作。

下面以静态分配方式介绍顺序表的基本操作。

1. 顺序表的类型定义

顺序表的类型定义代码如下所示：

```
#define MAXSIZE 100              /*定义常量 MAXSIZE 为 100*/
typedef int datatype;            /*定义 datatype 为 int 类型*/
typedef struct                   /*顺序表的存储结构*/
{
  datatype data[MAXSIZE];        /*使用数组存储顺序表，最大可容纳数据元素个数为 MAXSIZE*/
  int length;                    /*顺序表长度，即顺序表当前数据元素个数*/
} SeqList;
```

顺序表 SeqList 是一个结构体类型，并且结构体的定义和别名 SeqList 一起进行了声明。SeqList 由两个数据成员组成，data 数组用于存储顺序表的数据元素，其存储数据元素的最大个数为 MAXSIZE；length 为顺序表的实际长度，即实际存储的数据元素个数。显然，length 不能超过 MAXSIZE，否则会发生溢出。因此描述顺序表存储结构时，要明确三个属性：①顺序表的起始地址；②顺序表的最大存储容量；③顺序表的当前长度。

这里是本书第一次进行数据结构的类型定义，因此需要解释一下 typedef 的用法及好处。typedef 是 C 和 C++编程语言中的一个关键字，用于创建类型别名，其主要用途是为一个已有的数据类型定义一个新的、更易读的名称，从而使代码更加清晰易懂。可以帮助程序员简化代码、增加可读性，并提高代码的可维护性。语法格式如下。

```
typedef  类型名称  类型标识符
```

其中："类型名称"是想要创建别名的已有数据类型，包括基本数据类型（如 char、int、float 等）以及用户自定义的数据类型（如上述代码使用 struct 定义的结构体等）；"类型标识符"是为该数据类型定义的别名。

在上述代码段中，使用 typedef 将已有的数据类型 int 定义为 datatype。如果程序的很多地方用到了 datatype，且由于应用场景发生了变化，那么处理的数据元素需要将整型转变为字符型，即直接将类型定义中的 int 改为 char。另外，代码段中使用 typedef 将结构体定义为 SeqList，因此在使用 C 语言定义顺序表时，可以写为 SeqList L；否则需要写为 struct SeqList L，这里使用 typedef 简化了代码、增加了代码的可读性。

2. 顺序表的初始化

顺序表的初始化操作就是构造一个空的顺序表，将当前表的长度置为 0。顺序表初始化操作的实现代码如算法 2-1 所示。

算法 2-1　顺序表的初始化操作

```
/*************************************/
/* 函数功能：顺序表的初始化——置空表 */
/* 函数参数：指向 SeqList 类型变量的指针 L */
/* 函数返回值：空 */
/************************************/
void InitList(SeqList *L)
{
    /*置空表，将表长置为 0*/
    L->length=0;
}
```

3. 顺序表的遍历打印

顺序表的遍历打印操作就是从顺序表表头位置扫描至表尾，并打印顺序表中的数据元素。顺序表的遍历打印的实现代码如算法 2-2 所示。

算法 2-2　顺序表的遍历打印

```
/********************************/
/* 函数功能：遍历顺序表打印元素值 */
/* 函数参数：指向 SeqList 型变量 L */
```

```
/* 函数返回值：空 */
/********************************/
void DisplayList(SeqList L)
{
    int i;
    if (L.length==0)
        printf("顺序表为空，无可打印信息!");
    else
        for(i=0;i<L.length;i++)
            printf("%5d",L->data[i]);
    printf("\n");
}
```

4. 顺序表的按值查找

顺序表的按值查找操作是指从线性表表头（i=0）开始逐个比较其数据元素与给定值 x，找到第一个与给定值相等的数据元素，就返回其位置。

注意：因为顺序表序号和数组下标保持一致，因此，假设表长为 n，则 i 的合法查找范围为 [0，n−1]。顺序表按值查找的实现代码如算法 2-3 所示。

算法 2-3　顺序表的按值查找

```
/**************************************************/
/* 函数功能：查找顺序表中第一次出现的值为 x 的数据元素的位置 */
/* 函数参数：SeqList 型变量 L，datatype 型变量 x */
/* 函数返回值：int 类型，返回 x 的位置值 */
/**************************************************/
int LocateElem(SeqList L,datatype x)
{
    int i;
    /*在顺序表中查找数值为 x 的数据元素*/
    for(i=0;i<L.length && L.data[i]!=x;)
    i++;
    if(i<L.length)
        return i;
    else
        return -1;
}
```

【算法性能分析】

顺序表的按值查找，其时间主要耗费在 for 循环语句中数据值的比较上，执行次数主要取决于被查找元素在顺序表中的具体位置。在查找操作中，一般采用平均查找长度（average search length，ASL）作为时间性能分析指标。平均查找长度可以理解为在每个元素具有相等概率被查找的条件下，查找某个元素所需的平均比较次数。

假设 P_i 是查找第 i 个元素的概率，C_i 为找到单链表中数据元素与给定值相等的第 i 个记录时与给定值已进行过比较的数据元素的个数。

$$ASL=\sum_{i=0}^{n-1}P_iC_i, i=0,1,\cdots,n-1 \quad (2\text{-}1)$$

设顺序表长度为 n，那么在查找成功的情况下，查找可以为 0 到 n−1 的任一位置，共有 n 种情况。假设查找概率相等，则有查找的等概率：

$$P_i=\frac{1}{n}, \quad i=0,1,\cdots,n-1 \quad (2\text{-}2)$$

按值查找操作过程中，查找成功的情况下，数据值在顺序表 0 号位置时，比较 1 次，数据值在顺序表最后一个位置时，比较 n 次。因此查找成功时，每次根据值在顺序表中位置的不同，比较次数一般为 i+1 次，$C_i=i+1$。

$$ASL=\sum_{i=0}^{n-1}P_i(i+1)=\frac{1}{n}\sum_{i=0}^{n-1}(i+1)=\frac{n+1}{2} \quad (2\text{-}3)$$

顺序表查找操作大约需要比较一半的数据元素，其时间复杂度为 O(n)。

5. 顺序表的按位置取值

顺序表的按位置取值操作就是根据给定的位置信息，返回该位置的数据元素值。

假设表长为 n，首先确认给定的位置信息 index 在表长的合理范围[0，n−1]内，如果超出该范围，则打印出错信息并返回−1，否则返回顺序表相应的数据元素值。顺序表的按位置取值的实现代码如算法 2-4 所示。

算法 2-4　顺序表的按位置取值

```
/*********************************************/
/* 函数功能：取得顺序表中第 i 个位置的值 */
/* 函数参数：SeqList 型变量 L，int 型变量 index */
/* 函数返回值：datatype 类型，返回第 i 个结点的值 */
/*********************************************/
datatype GetElem(SeqList L,int index)
{
    if(index<0 || index >=L.length)
    {
        printf("指定的位置错误！\n");
        return -1;
    }
    else
        return L.data[index];

}
```

显然，顺序表的按位置取值操作的时间复杂度为 O(1)。

6. 顺序表的创建

顺序表的创建操作就是根据从键盘输入 n 个数值来创建一个顺序表。

首先确认从键盘输入的数据元素个数为合理范围，再从键盘输入数据元素，并置表长为 n，否则打印出错信息并返回-1。顺序表创建的实现代码如算法 2-5 所示。

算法 2-5　顺序表的创建

```
/*****************************************************************/
/* 函数功能：创建顺序表 */
/* 函数参数：指向 SeqList 型指针变量 L，顺序表的数据元素个数为 n */
/* 函数返回值：int 类型，返回顺序表创建是否成功的状态 */
/*****************************************************************/
int CreateList(SeqList *L,int n)
 {
   int i;
   if(n>MAXSIZE||n<=0)
   {
      printf("\n 数据元素个数错误！ \n");
      return -1;
   }
   printf("请从键盘输入%d 个数据元素:\n",n);
   for(i=0;i<n;i++)
      scanf("%d",&L->data[i]);
   L->length=n;
   return 0;
}
```

7. 顺序表的插入

顺序表的插入操作是将一个数值为 x 的新数据元素插入数据表给定的位置 index 上，插入后成为一个在原表长的基础上增加 1 的新顺序表。可以表示为如下形式。

插入前：$\{a_0,a_1,\cdots,a_{index-1},a_{index},a_{index+1},\cdots,a_{n-1}\}$

插入后：$\{a_0,a_1,\cdots,a_{index-1},x,a_{index},a_{index+1},\cdots,a_{n-1}\}$

举例说明，图 2-4 是顺序表的插入操作示意图，图的上半部分是原有的顺序表，下半部分是在给定位置 2 插入数据元素 25 后的新顺序表。相比较而言，新顺序表就是将原有位置 2 上的数据元素及后面的数据元素全部往后移动了一个位置，将数据元素 25 插到了位置 2 上。

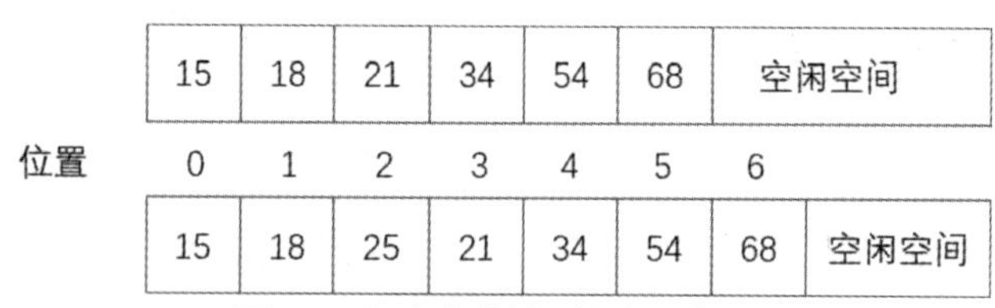

图 2-4　顺序表的插入操作示意图

设当前表长为 n，顺序表插入操作算法的思路描述如下。

（1）如果顺序表表长已等于最大表长（MAXSIZE），则表示表已满，返回-1。

（2）如果插入位置不合理，超出范围[0，n]，则表示插入位置无效，返回-1。

（3）从顺序表最后一个数据元素开始向前遍历，直到位置 index，并将它们依次往后移动一个位置。

（4）将数值 x 插入位置 index。

（5）表长加 1。

顺序表的插入的实现代码如算法 2-6 所示。

算法 2-6　顺序表的插入

```
/*********************************************/
/* 函数功能：在顺序表的 index 位置插入值为 x 的数据元素 */
/* 函数参数：指向 SeqList 型指针变量 L */
/* datatype 型变量 x，int 型变量 index */
/* 函数返回值：int 类型，返回插入操作是否成功的状态 */
/*********************************************/
int ListInsert(SeqList *L,int index,datatype x)
{
   int i;
   if(L->length==MAXSIZE)
   {
      printf("顺序表是满的!没法插入!\n");
      return -1;
   }
   if(index<0||index>L->length)
   {
      printf("指定的插入位置不存在!\n");
      return -1;
   }
   for(i=L->length;i>index;i--)    /*插入表中某个位置，插入点后的各结点后移*/
      L->data[i]=L->data[i-1];
   L->data[index]=x;               /*结点插入*/
   L->length++;                    /*顺序表长度增 1*/
   return 0;
}
```

【算法性能分析】

假设原有顺序表表长为 n，根据顺序表插入算法基本思路，其时间主要耗费在数据元素的移动操作上。最好情况是将数据元素 x 插入原有顺序表表尾后面一个位置 n 上，这样移动元素的次数为 0，程序不会进入 for 循环语句中。最差情况是将数据元素 x 插入原有顺序表表头位置上，需要将原有的数据元素全部后移一个位置，这样移动元素的次数为 n。

因为在本章顺序表定义时顺序表序号和数组下标保持一致，顺序表长度为 n，那么插入位置可以是 0 到 n 的任一位置，一共有 n+1 种情况。不失一般性，假定在任一位置插入数据元素的概率相等，则有插入的等概率：

$$P_i = \frac{1}{n+1}, \quad i = 0,1,\cdots,n \tag{2-4}$$

在任一位置 i 上需要移动的元素次数为 n−i，则在一个长度为 n 的顺序表中进行插入操作时，数据元素的平均移动次数为

$$E_{in} = \sum_{i=0}^{n} P_i(n-i) = \frac{1}{n+1}\sum_{i=0}^{n}(n-i) = \frac{n}{2} \tag{2-5}$$

假设每个位置插入的概率相等，顺序表插入操作大概需要移动一半的数据元素，顺序表插入算法的平均时间复杂度为 O(n)。

8. 顺序表的删除

顺序表的删除就是将顺序表给定位置 index 上的元素去掉，表长删除后成为一个原表长减去 1 的新顺序表。可以表示为如下形式。

删除前：$\{a_0,a_1,\cdots,a_{index-1},a_{index},a_{index+1},\cdots,a_{n-1}\}$

删除后：$\{a_0,a_1,\cdots,a_{index-1},a_{index+1},\cdots,a_{n-1}\}$

例如，图 2-5 是顺序表删除操作示意图，图的上半部分是原有的顺序表，下半部分是在给定位置 2 删除数据元素后的新的顺序表。相比较而言，新的顺序表就是将原有位置 2 上的数据元素去掉，其后的数据元素全部往前移动了一个位置。

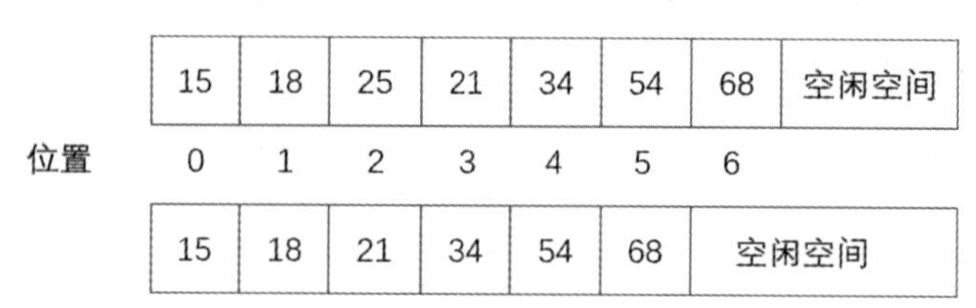

图 2-5　顺序表删除操作示意图

假设当前表的表长为 n，则顺序表删除操作的算法思路如下。

①如果顺序表为空，则返回-1；

②如果删除位置不合理，超出范围[0，n−1]，则表示删除位置无效，返回-1；

③从顺序表删除位置 index+1 的数据元素开始向后遍历，直到表尾最后一个数据元素，并将它们依次往前移动一个位置；

④表长减 1。

顺序表的删除的实现代码如算法 2-7 所示。

算法 2-7　顺序表的删除

```
/************************************************/
/*函数功能：删除顺序表中 index 位置的数据元素*/
```

```
/*函数参数：指向 SeqList 型指针变量 L，int 型变量 index*/
/*函数返回值：int 类型，返回插入操作是否成功的状态*/
/*********************************************/
int ListDelete(SeqList *L,int index)
{
    int i;
    if(L->length==0)
    {
        printf("顺序表为空!\n");
        return -1;
    }
    if(index<0||index>=L->length)
    {
        printf("指定的删除位置不存在!\n");
        return -1;
    }
    for(i=index;i<L->length-1;i++) /*删除表中某个位置的结点，删除位置后面的各结点前移*/
        L->data[i]=L->data[i+1];
    L->length--;                    /*顺序表长度增 1*/
    return 0;
}
```

【算法性能分析】

假设原有顺序表的表长为 n，根据顺序表删除算法的基本思路，其时间也主要耗费在数据元素的移动操作上。最好情况下是将表尾 n−1 位置上的数据元素删除，这样移动的元素次数为 0，程序不会进入 for 循环语句中。最差情况下是将表头位置 0 上的数据元素删除，需要其后所有的数据元素前移一个位置，这样移动的元素次数为 n−1。

在定义本章顺序表的时候，顺序表的序号和数组下标保持一致，顺序表的长度为 n，那么删除位置可以是从 0 到 n−1 的任一位置，共有 n 种情况。假定在任一位置删除数据元素的概率相等，则有删除的等概率：

$$P_i = \frac{1}{n}，\ i=0,1,\cdots,n-1 \tag{2-6}$$

在任一位置 i 上需要移动的元素次数为 n−i−1，则在一个长度为 n 的顺序表中进行删除操作时，需要移动的数据元素的平均移动次数为：

$$E_{del} = \sum_{i=0}^{n-1} P_i(n-i-1) = \frac{1}{n}\sum_{i=0}^{n-1}(n-i-1) = \frac{n-1}{2} \tag{2-7}$$

假设每个位置删除的概率相等，顺序表删除操作同样大概需要移动一半的数据元素，顺序表删除算法的平均时间复杂度为 O(n)。

9. 顺序表的各项基本操作调用

在调用顺序表的各项操作时，为了能够清楚地调用各操作子函数，设计了一个主要由 printf 语句组成的显示菜单子函数 ShowMenu()，用于显示各种功能选项。

```
void ShowMenu()
{
    /*显示菜单子函数*/
        printf("              顺序表基本操作              \n");
        printf("      ==================================  \n");
        printf("       1.建立顺序表                       \n");
        printf("       2.插入元素                         \n");
        printf("       3.删除元素                         \n");
        printf("       4.按值查找元素                     \n");
        printf("       5.按位置查找元素                   \n");
        printf("       0.退出                             \n");
        printf("      ==================================  \n");
}
```

上面已经实现了顺序表各项操作的子函数，还需要编写主函数对各项操作子函数进行调用。在编写主函数前，要注意添加上必要的头文件<stdio.h>和<stdlib.h>。由于顺序表子函数的定义并不复杂，所以可以将所有子函数定义直接放在主函数前面，这样就不需要显式地进行子函数的提前声明，编译器会根据函数的定义进行函数调用。

```
int main()
{
    SeqList L;
    datatype x;
    int index,n;
    char c1,c2,a;
    c1='y';
    while(c1=='Y'||c1=='y')
    {
        ShowMenu();
        scanf("%c",&c2);
        getchar();
        switch(c2)
        {

            case '1':
                InitList(&L);
                printf("请输入要建立顺序表的长度:");
                scanf("%d",&n);
                CreateList(&L,n);
                printf("已建立顺序表如下：");
                DisplayList(L);
                break;
            case '2':
                printf("请输入要插入的位置：");
                scanf("%d",&index);
```

```
        printf("请输入要插入的数值：");
        scanf("%d",&x);
        if(ListInsert(&L,index,x)==-1)
        {
            printf("插入操作失败，请根据提示检查参数！\n");
        }
        else
        {
            printf("插入操作成功，顺序表更新如下：\n");
            DisplayList(L);
        }
        break;
    case '3':
        printf("请输入要删除的位置：");
        scanf("%d",&index);
        if(ListDelete(&L,index)==-1)
        {
            printf("删除操作失败，请根据提示检查参数！\n");
        }
        else
        {
            printf("删除操作成功，顺序表更新如下：\n");
            DisplayList(L);
        }
        break;
    case '4':
        printf("请输入要查找的数据元素数值：");
        scanf("%d",&x);
        index=LocateElem(L,x);
        if(index==-1)
        {
            printf("未在顺序表中成功查找到该数值！\n");
        }
        else
            printf("该数值在顺序表中的%d 位置上\n",index);
        break;
    case '5':
        printf("请输入要查找的数据元素位置：");
        scanf("%d",&index);
        x = GetElem(L,index);
        if(x==-1)
        {
            printf("请根据提示检查位置！\n");
        }
        else
            printf("顺序表中该位置上对应的数据元素值为%d\n",x);
        break;
    case '0':
        exit(0);
    default:
    printf("选择功能有误，请输入数字 0~5 进行选择！\n");
```

```
        }

        if(c2!= '0')
        {
            printf("返回主菜单\n");
            a=getchar();
            if(a!='\xA')
            {
                getchar();
                c1='n';
            }

        }

    }
    return 0;
}
```

由顺序表的基本操作可以看出，其顺序表的主要特点包括以下几方面。

（1）随机访问：由于元素紧密存储，而顺序存储具有快速随机访问的特性。通过索引，我们可以直接定位到所需元素的内存位置，无须遍历整个数据结构。这对于获取或修改特定的元素异常高效。

（2）实现简单：顺序存储的实现相对比较简单，通常可以通过数组来实现。编程语言提供了对数组的支持，使得我们可以轻松地创建和管理顺序存储的线性表。

然而，顺序存储也有一些限制和注意事项，如下。

（1）固定大小：顺序存储需要提前确定存储空间的大小，这可能导致空间的浪费或不足。如果线性表的大小超出了初始化时分配的空间，那么可能需要进行重新分配和数据迁移。

（2）插入和删除：在顺序存储中，插入和删除操作比较耗时，特别当表的规模庞大时，在中间位置进行元素的插入或删除操作，涉及大量的元素移动。

总之，线性表的顺序存储是一种简单而高效的数据组织方式，适用于快速访问和元素操作的场景。然而，在面对动态变化的数据集合时，需要权衡顺序存储的利弊，可能要考虑其他存储方式如链式存储来满足需求。

2.3.3 顺序表的应用

顺序表可以应用于不同的领域，通过适当地存储和处理数据，可以满足各种实际需求，举例如下。

数据排序：可以使用顺序表来存储需要排序的数据，通过不同的排序算法对顺序表中的数据进行排序，如冒泡排序、快速排序等。

查找操作：可以使用顺序表来存储数据，再通过查找操作来寻找特定的元素，如二分查找、线性查找等。

数据统计：可以使用顺序表来存储数据样本，再进行数据统计、分析和计算，如求平均值、中位数等。

数据过滤：可以使用顺序表对数据进行过滤，只保留符合特定条件的数据元素。

数据备份：将重要的数据存储在顺序表中，作为数据备份的一种方式，防止数据丢失或损坏。

数据合并：在某些情况下，数据可能以有序数组的形式存在。例如，在数据库查询的结果中，多个查询结果可能是有序的，合并这些结果可以提供更大范围的有序数据。

校验和计算：将一系列数据元素存储在顺序表中，可以用来校验和检查数据的完整性。

日志记录：顺序表可以用来存储日志信息，如系统日志、操作日志等，用于故障排查、审计和监控。

时间序列分析：将时间序列数据存储在顺序表中，可以进行时间序列分析，如趋势预测、周期性分析等。

图像处理：可以使用顺序表来存储图像的像素值，以进行图像处理、滤波和变换。

音频处理：类似于图像处理，可以使用顺序表存储音频数据，以进行音频处理、合成和转换。

【应用一】顺序表的合并。

【问题描述】

数据合并问题可以通过顺序表实现，称为顺序表的合并问题。顺序表的合并是指将两个有序顺序表合并成一个有序顺序表的操作，通常涉及两个已经按照升序（或降序）排列的顺序表，需要将它们合并为一个有序的顺序表，使得合并后的顺序表仍然保持有序性。以升序为例，有顺序表 L1={1,3,7,9,12,15}，顺序表 L2={5,6,11,12,17,20}，顺序表合并后得到的新顺序表 L3={1,3,5,6,7,9,11,12,12,15,17,20}。

【解决思路】

合并过程中，可以从两个顺序表的开头开始比较元素，逐个选择较小（或较大）的元素放入新的顺序表中。通过不断迭代，将两个顺序表的元素逐个插入新的顺序表，最终得到一个有序的合并顺序表。这个问题的解决思路可以分为以下几个步骤。

（1）初始化一个空的结果顺序表，用于存储合并后的有序元素。

（2）使用两个位置计数器分别指向两个要合并的顺序表的开头。

（3）循环比较两个位置计数器所指向的元素，选择较小（或较大）的元素插入结果顺序表，并相应地向后移动一个位置。

（4）当其中一个顺序表的位置计数器到达末尾时，将另一个顺序表剩余的元素依次插入结果顺序表，得到的结果顺序表即为合并后的有序顺序表。

如果两个顺序表的长度分别是 m 和 n，合并顺序表的操作时间复杂度为 O(m+n)，那么空间复杂度也为 O(m + n)。

【代码实现】

顺序表的合并实现代码如算法 2-8 所示。主函数调用中需要用到顺序表的初始化、创建以及遍历等基本操作。

算法 2-8　顺序表的合并

```
/*****************************************************/
/*  函数功能：顺序表的合并                                */
/*  函数参数：指向 SeqList 类型的指针变量 list1、list2、result  */
/*  函数返回值：空                                      */
/*****************************************************/
void MergeSeqLists(SeqList *list1,SeqList *list2,SeqList *result)
{
    int i = 0,j = 0,k = 0;
    while (i < list1->length && j < list2->length)
    {
        if (list1->data[i] <= list2->data[j])
        {
            result->data[k] = list1->data[i];
            i++;
        }
        else
        {
            result->data[k] = list2->data[j];
            j++;
        }
        k++;
    }
    while (i < list1->length)      /*将剩余元素复制到结果列表中*/
    {
        result->data[k] = list1->data[i];
        i++;
        k++;
    }
    while (j < list2->length)
    {
        result->data[k] = list2->data[j];
        j++;
        k++;
    }
    result->length = k;
}
```

2.4　线性表的链式存储

2.4.1　单链表的定义

线性表的链式存储结构指的是一种数据组织方式，它通过使用结点之间的指针关系来连接数据元素，构建起一种动态、灵活的数据结构。与线性表的另一种存储方式——顺序存储结构（数组）相比，链式存储结构在内存中不要求连续的存储空间，这就意味着数据元素可以在任意未被占用的内存位置进行存储，从而具有更大的灵活性和适应性。

线性表的单链表是一种基于链式存储结构的数据组织方式，用于存储线性结构的数据元素。它由一系列结点组成，每个结点都包含两个主要域，即数据域（data）和指针域（next），其结点结构如图 2-6 所示。数据域用于存储数据元素信息，指针域用于存储直接后继结点的信息（指向下一个结点），从而将结点串联起来形成一个链表，即线性表$\{a_1,a_2,\cdots,a_{i-1},a_i,a_{i+1},\cdots,a_n\}$的链式存储结构。这个链表中的每个结点不仅表示每个数据元素的具体内容，还包含一个表示其直接后继的地址信息，因此称其为线性单向链表，简称单链表，其存储方式如图 2-7 所示。

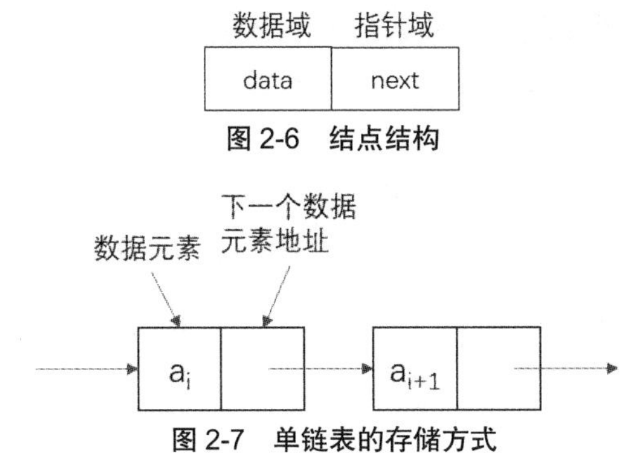

图 2-6　结点结构

图 2-7　单链表的存储方式

单链表一般分为带头结点和不带头结点两种类型。在带头结点的单链表中，额外添加了头结点，头结点中，数据域一般不存储实际的数据元素，只用来标识单链表的起始位置，有时也可以在头结点的数据域存储线性表长度等附加信息。头结点的引入使得链表中的每个结点都有一个前驱结点，从而可以简化插入、删除等操作，使操作更加统一。头结点的指针域指向第一个实际数据结点，最后一个结点的指针域通常指向空（NULL）。带头结点的单链表的优点是可以避免处理一些特殊的情况，例如，避免插入和删除第一个结点时的操作统一性。其缺点是引入了额外的头结点，增加了内存开销。

不带头结点的单链表直接从第一个实际数据元素结点开始。没有头结点使得链表的操作稍显复杂，需要特别处理插入和删除第一个结点的情况。不带头结点的单链表的优点是节省了头结点的内存开销，缺点是插入、删除等操作相对复杂，需要对链表的第一个结点进行特殊处理。

总体而言，带头结点的单链表更加简化了链表的操作，使得链表的操作在各个结点上保持一致，更容易实现和维护。因此本节讨论的单链表是指带头结点的单链表。

无论何种存储方式都存在数据存取问题，顺序表采用的是数组，可以直接通过数组下标进行随机存储。单链表则通常需要使用头指针（head）存储单链表中的头结点地址，用来标识表头位置。整个链表的存取都可以由头指针开始，一个结点接着一个结点通过指针域（next）向后遍历，进行顺序存取。当某个结点的指针域为空时，表示已经是表的最后一个结点，即表尾结点。带头结点的非空单链表的逻辑状态如图 2-8 所示。当单链表为空时，头指针也不为空，而是指向头结点，但是头结点的指针域为空，带头结点的空单链表的逻辑状态如图 2-9 所示。

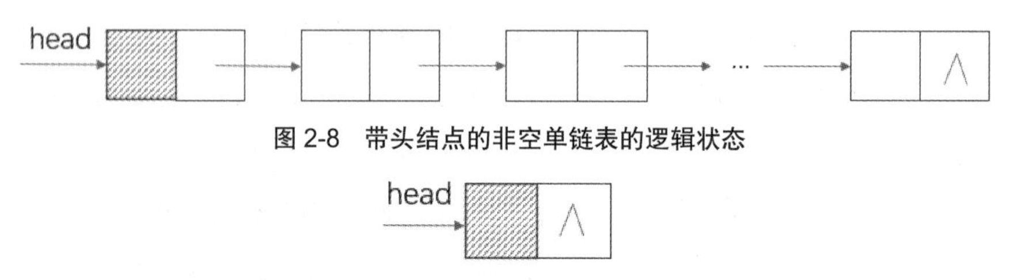

图 2-8　带头结点的非空单链表的逻辑状态

图 2-9　带头结点的空单链表的逻辑状态

2.4.2　单链表基本操作的实现

单链表使用结点之间的指针来连接数据元素。在单链表的基本操作中，其数据元素的序号与线性表定义时一致，从 1 开始作为起始数据元素序号，注意，这里的序号处理与顺序表略有差异。即将一个长度为 n 的单链表记为如下形式：

$$\{a_1,,a_{i-1},a_i,a_{i+1},,a_n\}$$

下面以带头结点的单链表介绍单链表的基本操作。

1. 单链表的类型定义

单链表类型定义的代码如下：

```
typedef int datatype;          /*定义 datatype 为 int 类型*/
typedef struct LinkNode        /*单链表的存储类型*/
{
    datatype data;             /*定义结点数据域*/
    struct LinkNode *next;     /*定义结点指针域*/
} LinkList;
```

单链表由结点组成，每个结点包括两个部分：存储数据元素的数据域（data），类型使用通用类型标识符 datatype 表示；存储后继结点地址的指针域（next），其类型为指向结点的指针类型 LinkNode *。

与顺序表中的类型定义仅为结构体起别名为 SeqList 不同，单链表结构体定义的结构体名为 LinkNode，别名为 LinkList。因为在结构体中包含指向结构体 LinkNode 自身类型的指针，编译器需要确切知道结构体的实际定义，以便能够正确解析指向自身的指针。

单链表存取由头指针唯一确定，如果想定义一个指向结点类型的指针 head，可以使用语句：

```
LinkList *head;
```

2. 单链表的初始化

初始化操作就是构建一个空的单链表。

首先申请分配头结点空间，并让 head 指针指向该结点，不存储数据，令其指针域为空（NULL），函数返回单链表的头指针 head。单链表初始化的代码实现如算法 2-9 所示。

算法 2-9　单链表的初始化

```
/****************************************************/
/*  函数功能：构建一个空的单链表                        */
/*  函数参数：无                                      */
/*  函数返回值：LinkList 类型指针                       */
/*****************************************************/
LinkList *InitLinkList()
{
    LinkList *head;
    head = (LinkList *)malloc(sizeof(LinkList));  /*动态分配一个结点空间*/
    if (head == NULL) {
      printf("内存分配失败! \n");
      return NULL;                                 /*内存分配失败，退出程序*/
   }
    head->next = NULL;                             /*头结点指针域为空，表示空链表*/
    return head;
}
```

单链表是一种常见的动态数据结构，涉及动态分配内存空间来存储结点。动态分配涉及内存分配和释放，需要谨慎管理，以避免内存泄漏、野指针以及频繁内存分配与释放带来的性能问题等。

单链表使用头文件<stdlib.h>中的 malloc 函数动态申请一个结点空间，并让 head 指向该结点空间。如果内存资源耗尽，则有可能导致内存分配失败，因此，申请结点空间后需要检查返回的指针，如果指针为 NULL，则说明分配内存空间失败。代码如下：

```
head=(LinkList *)malloc (sizeof(LinkList);
```

返回 head 指针所指结点空间使用头文件<stdlib.h>中的 free 函数。代码如下：

```
free(head);
```

LinkList *InitLinkList()是一个返回指针类型的函数，它会返回一个指向 LinkList 类型的指针，其中 LinkList 是一个结构体类型。函数用于初始化并创建一个链表，返回指向链表头结点的指针，这样函数调用者就可以使用返回的指针来操作链表。

3. 单链表的创建

单链表的创建分为头插法和尾插法两种方式。头插法是一种每次都将新结点插入链表的头结点之后的方法，创建的单链表从头结点开始遍历时与数据输入顺序刚好相反，因此也可称为逆序建表。尾插法是一种每次都将新结点插入链表尾部的方法，创建的单链表从头结点开始遍历时与数据输入顺序相同，因此也可称为正序建表。

【头插法建表】

头插法的算法思路如下。

（1）创建一个新结点，设置新结点的数据域为所需插入的数据元素，如图 2-10 所示。

（2）新结点的指针域指向当前链表的第一个结点，如图 2-11 中的①所示。

（3）更新链表的头结点的指针域指向新结点，如图 2-11 中的②所示。

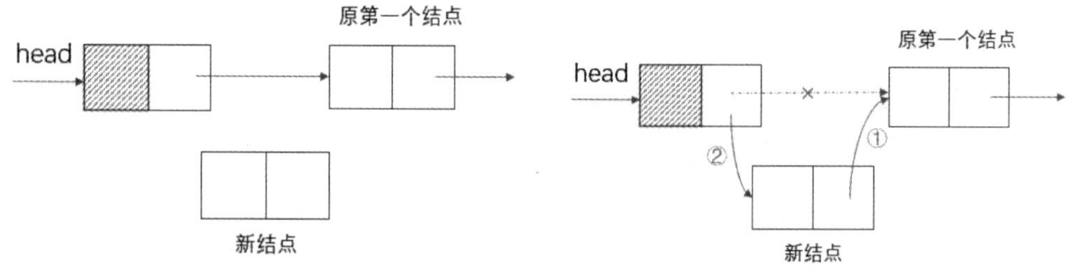

图 2-10　头插法创建新结点　　　　图 2-11　头插法更新指针

重复上述操作，不断在头结点的后面插入新的结点，使得新结点成为链表的第一个结点，直至所有新的结点插入完毕，单链表创建完成。头插法建立单链表的代码实现如算法 2-10 所示。

算法 2-10　头插法建立单链表

```
/*************************************************************/
/*  函数功能：在带头结点的单链表中进行头插法建表                    */
/*  函数参数：指向 LinkList 类型变量的头指针 head                 */
/*  int 类型变量 n                                              */
/*  函数返回值：int 类型                                         */
/*************************************************************/
int CreateLinkList_head(LinkList *head,int n)
{
   LinkList *newnode;
   int i;
   printf("请从键盘输入%d 个数据元素:\n",n);
   for(i=0;i<n;i++)
   {
      newnode=(LinkList *)malloc(sizeof(LinkList));
```

```
        if (newnode==NULL) {
            printf("内存分配失败! \n");
            return -1;
        }
        scanf("%d",&newnode->data);          /*读入新结点的数据域*/
        /*新结点的指针域指向第一个结点，如图 2-11 中的①*/
        newnode->next=head->next;
        /*头结点的指针域指向新结点，如图 2-11 中的②*/
        head->next=newnode;
    }
    printf("链表创建成功!\n");
    return 0;
}
```

头插法建表的代码中，首先向内存请求分配一个新的结点的内存空间，检查指针是否返回NULL，若返回NULL，则说明内存分配失败，退出子函数并返回值-1，否则输入新结点的数据域值。

代码中指针的赋值语句可以理解为等号右边是结点的地址，等号左边是结点的指针域。newnode->next=head->next;head->next是单链表第一个结点的地址，若将其赋值给新结点的指针域，则可以理解为新结点的指针域指向第一个结点，其指针修改对应图2-11中的①。如果为空表，则新结点为单链表插入的第一个结点，头结点 head 此时的指针域为 NULL，newnode->next=head->next等同于newnode->next=NULL，这个结点在单链表创建完成后成为表的尾结点，即最后一个结点。

head->next=newnode;是将头结点head的指针域（next）地址修改为存放新结点的地址，头结点的指针域指向了新结点，其指针修改对应图2-11中的②。

以上两步指针的赋值语句操作顺序是不可以改变的。如果先做②，就会遗失原表第一个结点的地址信息，原表中的第一个结点再也无法找到，链表也就无法创建成功。因此，保证上述指针赋值操作顺序正确非常重要。

假设链表长度为n，则头插法建表的时间复杂度为O(n)。

【尾插法建表】

尾插法的算法思路如下。

（1）创建一个新结点，设置新结点的数据域为所需插入的数据元素，新结点指针域设置为NULL，如图2-12所示。

（2）当前链表的最后一个结点的指针域指向新结点，如图2-13中的①所示。

（3）指向原最后一个结点，指针向后移至新结点，新结点成为最后一个结点，如图2-13中的②所示。

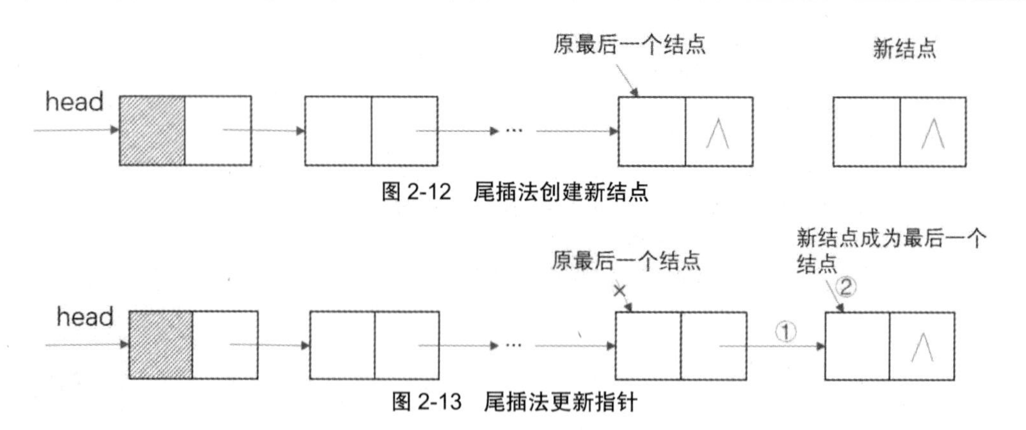

图 2-12　尾插法创建新结点

图 2-13　尾插法更新指针

重复上述操作，不断在最后一个结点的后面插入新的结点，让新结点成为单链表的最后一个结点，直至所有新的结点插入完毕，单链表创建完成。尾插法构建单链表的实现代码如算法 2-11 所示。

算法 2-11　尾插法构建单链表

```
/****************************************************************/
/*  函数功能：在带头结点的单链表中采用尾插法建表                        */
/*  函数参数：指向 LinkList 类型变量的头指针 head                      */
/*            int 类型变量 n                                        */
/*  函数返回值：int 类型                                            */
/****************************************************************/
int CreateLinkList_tail(LinkList *head,int n)
{
   LinkList *newnode,*last;
   int i;
   /*last 用于指向表尾结点，初始指向头结点*/
   last=head;
   printf("请从键盘输入%d 个数据元素:\n",n);
   for(i=0;i<n;i++)
   {
      newnode=(LinkList *)malloc(sizeof(LinkList));
      if (newnode==NULL) {
      printf("内存分配失败! \n");
      return -1;
   }
      scanf("%d",&newnode->data);     /*读入新结点的数据域*/
      newnode->next=NULL;             /*新结点的指针域设置为空*/
      /*原表尾结点的指针域指向新结点，如图 2-13 中的①*/
      last->next=newnode;
      /*表尾指针 last 指向新的表尾结点，如图 2-13 中的②*/
      last=newnode;
   }
   printf("链表创建成功!\n");
   return 0;
}
```

尾插法建表的代码中，last 指针始终指向表尾结点，其初始状态指向头结点。向内存请求分配一个新的结点的内存空间，检查指针是否返回 NULL，若返回 NULL，则说明分配失败，退出子函数并返回值-1。若分配成功，则输入新结点的数据元素数值，并将新结点的指针域设置为 NULL。last->next=newnode;原表尾 last 的指针域指向新的结点。last=newnode;原表尾 last 的指针移动到新的结点，这样 last 重新指向了表尾。

假设链表长度为 n，则尾插法建表的时间复杂度为 O(n)。

4. 单链表的遍历打印

单链表的遍历打印就是从单链表的第一个存储数据元素的结点开始，通过指针域指向其后继结点，再遍历至单链表的最后一个结点，并输出每个数据元素的数值。单链表遍历打印的实现代码如算法 2-12 所示。

算法 2-12　单链表的遍历打印

```
/*****************************************************/
/*  函数功能：遍历单链表打印数据元素值                  */
/*  函数参数：指向 LinkList 型指针变量 head——头指针      */
/*  函数返回值：空                                      */
/*****************************************************/
void DisplayLinkList(LinkList *head)
{
   LinkList *current;
   if (head->next==NULL)
      printf("单链表为空,无可打印信息!");
   else
   {
      current = head->next;  /*current 指针指向链表的第一个结点*/
      while(current!=NULL)   /*current 指针域不为空时，输出数据域值并后移指针*/
      {
         printf("%5d",current->data);
         current=current->next;
      }
   }
   printf("\n");
}
```

5. 求单链表表长

求单链表表长就是计算单链表中结点的数量，也就是单链表的长度。求单链表表长的实现代码如算法 2-13 所示。

算法 2-13　求单链表表长

```
/**********************************************************/
/*  函数功能：求单链表表长                                    */
/*  函数参数：指向 LinkList 型头指针 head                      */
```

```
/*  函数返回值：int 类型                                          */
/**********************************************************/
int GetLength(LinkList *head) {
    int length = 0;
    LinkList *current = head->next;    /*从第一个数据结点开始*/
    while (current != NULL) {
        length++;
        current = current->next;
    }
    return length;
}
```

6. 单链表的按位置取值

单链表的按位置取值就是返回单链表中位置 index 对应结点的数据域的值。

从单链表第一个结点开始，判断当前结点位置是否是 index，如果是，则结束循环，使用 e 存储该位置对应结点的数据域。假设单链表的表长为 n，index 的合法范围是[1,n]，如果 index 不在该范围程序报错，则返回-1。判断单链表中是否已到表尾，以结点的指针域为空作为判定条件。单链表按位置取值的实现代码如算法 2-14 所示。

算法 2-14　单链表按位置取值

```
/**********************************************************/
/*  函数功能：取得单链表中第 index 个位置的值                      */
/*  函数参数：指向 LinkList 型头指针 head                        */
/*          int 型变量 index，指向 datatype 型指针 e            */
/*  函数返回值：int 类型                                       */
/**********************************************************/
int GetElem(LinkList *head,int index,datatype *e)
{
    int i = 1;
    LinkList *current = head->next;    /*从第一个数据结点开始*/
    if(index<=0 )
    {
        printf("指定的位置错误:合理范围需要大于 0! \n");
        return -1;
    }
    while(current && i<index)
    {
        current=current->next;
        i++;
    }
    if (!current)
    {
        printf("指定的位置错误:合理范围需要小于当前表长! \n");
        return -1;
    }
    *e=current->data;
    return 0;
}
```

【算法性能分析】

单链表按位置取值的时间主要是耗费在 while 循环体，其语句执行次数与给定的位置 index 有关。其中，如果 index 的合法取值范围为[1,n]，则执行次数为 index-1，表示取值操作成功；如果 index>n，则循环体语句执行次数为 n 次，表示取值操作失败。因此，单链表按位置取值的最坏时间复杂度为 O(n)。

为了不失一般性，假定在单链表中任一位置的取值概率相等，则有取值的等概率：

$$p_i = \frac{1}{n}, \quad i=1,2,\cdots,n \tag{2-8}$$

平均查找长度为：

$$ASL = \frac{1}{n}\sum_{i=1}^{n}(i-1) = \frac{n-1}{2} \tag{2-9}$$

因此，假设每个位置的取值概率相等，则单链表取值算法的平均时间复杂度为 O(n)。

7. 单链表的按值查找

单链表的按值查找就是从单链表的第一个存储数据元素的结点开始逐个往后比较其结点的数据域与给定值 x，找到第一个与给定值相等的数据元素，返回其位置。

如果查找至表尾，即当前结点的指针域已经是 NULL，仍未找到相等值，则返回-1，代表查找失败。单链表按值查找的实现代码如算法 2-15 所示。

算法 2-15　单链表按值查找

```
/*****************************************************/
/*  函数功能：查找单链表中第一次出现的值为 x 的数据元素的位置         */
/*  函数参数：指向 LinkList 型头指针 head，datatype 型变量 x       */
/*  函数返回值：int 类型                                 */
/*****************************************************/
int LocateElem(LinkList *head,datatype x)
{
  int i=1;
  LinkList *current;
  current=head->next;
  /*在单链表中查找数值为 x 的数据元素*/
 while(current!=NULL&&current->data!=x)
 {
   current=current->next;
   i++;
 }
 if(current!=NULL)
   return i;
 else
   return -1;
}
```

同样，单链表按值查找算法的平均时间复杂度为 O(n)。

8. 单链表的插入

单链表的插入就是在单链表已经建立的情况下将值为 x 的新结点插入表的位置 index 上。

因为单链表的结点只包含指向后继结点的指针域，只能向后进行操作，因此，想要在单链表的某个位置上插入一个元素，必须先找到该位置结点的前驱结点。具体算法思路如下。

（1）定义一个指针，初始指向头结点，使用一个计数器，初始为 0。

（2）指针从头结点开始向后遍历单链表结点，直到找到插入位置的前驱结点。

（3）修改指针域，将待插入结点的指针域存储在前驱结点指针域指向的地址，将前驱结点指针域存储在待插入结点的地址。

注意，在上述过程中，要检查给定位置是否合法。假设当前表的表长为 n，那么插入的合法位置范围为[1，n+1]。不合法位置范围可分为两种情况：在遍历过程中，指针域已经为空，但还没到前驱结点位置，说明给定位置超过了 n+1；如果给定位置小于 1，说明也不合法。

单链表插入的实现代码如算法 2-16 所示。

算法 2-16　单链表的插入

```
/****************************************************/
/*  函数功能：在单链表的 index 位置插入值为 x 的数据元素          */
/*  函数参数：指向 LinkList 型头指针 head                     */
/*           datatype 型变量 x，int 型变量 index              */
/*  函数返回值：int 类型                                      */
/****************************************************/
int LinkListInsert(LinkList *head,int index,datatype x)
{
    int i = 0;
    LinkList *prior,*newnode;
    prior = head;     /*prior 用于指向插入点的前驱结点，初始指向头结点*/
    while(prior!=NULL && i < index-1 )
    {
        prior=prior->next;
        i++;
    }
    if(prior!=NULL && i == index-1 )  /*定位到插入点的前驱*/
    {

        newnode=(LinkList *)malloc(sizeof(LinkList));
        if (newnode==NULL)
        {
            printf("内存分配失败！\n");
            return -1;
        }
        newnode->data=x;                /*读入插入结点的数据域*/
        /*待插入结点的指针域指向后继结点，如图 2-14 中的①*/
```

```
        newnode->next=prior->next;
        /*前驱结点的指针域指向待插入结点，如图 2-14 中的②*/
        prior->next=newnode;
        return 0;
    }
    Else                                        /*index 在不合法范围*/
    {
        printf("指定的插入位置不合法，合理范围需要大于 1 小于表长+1!\n");
        return -1;
    }
}
```

在以上代码中查找前驱结点并修改指针域的步骤：①newnode->next=prior->next;插入结点的指针域并指向前驱结点指针域存储的地址，即插入结点的指针指向原前驱的后继结点，如图 2-14 中的①所示；②prior ->next=newnode;将前驱结点的指针域修改为插入结点的地址，即前驱结点指针指向了插入结点，如图 2-14 中的②所示。同样，上述两步指针的修改顺序不可以交换。

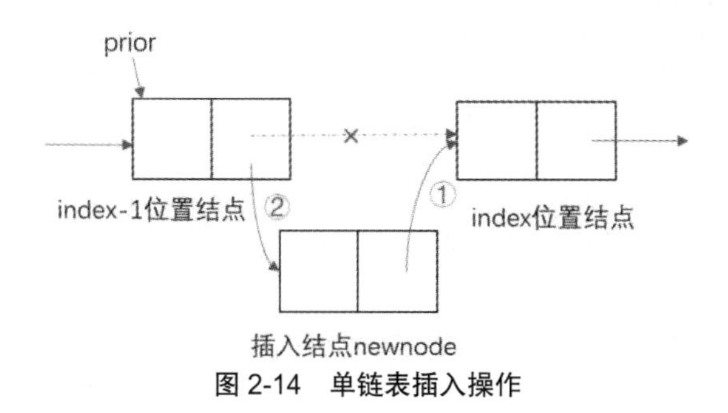

图 2-14　单链表插入操作

【算法性能分析】

由上述操作步骤可以看到，单链表插入算法的时间性能主要消耗在查找插入结点的前驱结点上。假设该单链表的长度为 n，给定的位置为 i，查找前驱的操作是比较当前位置是否为前驱，如果不是，则后移指针 prior。while 循环体内语句的执行次数与给定的位置 index 有关，为 index−1。假设插入位置的概率相等，则插入操作的时间复杂度为 O(n)。

单链表插入操作的时间主要消耗在查找前驱结点的上，其时间复杂度为 O(n)。

9. 单链表的删除

单链表的删除就是在单链表已经建立的情况下将给定位置 index 上的结点删除并释放该结点的内存空间。

其具体算法思路如下。

（1）定义一个指针，初始指向头结点，使用一个计数器，初始为 0。

（2）指针从头结点开始向后遍历单链表结点，直到找到待删除位置的前驱结点。

（3）修改指针域，将待删除结点的前驱结点指针域存储在其后继结点的地址，释放待删除结点的内存空间。

在上述过程中，同样要检查给定的位置是否合法。假设当前表的表长为 n，那么删除的合法位置范围为[1，n]。单链表删除的实现代码如算法 2-17 所示。

算法 2-17　单链表的删除

```
/****************************************************/
/*  函数功能：在单链表的 index 位置删除数据元素          */
/*  函数参数：指向 LinkList 型头指针 head               */
/*           int 类型变量 index                         */
/*  函数返回值：int 类型*/
/****************************************************/
int LinkListDelete(LinkList *head,int index)
{
  int i = 0;
  LinkList *prior,*delnode;  /*prior 用于指向插入点的前驱结点，初始指向头结点*/
  prior = head;

  while(prior->next!=NULL && i < index-1 )   /*定位到插入点的前驱*/
   {
      prior=prior->next;
      i++;
   }
   if (prior->next==NULL || i>index-1)
   {
      printf("指定的删除位置不合法,合理范围为大于 0 且小于当前表长!\n");
     return -1;

   }
   delnode= prior->next;           /*delnode 指向待删除结点*/
   prior->next=delnode->next;      /*前驱结点的指针域指向后继结点，如图 2-15 中的①*/
   free(delnode);                  /*释放 delnode 的内存空间*/
   return 0;
}
```

在以上代码中，将待删除结点的前驱结点的指针域修改为指向其后继结点，如图 2-15 所示。首先使用 delnode 指针记住待删除结点的地址，使用 prior->next=delnode->next;将其前驱结点的指针域指向后继结点。此处也可以使用 prior->next=prior->next->next;语句实现上述指针修改。最后使用 free 语句释放待删除的结点内存空间。

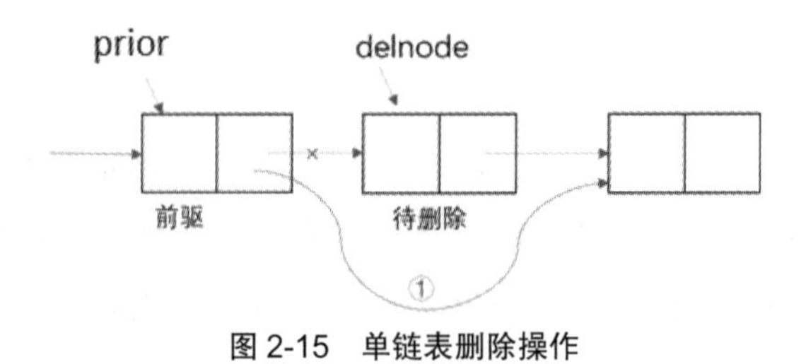

图 2-15　单链表删除操作

由上述的操作步骤可以看到，单链表删除算法的时间性能主要消耗在查找删除结点的前驱结点上，删除操作的时间复杂度为 O(n)。

10. 单链表的释放

单链表的释放就是不使用该单链表时，将它从内存中释放掉，留出空间给其他程序或者软件使用。单链表释放的实现代码如算法 2-18 所示。

算法 2-18　单链表的释放

```
/*****************************************************/
/*  函数功能：释放单链表内存                          */
/*  函数参数：指向 LinkList 型头指针 head                   */
/*  函数返回值：空                                    */
/*****************************************************/
void FreeLinkList(LinkList *head)
{
    LinkList *current = head->next;
    while (current != NULL)
    {
        LinkList *temp = current;
        current = current->next;
        free(temp);              /*释放链表数据结点的内存*/
    }
    free(head);                  /*释放头结点的内存*/
}
```

11. 单链表的各项基本操作调用

设计一个由 printf 语句组成的显示菜单子函数 ShowMenu()，用于显示各种功能选项，代码如下：

```
void ShowMenu()
{
    /*显示菜单子函数*/
        printf("              单链表基本操作                  \n");
        printf("          ================================    \n");
        printf("           1.头插法构建单链表                  \n");
        printf("           2.尾插法构建单链表                  \n");
        printf("           3.插入元素                         \n");
        printf("           4.删除元素                         \n");
        printf("           5.按值查找元素                     \n");
        printf("           6.按位置查找元素                   \n");
        printf("           0.退出                            \n");
        printf("          ================================    \n");
}
```

在主函数前，需要添加必要的头文件<stdio.h>和<stdlib.h>。单链表各子函数的定义并不复杂，可以将所有子函数的定义直接放在主函数的前面，这样就不需要显式地进行子函数的提前声明。要注意的是，主函数中一旦构建单链表，所有操作就要从头指针开始，因此，其头指针head 绝不可修改和丢失。代码如下：

```
int main()

{
   LinkList *head;
   datatype x,e;
   int index,n;
   char c1,c2,a;
   c1='y';

   while(c1=='Y'||c1=='y')
   {
      ShowMenu();
      scanf("%c",&c2);
      getchar();
         switch(c2)
      {

         case '1':
            head=InitLinkList();
            printf("请输入要构建的单链表的长度:");
            scanf("%d",&n);
            CreateLinkList_head(head,n);
            printf("已建立单链表如下：");
            DisplayLinkList(head);
            break;
         case '2':
            head=InitLinkList();
            printf("请输入要构建的单链表的长度:");
            scanf("%d",&n);
               CreateLinkList_tail(head,n);
            printf("已建立单链表如下：");
            DisplayLinkList(head);
            break;
         case '3':
            printf("请输入要插入的位置：");
            scanf("%d",&index);
            printf("请输入要插入的数值：");
            scanf("%d",&x);
            if(LinkListInsert(head,index,x)==-1)
            {
               printf("插入操作失败，请根据提示检查参数！\n");
            }
            else
            {
               printf("插入操作成功，单链表更新如下：\n");
            DisplayLinkList(head);
            }
```

```
        case '4':
        printf("请输入要删除的位置：");
        scanf("%d",&index);
            if(LinkListDelete(head,index)==-1)
            {
            printf("删除操作失败，请根据提示检查参数！\n");
        }
        else
        {
            printf("删除操作成功，单链表更新如下：\n");
            DisplayLinkList(head);
        }
        break;
    case '5':
        printf("请输入要查找的数据元素数值：");
        scanf("%d",&x);
        index=LocateElem(head,x);
        if(index==-1)
        {
            printf("未在单链表中成功查找到该数值！\n");
        }
        else
            printf("该数值在单链表中的%d 位置上\n",index);
        break;
    case '6':
        printf("请输入要查找的数据元素序号：");
        scanf("%d",&index);
        if(GetElem(head,index,&e)==-1)
        {
            printf("请根据提示检查序号！\n");
        }
        else
            printf("单链表中该序号对应的数据元素值为%d\n",e);
        break;
    case '0':
        FreeLinkList(head);
        exit(0);
    default:
        printf("选择功能有误，请输入数字 0~6 进行选择！\n");
  }

    if(c2!= '0')
  {
    printf("返回主菜单\n");
    a=getchar();
    if(a!='\xA')
    {
        getchar();
        c1='n';
    }
  }
}
```

```
    return 0;
}
```

由单链表的基本操作可以看出，单链表的主要特点包括以下几方面。

（1）动态分配：链式存储结构可以动态分配内存空间，能够动态地调整线性表的大小。

（2）插入和删除操作高效：链式存储结构在插入和删除操作上具有优势，特别是在中间位置进行操作。插入操作只需要调整相邻结点的指针，删除操作也只需修改相邻结点的指针，而不需要移动大量元素。

然而，链式存储结构也有以下限制和注意事项。

（1）随机访问低效：由于链式存储结构需要遍历整个链表来查找元素，随机访问的效率较低，不适合频繁且快速访问特定元素的场景。

（2）内存开销：每个结点都需要额外的指针空间，可能会增加内存开销。此外，链式存储结构可能会因为指针的存在而占用更多的内存空间。

（3）操作复杂性：链式存储结构的操作相对复杂，涉及指针的使用和维护，可能会增加编程难度和出错的可能性。在链式存储结构中，如果不小心操作了指针，可能会导致结点丢失或内存泄漏的问题。

总的来说，链式存储结构适用于需要频繁地插入和删除操作的场景。

2.4.3 单链表的应用

单链表广泛应用于各种算法和数据处理中，通过插入、删除、查找等操作来实现不同的数据结构和算法，并解决各种实际问题。

逆序操作：单链表可用于实现逆序操作，即将链表中的元素顺序颠倒。这在字符串反转、数值逆序等中很有用。

Least Recently Used（LRU） Cache：LRU 缓存算法可以通过单链表来顺序管理缓存中的元素，即最近访问的元素会被移动到链表头部。

深拷贝：当对包含有引用关系的数据结构进行深拷贝时，可以使用单链表来记录原链表结点和新链表结点之间的关系。

多项式表示：单链表可用于表示多项式，链表结点中可存储多项式的系数和指数，从而实现多项式的运算。

表达式求值：使用单链表可以表示和计算数学表达式，将表达式中的数字、运算符等信息存储在链表结点中。

堆栈和队列：单链表可用于模拟堆栈和队列等数据结构，通过不同的插入和删除操作来实现堆栈和队列的功能。

大数运算：在大数运算中，单链表可用来表示超过机器数值范围的大整数，从而进行大数的加减乘除等运算。

递归：单链表常用在递归算法中，特别是在解决链式结构问题时，递归操作链表结点可以达到简洁的目的。

约瑟夫问题：使用单链表可以解决约瑟夫问题，即围坐在圆桌上的一组人依次报数，报到某个数字的人出局，直到剩下最后一个人。

图的邻接表：单链表可以表示图的邻接表，每个顶点对应一个链表，链表中存储与该顶点相邻的顶点信息。

【应用一】单链表的逆序操作。

【问题描述】

单链表的逆序操作是指将一个单链表中的结点顺序颠倒，即原本在链表尾部的结点移动到链表头部，原本在链表头部的结点移动到链表尾部。该操作在实际中有很多应用场景，其中常见的情况包括：①反转字符串，字符串可以被看成是由字符组成的链表，将字符串转化为单链表后对其进行逆序操作就可以实现字符串的反转。②打印倒数第 K 个结点：如果要求打印链表中的倒数第 K 个结点，可以先将链表逆序，然后直接打印第 K 个结点即可。③翻转子链表：有时候要将链表中的一部分进行翻转操作，例如将链表的第 m 个结点到第 n 个结点进行逆序，可以先找到这个子链表，对其进行逆序操作，然后将其重新连接到原链表中。④解决某些问题的迭代方法：在一些情况下，逆序操作可以帮助简化问题。例如，某些递归问题可以转化为迭代问题，通过逆序操作可以简化迭代过程。以某个具体的单链表为例，原链表：1→2→3→4→5，逆序后的链表：5→4→3→2→1。

【解决思路】

可以使用头插法实现单链表的逆序操作。头插法是一种简便有效的方法，可以在遍历原链表的同时，逐个将结点插入新链表的头部，从而实现链表的逆序操作。以下是使用头插法实现单链表逆序操作的基本思路。

（1）初始化一个新的空链表（存放逆序后的链表）。

（2）遍历原链表，对于每个遍历到的结点，将其从原链表中摘除。

（3）将摘除的结点插入新链表的头部。

这样，遍历完原链表后，新链表就是逆序后的链表。

假设有原链表 1→2→3→4→5，初始化空的新链表。遍历原链表，首先摘除结点 1，然后摘除结点 2，以次类推。将摘除的结点依次插入新链表的头部，得到新链表：5→4→3→2→1，这样就完成了链表的逆序。

头插法逆序操作的优点是，每次插入操作只需要常数时间，因此总体时间复杂度为 O(n)，其中 n 为链表的长度。同时，头插法逆序操作不需要额外的空间，只需要调整结点的指针即可，因此空间复杂度为 O(1)。

【代码实现】

算法 2-19 所示为单链表的逆序操作，在主函数调用中需要用到单链表的初始化、创建以及遍历等基本操作。

算法 2-19 单链表的逆序操作

```
/****************************************************************/
/*  函数功能：在带头结点的单链表中进行逆序操作                        */
/*  函数参数：指向 LinkList 类型的头指针 head                        */
/*  函数返回值：LinkList 类型的头指针 newhead                        */
/****************************************************************/
LinkList *ReverseLinkList(LinkList *head)
{
    LinkList *newHead = InitLinkList();    /*初始化逆序后的链表*/
    LinkList *current = head->next;
    while (current != NULL)
    {
        LinkList *newnode = (LinkList *)malloc(sizeof(LinkList));
        if (newnode == NULL)
        {
            printf("内存分配失败！ \n");
            return NULL;
        }
        newnode->data = current->data;
        newnode->next = newHead->next;      /*将新结点插入逆序链表的头部*/
        newHead->next = newnode;
        current = current->next;
    }
    return newHead;
}
```

2.4.4 循环单链表

1. 循环单链表的定义

对于单链表而言，从表的某一个结点开始，只能向后访问结点，无法再访问到前面的结点，除非再次从头指针开始进行访问。这也是为什么在单链表操作中，记住头指针非常重要。而循环单链表（circular linked list）是一种特殊类型的链表，最后一个结点的指针域不是指向空，而是指向链表的头结点，从而形成一个循环的结构。换句话说，循环单链表中的最后一个结点与第一个结点相连接，使整个链表变成一个环状，带头结点的循环单链表如图2-16所示。相较于单链表，循环链表天然适用于环形结构、周期性操作、循环迭代和循环赛制等场景，其循环性质使得处理这些问题更加自然、简便，减少了处理循环边界的复杂性。

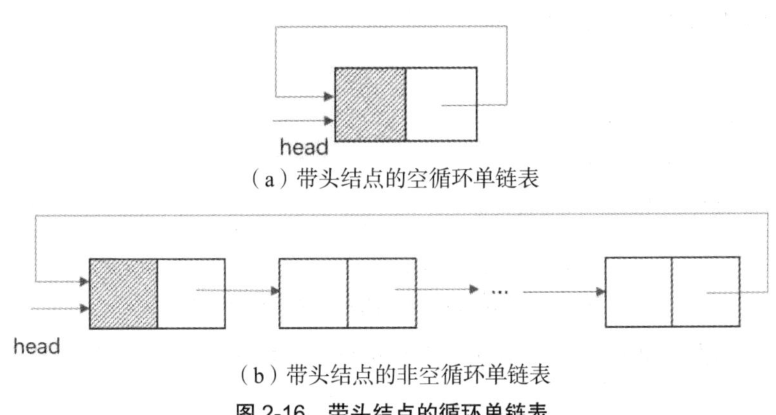

图2-16 带头结点的循环单链表

2. 循环单链表的基本操作

循环单链表的基本操作与单链表的基本操作类似，区别仅在于判别当前指针current指向链表中的最后一个结点条件不再是后继指针为空（current->next==NULL），而是其后继结点是否为头结点（current->next==head）。循环单链表与单链表的区别在于，从某个结点出发可以找到任一其他结点，比如可以从某个结点找到其直接前驱，代码如算法2-20所示。循环单链表的初始化、创建、插入、删除、查找操作请读者参照单链表的基本操作自行完成。

算法2-20 循环链表的查找前驱

```
/*****************************************************/
/*  函数功能：查找循环单链表中某结点的直接前驱        */
/*  函数参数：指向LinkList某结点的指针current                  */
/*  函数返回值：LinkList类型指针                    */
/*****************************************************/
LinkList *SearchPrior(LinkList *current)
{
    LinkList *prior;
   prior=current->next;
    while(prior->next!=current)
        prior=prior->next;
    return prior;
}
```

当解决某些问题时，采用单链表设置头指针的方式不如直接设置尾指针方便。比如链表的插入、删除操作如果总是发生在表的尾端，那么使用头指针需要遍历整个链表并找到最后一个结点才能插入。使用尾指针，可以直接找到尾结点，因此，插入操作的时间复杂度降为 O(1)。比如使用循环链表模拟环形结构进行循环遍历时，使用尾指针可以更容易控制循环的终止条件，因为尾结点的下一个结点就是头结点。如果使用尾指针 rear 指向循环单链表的最后一个结点，那么头结点的存储地址就是 rear->next，第一个数据元素对应的结点存储地址为 rear->next->next。采用尾指针 rear 的带头结点的循环单链表如图 2-17 所示。

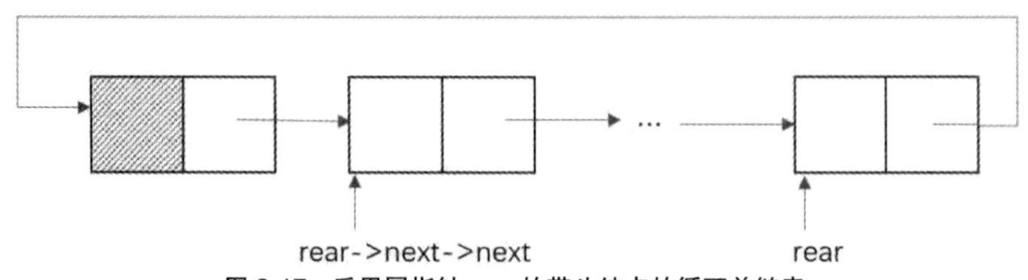

图 2-17　采用尾指针 rear 的带头结点的循环单链表

采用尾指针的循环单链表进行（如两个循环单链表）合并操作也比较简单。如图 2-18 所示，有两个循环单链表 A、B，它们分别有尾指针 rear_A 和 rear_B，如果将 A、B 合并为 A 表，算法思路如下。

（1）保存指向 A 表头结点的指针 p，p=rear_A->next，如图 2-19 中的①所示。

（2）修改 A 表尾指针指向 B 表的第一个数据结点，rear_A->next=rear_B->next->next，如图 2-19 中的②所示。

（3）保存指向 B 表头结点的指针 q，q=rear_B->next，如图 2-19 中的③所示。

（4）修改 B 表尾指针指向 A 表的头结点，rear_B->next=p，如图 2-19 中的④所示。

（5）释放 B 表原头结点 q，free(q)。

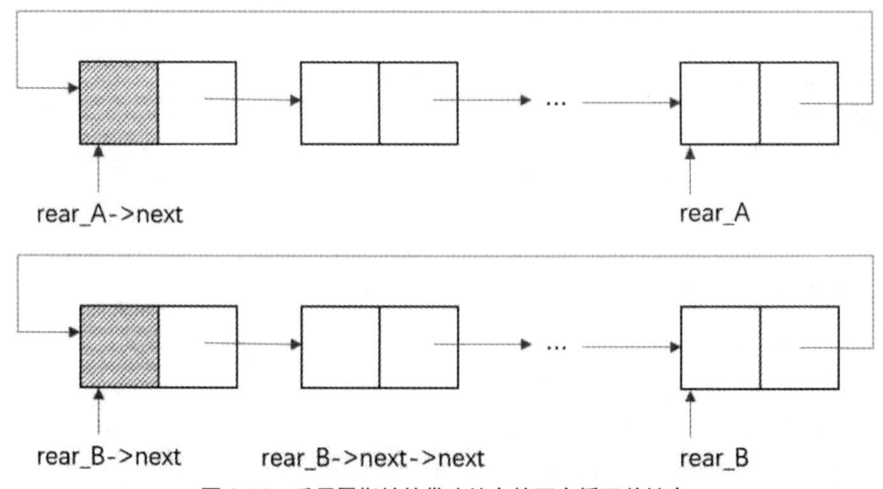

图 2-18　采用尾指针的带头结点的两个循环单链表

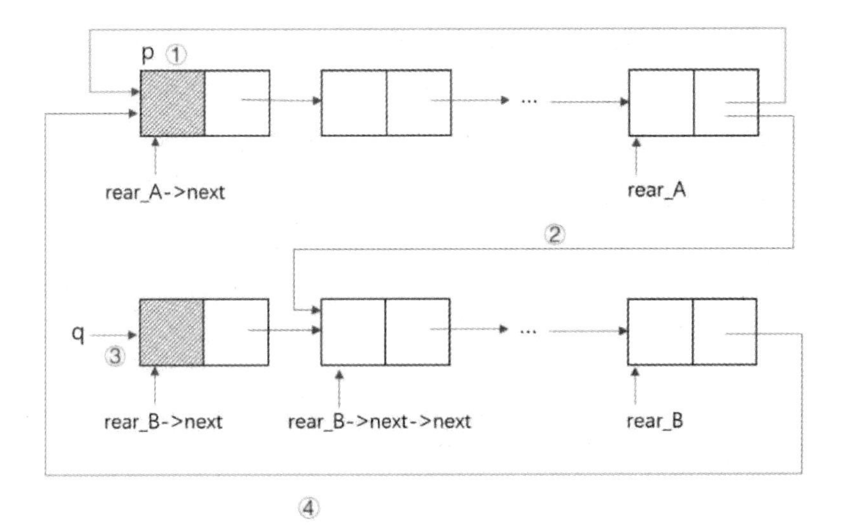

图 2-19　两个循环单链表的合并操作

2.4.5　双向链表

1. 双向链表的定义

双向链表（double linked list）是一种常见的线性数据结构，与单向链表相似。双向链表的每个结点除了指向下一个结点的指针外，还指向前一个结点的指针。这种额外的指针，使得在双向链表中每个结点可以同时访问它的前驱结点和后继结点，访问的执行时间均为 O(1)。

双向链表的基本结构由结点组成，每个结点包含两个主要部分，其中数据域（称为 data）用于存储数据元素的信息；而指针域包含两个指针，这里用 prev 和 next 表示，prev 指向其前驱结点，next 指向其后继结点。双向链表的结点结构如图 2-20 所示。由于每个结点都有前向指针和后向指针，所以可以双向遍历整个链表。

图 2-20　双向链表的结点结构

双向链表的存储结构如图 2-21 所示。由于每个结点都有双向指针域，因此，对于指向链表中的某个结点指针 current，它的后继的前驱及前驱的后继都指向的是它自己，代码如下：

```
current->next->prev=current=current->prev->next;
```

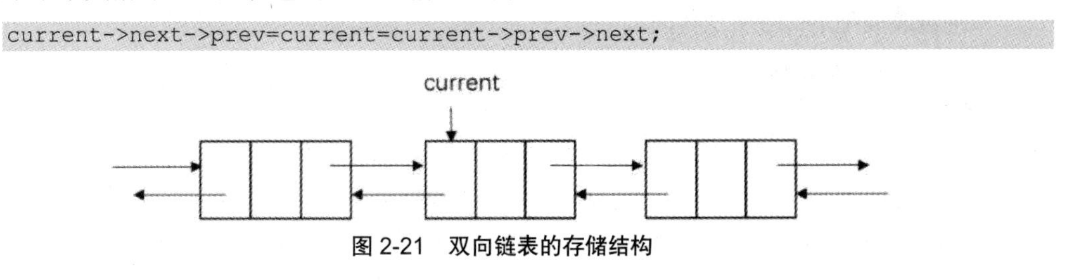

图 2-21　双向链表的存储结构

与单链表一样，双向链表也可以是循环表，称为双向循环链表。带头结点的双向循环链表如图 2-22 所示。在双向循环链表中，头结点的数据域可以不存储任何信息，也可以存储表长等特殊信息。双向循环链表的头结点的前驱指针域指向链表尾的最后一个结点，表尾结点的后继指针域指向链表的头结点。

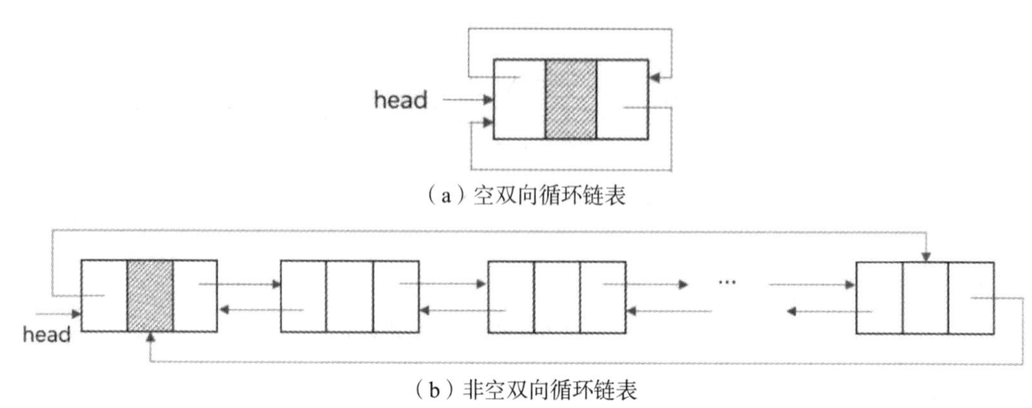

图 2-22　带头结点的双向循环链表

2. 双向链表的基本操作

以带头结点的双向链表为例，其头结点的前驱指针域为空（NULL），后继指针域存储双向链表中的第一个数据结点的地址。当头指针的后继指针域为空（NULL）时，表示为空表。在非空表中，当某个结点的后继指针域为空时，表示该结点是表中的最后一个结点。

双向链表中的数据元素的序号与线性表定义时的一致，同样从 1 开始作为起始数据元素序号。即将一个长度为 n 的单链表记为如下形式：

$$\{a_1,\cdots,a_{i-1},a_i,a_{i+1},\cdots,a_n\}$$

双向链表是在单链表的基础上（增加一个方向的指针域）扩展起来的。在一些基本操作中，如求表长，按照某个值查找数据元素的位置或按照序号查找数据元素等操作都只涉及一个方向的指针，与单链表的操作无区别。当插入、删除操作涉及两个方向指针的修改时，区别较大。双向链表的基本操作以插入和删除操作为主，其余操作请读者参照单链表的自行完成。

3. 双向链表的类型定义

双向链表类型定义的实现代码如下：

```
/*线性表双向链表存储类型*/
typedef struct DulLinkNode
{
    datatype data;                  /*定义结点数据域*/
    struct DulLinkNode *prev;       /*定义指向前驱结点的指针 prev*/
    struct DulLinkNode *next;       /*定义指向后继结点的指针 next*/
} DulLinkList;                      /*使用 typedef 将结构体等价于 DulLinkList*/
```

双向链表由结点组成，每个结点包含：存储数据元素的数据域（data），类型用通用标识符 datatype 表示；存储后继结点地址的指针域（next），类型为指向结点的指针类型 DulLinkNode *；存储前驱结点地址的指针域（prev），类型为指向结点的指针类型 DulLinkNode *。

4. 双向链表的插入

双向链表的插入就是在双向链表已经建立的情况下将值为 x 的新结点插入表的位置 index 上。

双向链表结点包含前驱和后继两个方向的指针，可以进行双向操作。与单链表必须找到待插入位置的前驱结点不同，想要在双向链表的某个位置上插入一个新结点，可以直接找到这个位置的结点就可以将新结点插入所需位置。但是这种方式需要考虑将结点插入当前表长加 1 的位置的特殊情况，因为此时该位置的结点并不存在。为了操作统一，还是采用找到待插入结点的前驱结点的方式进行插入。具体算法步骤如下。

（1）定义一个指针，初始指向头结点，使用一个计数器，初始为 0。

（2）指针从头结点开始向后遍历双向链表结点，直到找到插入位置的前驱结点。

（3）修改 4 个方向上的指针域，分别是待插入结点的前驱指针域、待插入结点的后继指针域、后继结点的前驱指针域及前驱结点的后继指针域，如图 2-23 所示。

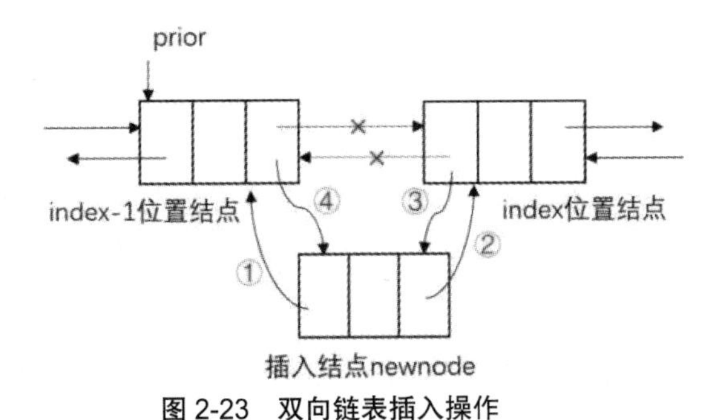

图 2-23　双向链表插入操作

上述过程中需要检查给定的位置是否合法。假设当前表的表长为 n，那么插入的合法位置范围为[1，n+1]。双向链表插入的实现代码如算法 2-21 所示。

算法 2-21　双向链表的插入

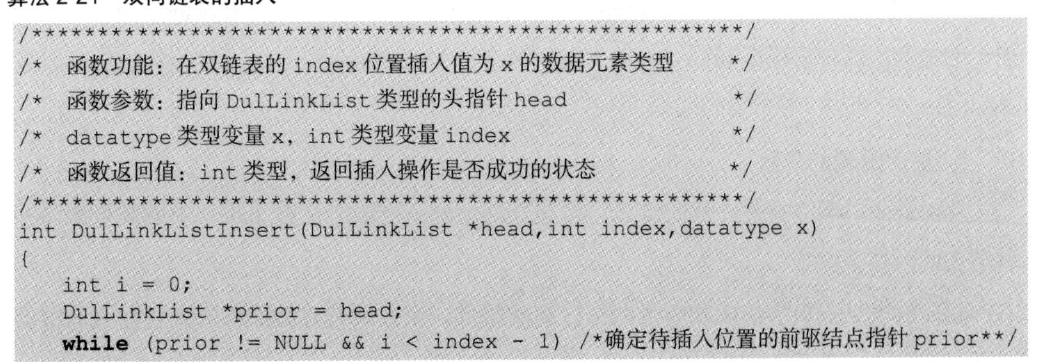

```
/****************************************************/
/*  函数功能：在双链表的 index 位置插入值为 x 的数据元素类型     */
/*  函数参数：指向 DulLinkList 类型的头指针 head              */
/*  datatype 类型变量 x，int 类型变量 index                 */
/*  函数返回值：int 类型，返回插入操作是否成功的状态              */
/****************************************************/
int DulLinkListInsert(DulLinkList *head,int index,datatype x)
{
   int i = 0;
   DulLinkList *prior = head;
   while (prior != NULL && i < index - 1) /*确定待插入位置的前驱结点指针 prior**/
```

```
    {
        prior = prior->next;
        i++;
    }
    if (prior != NULL && i == index - 1) /*prior不为空，且此时正数计到index-1*/
    {
       /*生成新结点newnode*/
       DulLinkList *newnode = (DulLinkList *)malloc(sizeof(DulLinkList));
        if (newnode == NULL)
        {
            printf("内存分配失败！\n");
            return -1;
        }
        newnode->data = x;
        /*插入结点的前驱指针域指向前驱结点，如图2-23中的①*/
        newnode->prev = prior;
        /*插入结点的后继指针域指向后继结点，如图2-23中的②*/
        newnode->next = prior->next;
        if (prior->next != NULL)
        {
             /*后继结点的前驱指针域指向插入结点，如图2-23中的③*/
             prior->next->prev = newnode;
        }
             /*前驱结点的后继指针域指向插入结点，如图2-23中的④*/
        prior->next = newnode;
    return 1;
    }
    else                              /*index不在合法范围*/
    {
        printf("指定的插入位置不合法，合理范围需要大于1且小于表长+1!\n");
        return -1;
    }
}
```

图2-23中指针修改顺序的第④步不可以先执行，因为第②和③步都使用了prior->next，如果第④步先执行，那么prior->next直接变成newnode地址，插入无法完成。所以修改顺序建议是先完成newnode的前驱和后继指针域，然后完成后续结点的前驱指针域，最后完成前驱结点的后继指针域。

图2-23中第③步有一个判断prior->next是否为空（NULL），此处处理的是插入位置为表长加1的情况。这种情况下prior->next为空，第②步的newnode结点的后继指针域已经设置为空（NULL）。

5. 双向链表的删除

双向链表的删除就是在双向链表已经建立的情况下将给定位置 index 上的结点删除并释放该结点的内存空间。

双向链表结点包含前驱和后继两个方向的指针，可以进行双向操作，想要在双向链表的某个位置上删除结点，直接找到这个位置即可。具体算法步骤如下。

（1）定义一个指针，初始指向头结点，使用一个计数器，初始为0。

（2）指针从头结点开始向后遍历双向链表结点，直到找到待删除位置。

（3）修改两个方向上的指针域，如图2-24所示，分别是其前驱结点的后继指针域和后继结点的前驱指针域。

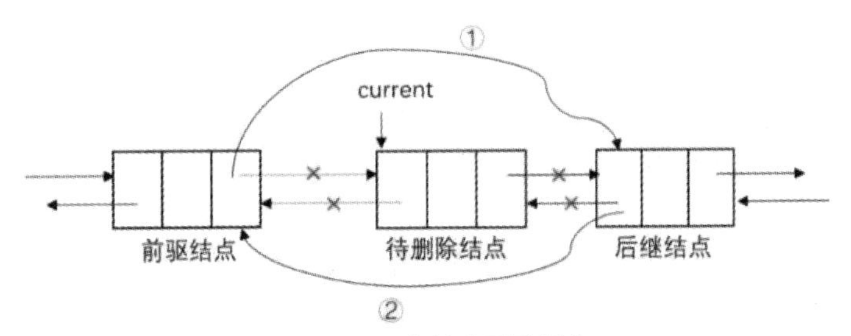

图2-24　双向链表删除操作

双向链表删除的实现代码如算法2-22所示。

算法2-22　双向链表的删除

```
/*****************************************************/
/*  函数功能：删除双向链表中 index 位置的数据元素                */
/*  函数参数：指向 DulLinkList 类型的头指针 head              */
/*            int 类型变量 index                           */
/*  函数返回值：int 类型，返回删除操作是否成功的状态              */
/*****************************************************/
int DulLinkListDelete(DulLinkList *head,int index)
{
    int i = 1;
    DulLinkList *current = head->next;
    while (current != NULL && i <= index-1)    /*寻找删除位置*/
    {
        current = current->next;
        i++;
    }
    if (current !=NULL && i==index)
    {
         /*前驱结点的后继指针域指向后继结点，如图 2-24 中的①*/
        current->prev->next = current->next;
        if (current->next != NULL)
        {
            /*后继结点的前驱指针域指向前驱结点，如图 2-24 中的②*/
            current->next->prev = current->prev;
        }
        /*释放结点内存*/
        free(current);
        return 1;
    }
    else
    {
```

```
        printf("指定的删除位置不合法，合理范围需要大于 1 小于表长！\n");
        return -1;
    }
}
```

图 2-24 中第②步有一个判断 current->next 是否为空(NULL)，此处处理的是删除位置为删除表尾最后一个结点的情况。当 current->next 为空时，只执行第①步，即将前驱的后继指针域置为空即可。

2.5 顺序表和链表的比较

比较顺序表（数组）和链表时，区别主要体现在存储结构、空间性能和时间性能这三个方面。

1. 存储结构

顺序表：使用连续的内存块来存储数据元素，数组的每个元素在内存中都紧密相连，通过索引可以直接访问元素。

链表：使用离散的结点来存储数据元素，每个结点包含数据和指向其他结点的指针，结点在内存中可以不连续，通过指针连接在一起。

2. 空间性能

顺序表：由于使用连续的内存块，相对于链表，顺序表在内存空间使用时可能较紧凑，因此需预分配一定大小的内存空间，分配空间过大，容易造成内存浪费，分配空间过小，容易造成溢出。

链表：无须预分配内存空间，只要内存有资源，就可动态分配，数据元素个数不受限制。但是每个结点包含数据域和指针域，结点之间的指针域会占用一定的内存空间，因此在存储空间上会有额外的开销。

3. 时间性能

顺序表：由于数据在内存中是连续存储的，所以随机访问某个位置的元素非常高效，时间复杂度为 O(1)。但在插入或删除元素时，可能需要移动其他元素，平均移动表中近一半的元素，时间复杂度为 O(n)。

链表：插入或删除结点时，不需要移动其他结点，只需要修改指针，因此在插入和删除操作上较顺序表高效，时间复杂度可以达到 O(1)。但随机访问某个位置的元素链表需要从头开始遍历，时间复杂度为 O(n)。

总体来说，顺序表适用于需要频繁随机访问的情况，而链表适用于频繁地插入和删除操作。选择哪种数据结构取决于具体的应用需求。在实际应用中，可以通过对内存使用、操作效率等方面的权衡，选择合适的数据结构。

2.6　案例分析与实现

2.6.1　案例一

【案例分析】

本章以简化列车时刻表为例，对线性表的应用场景进行了说明。在面向用户操作层面，下面进一步明确案例要求。

（1）用户输入列车编号，程序输出该列车的出发时间、到达时间、起始站、到达站和路程时间。

（2）用户输入起点和终点，程序输出从起点到终点的所有列车信息。

（3）用户可以要求按照发车时间的先后顺序浏览列车信息。

【解决思路】

由上面的分析可以看到，操作主要以查询为主。但是在代码实现时，与顺序表的基本操作实现并不完全相同。因为在基本操作实现中，顺序表中的数据元素是单个整型数值，因此使用了一个整型数组实现数据元素的存储。而本例中，车次信息包括车次编号、起点站、终点站、发车时间、到站时间和路程时间 6 个信息。显然，一个整型数组无法提供如此多的信息。

因此，可以定义结构体 Train 表示火车时刻表中的一条列车信息，它有以下成员。

trainNumber：表示列车编号，是一个字符串（字符数组）。

startPoint：表示起始站点名称，是一个字符串。

endPoint：表示终点站点名称，是一个字符串。

departureTime：表示出发时间，是一个字符串，格式为时:分（例如，"08:00"）。

arrivalTime：表示到达时间，是一个字符串，也遵循时:分的格式。

该结构体将上述信息封装在一起，可以方便存储和操作火车时刻表中的列车信息。每个成员都有特定的数据类型，用于存储不同类型的数据，便于对火车时刻表进行查询、排序等操作。

【代码实现】

```
#include <stdio.h>
#include <stdlib.h>
#include <string.h>
#define MAX_TRAINS 100
#define MAX_STATION_NAME 100
#define MAX_TIME 10

typedef struct {
    char trainNumber[MAX_TIME];
    char startPoint[MAX_STATION_NAME];
    char endPoint[MAX_STATION_NAME];
    char departureTime[MAX_TIME];
```

```
    char arrivalTime[MAX_TIME];
    int duration;
} Train;

typedef struct {
    Train trains[MAX_TRAINS];
    int length;
} Timetable;

void DisplayTrain(Train train) {
    printf("列车车次:%s\n",train.trainNumber);
    printf("起始站:%s\n",train.startPoint);
    printf("到达站:%s\n",train.endPoint);
    printf("出发时间:%s\n",train.departureTime);
    printf("到达时间:%s\n",train.arrivalTime);
    printf("路程时间:%d\n",train.duration);
    printf("\n");
}

void DisplayAllTrains(Timetable *tt) {
    printf("所有车次:\n");
    for (int i = 0;i < tt->length;i++) {
        DisplayTrain(tt->trains[i]);
    }
}

void SearchByTrainNumber(Timetable *tt,const char *trainNumber) {
    int found = 0;
    for (int i = 0;i < tt->length;i++) {
        if (strcmp(tt->trains[i].trainNumber,trainNumber) == 0) {
            DisplayTrain(tt->trains[i]);
            found = 1;
        }
    }
    if (!found) {
        printf("无%s 次的列车被找到，请检查车次是否输入正确.\n",trainNumber);
    }
}

void SearchByStartAndEnd(Timetable *tt,const char *start,const char *end) {
    int found = 0;

    for (int i = 0; i < tt->length; i++) {
        if (strcmp(tt->trains[i].startPoint,start) == 0 &&
            strcmp(tt->trains[i].endPoint,end) == 0) {
            DisplayTrain(tt->trains[i]);
            found = 1;
        }
    }
    if (!found) {
        printf("无%s to %s 列车车次被找到.\n",start,end);
    }
}

void SortByDepartureTime(Timetable *tt) {
```

```
    for (int i = 0;i < tt->length - 1;i++) {
        for (int j = 0;j < tt->length - i - 1;j++) {
            if (strcmp(tt->trains[j].departureTime,tt->trains[j+1].departureTime)>0) {
                Train temp = tt->trains[j];
                tt->trains[j] = tt->trains[j + 1];
                tt->trains[j + 1] = temp;
            }
        }
    }
}

void AddTrain(Timetable *tt, Train train) {
    if (tt->length < MAX_TRAINS) {
        tt->trains[tt->length] = train;
        tt->length++;
    } else {
        printf("车次时刻表空间已满，不可添加.\n");
    }
}

void CreateSampleTrains(Timetable *tt) {
    Train sampleTrains[] = {
        {"K641","武昌","深圳东","02:30","18:22",949},
        {"K1347","武昌","深圳","05:34","19:57",864},
        {"G1001","武汉","深圳北","07:25","12:14",289},
        {"G2703","武汉","深圳北","07:38","14:35",417},
        {"G1003","武汉","深圳北","07:55","12:47",293}

    };

    int numTrains = sizeof(sampleTrains) / sizeof(sampleTrains[0]);
    for (int i = 0;i < numTrains;i++) {
        AddTrain(tt,sampleTrains[i]);
    }
}

int main() {
    Timetable timetable;
    timetable.length = 0;

    CreateSampleTrains(&timetable);

    char choice;
    do {
        printf("可查询操作:\n");
        printf("1.按照车次查询\n");
        printf("2.按照起点站与终点站查询\n");
        printf("3.按照出发时间排序\n");
        printf("4.显示今日所有车次\n");
        printf("5.退出\n");
        printf("请输入你的选择:");
        scanf("%c",&choice);

        switch (choice) {
```

```
        case '1':
            char trainNumber[MAX_TIME];
            printf("请输入车次:");
            scanf("%s",trainNumber);
            SearchByTrainNumber(&timetable,trainNumber);
            break;
        case '2':
            char start[MAX_STATION_NAME];
            char end[MAX_STATION_NAME];
            printf("请输入起点站:");
            scanf("%s",start);
            printf("请输入终点站:");
            scanf("%s",end);
            SearchByStartAndEnd(&timetable,start,end);
            break;
        case '3':
            SortByDepartureTime(&timetable);
            printf("按照出发时间车次排序:\n");
            for (int i = 0;i < timetable.length;i++) {
                DisplayTrain(timetable.trains[i]);
            }
            break;
        case '4':
            DisplayAllTrains(&timetable);
            break;
        case '5':
            printf("退出.\n");
            break;
        default:
            printf("无效选项，请输入数字 0~5.\n");
        }
    } while (choice != '5');

    return 0;
}
```

2.6.2 案例二

【案例分析】

本章以购物车清单为例，对线性表的应用场景进行了说明。下面进一步明确购物车的操作要求。

（1）用户可以手动添加新的商品到购物车，商品信息包括商品 ID、商品名称、商品数量、商品价格。

（2）用户可以查看所有购物车的清单信息。

（3）用户可以删除购物车中的商品。

（4）用户可以修改购物车中某商品的数量。

【解决思路】

由上面问题的描述可以看到，用户操作主要以插入、删除、修改为主。因此定义结构体

Product 表示购物车中的一条商品信息，它有以下成员。

productID：表示商品 ID，唯一，是一个整数。

productName：表示商品名称，是一个字符串。

price：表示商品价格，是一个浮点数。

quantity：表示商品数量，是一个整数。

这个结构体将上述信息封装在一起，可以方便地存储和操作购物车中的信息。每个成员都有其特定的数据类型，用于存储不同类型的数据，便于对购物车中的商品进行增加、删除、修改等操作。

【代码实现】

```
#include <stdio.h>
#include <stdlib.h>
#include <string.h>
#define MAXSIZE 999
typedef struct {
   int productID;
   char productName[100];
   double price;
   int quantity;
} Product;
typedef struct Node {
   Product data;
   struct Node *next;
} Node;
typedef struct {
   Node *head;
} ShoppingCart;
//初始化购物车（带头结点）
void InitShoppingCart(ShoppingCart *cart) {
   cart->head = (Node *)malloc(sizeof(Node));
   if (cart->head == NULL) {
      printf("内存分配失败! \n");
      exit(1);
   }
   cart->head->next = NULL;
}
//添加商品到购物车（不允许输入重复的商品 ID，不允许商品数量超过 999）
void AddProduct(ShoppingCart *cart,Product product) {
   if (product.quantity > 9999) {
      printf("购买数量不能超过 9999 件。\n");
      return;
   }
   Node *current = cart->head->next;
   //检查是否已存在相同的商品 ID
   while (current != NULL) {
      if (current->data.productID == product.productID) {
         printf("商品 ID 已存在，无法添加重复商品。\n");
         return;
      }
```

```
        current = current->next;
    }
    Node *newNode = (Node *)malloc(sizeof(Node));
    if (newNode == NULL) {
        printf("内存分配失败! \n");
        return;
    }
    newNode->data = product;
    newNode->next = cart->head->next;
    cart->head->next = newNode;
    printf("商品已添加到购物车。\n");
}
//显示购物车清单及商品总价
void DisplayCart(ShoppingCart *cart) {
    printf("购物车清单: \n");
    Node *current = cart->head->next;
    double total = 0.0;   //用于累计商品总价
    while (current != NULL) {
        printf("商品 ID:%d,商品名称:%s,商品价格:%.2f,商品数量:%d\n",
               current->data.productID,current->data.productName,
               current->data.price,current->data.quantity);

        total += current->data.price * current->data.quantity; //计算商品总价
        current = current->next;
    }
    printf("商品总价:%.2f\n",total);
}
//删除购物车中的指定商品
void RemoveProduct(ShoppingCart *cart,int productID) {
    Node *prev = cart->head;
    Node *current = cart->head->next;
    while (current != NULL) {
        if (current->data.productID == productID) {
            prev->next = current->next;
            free(current);
            printf("商品已从购物车中移除。\n");
            return;
        }
        prev = current;
        current = current->next;
    }
    printf("未找到指定商品。\n");
}
//修改购物车中的商品数量
void ModifyQuantity(ShoppingCart *cart,int productID,int newQuantity) {
    if (newQuantity <= 0) {
        RemoveProduct(cart,productID);
        return;
    } else if (newQuantity > MAXSIZE) {
        printf("购买数量不能超过%d 件。\n",MAXSIZE);
        return;
    }
    Node *current = cart->head->next;
    while (current != NULL) {
```

```
        if (current->data.productID == productID) {
            current->data.quantity = newQuantity;
            printf("商品数量已修改。\n");
            return;
        }
        current = current->next;
    }
    printf("未找到指定商品。\n");
}
int main()
{
    ShoppingCart cart;
    InitShoppingCart(&cart);
    while (1) {
        printf("\n 可执行操作\n");
        printf("1.添加商品到购物车\n");
        printf("2.显示购物车清单\n");
        printf("3.删除商品\n");
        printf("4.修改商品数量\n");
        printf("5.退出\n");
        printf("请选择操作:");
        int choice;
        scanf("%d",&choice);
        switch (choice) {
            case 1:
                Product product;
                printf("请输入商品 ID:");
                scanf("%d",&product.productID);
                printf("请输入商品名称:");
                scanf("%s",product.productName);
                printf("请输入商品价格:");
                scanf("%lf",&product.price);
                printf("请输入商品数量:");
                scanf("%d",&product.quantity);
                AddProduct(&cart,product);
                break;
            case 2:
                DisplayCart(&cart);
                break;
            case 3:
                int removeID;
                printf("请输入要删除的商品 ID:");
                scanf("%d",&removeID);
                RemoveProduct(&cart,removeID);
                break;
            case 4:
                int modifyID,newQuantity;
                printf("请输入要修改数量的商品 ID:");
                scanf("%d",&modifyID);
                printf("请输入新的商品数量:");
                scanf("%d",&newQuantity);
                ModifyQuantity(&cart,modifyID,newQuantity);
                break;
```

```
        case 5:
            printf("退出程序。\n");
            exit(0);
        default:
            printf("无效操作，请重新选择。\n");
        }
    }
    return 0;
}
```

2.7 本章小结

1. 内容小结

本章主要围绕逻辑结构、存储结构和基本操作三个方面介绍线性表，具体内容总结如下。

```
线性表
├─ 逻辑结构
│  ├─ 线性表的定义
│  ├─ 元素之间存在一对一的关系
│  ├─ 顺序关系
│  └─ 集合关系
├─ 存储结构
│  ├─ 顺序表
│  │  ├─ 连续存储
│  │  ├─ 快速随机访问
│  │  └─ 插入和删除操作耗时
│  ├─ 链表
│  │  ├─ 单链表
│  │  │  ├─ 每个结点包含数据和指向下一个结点的指针
│  │  │  ├─ 插入操作和删除操作灵活
│  │  │  └─ 查找需要遍历
│  │  ├─ 循环单链表
│  │  │  ├─ 尾结点指向头结点
│  │  │  ├─ 适用于循环操作
│  │  │  └─ 简化边界处理
│  │  └─ 双向链表
│  │     ├─ 结点有前后两个指针
│  │     ├─ 插入操作和删除操作更加灵活
│  │     ├─ 需要更多内存
│  │     └─ 允许双向遍历
└─ 基本操作
   ├─ 创建、插入、删除、查找、取值、遍历
```

2. 顺序表与链表的对比

关于线性表，我们探讨了两种主要的数据结构：顺序表和链表。这两种数据结构在存储结构、空间性能以及时间性能等方面有明显的区别，需要根据实际的应用场景选择使用。

（1）顺序表的优点和缺点如下。

优点：随机访问高效，存储空间紧凑，不需要额外的指针开销。

缺点：插入操作和删除操作可能涉及元素移动，时间复杂度较高，内存分配需要预先确定大小。

（2）链表的优点和缺点如下。

优点：插入和删除操作高效，不需要元素移动，时间复杂度为 O(1)；内存动态分配，不浪费空间。

缺点：随机访问效率低，需要遍历才能访问特定位置的元素，每个结点需要额外的指针空间。

（3）链表的扩展形式。

链表还有几种常见的扩展形式：单链表、循环单链表和双向链表，它们在不同的场景下也有不同的优势和用途。

单链表：单链表是一种基本的链式存储结构，每个结点包含数据和指向下一个结点的指针。它适用于插入和删除频繁、随机访问较少的情况，但查找操作需要遍历链表。

循环单链表：循环单链表是一种特殊的单链表，最后一个结点的指针指向头结点，形成一个闭环。它适用于需要循环操作的场景，如游戏中的循环队列，能够简化边界条件的处理。

双向链表：双向链表的每个结点不仅有指向下一个结点的指针，还有指向前一个结点的指针。它允许双向遍历，插入操作和删除操作更加灵活，但相应地，需要更多的内存空间来存储额外的指针。

（4）数据结构选择的依据。

选择顺序表：对随机访问要求高，数据量较小且稳定，不需要频繁地插入和删除操作。

选择链表：需要频繁地插入和删除操作，对随机访问要求较低，数据量可能较大或变化频繁，每种链表形式都有其独特的优势，因此在选择时应根据问题的要求权衡其利弊。

在实际应用中，应根据具体的操作需求、数据量、性能要求以及内存使用情况，合理地选择顺序表或链表，这有助于优化数据结构的使用效果。理解线性表的不同特点和应用场景，可以在解决问题时做出更加明智的选择。

习 题

1. 在线性表的两种存储方式中，顺序表和链表的最大区别是（　　）。

A. 存储空间的使用　　B. 插入和删除操作的速度

C. 索引查找的速度　　D. 数据存储的物理位置

2. 以下（　　）是顺序表所不具备的特征。

A. 随机访问　　B. 插入和删除操作需要移动元素

C. 索引查找速度快　　D. 元素个数增加时，内存开销增加

3. 在处理大量插入和删除操作时，（　　）线性表存储方式更优。

A. 顺序表　　B. 链表

C. 哈希表　　D. 栈

4. 当线性表中的元素被删除后，（　　）的存储方式可以更有效地重新利用空间。

A. 顺序表　　B. 链表

C. 哈希表　　D. 栈

5. 在顺序表中，插入操作的时间复杂度为（　　）。

A. O（1）　　B. O(n)

C. O(logn)　　D. $O(n^2)$

6. 在链表中，插入操作的时间复杂度为（　　）。

A. O（1）　　B. O(n)

C. O(logn)　　D. $O(n^2)$

7. 在顺序表中，删除操作的时间复杂度为（　　）。

A. O（1）　　B. O(n)

C. O(logn)　　D. $O(n^2)$

8. 在链表中，删除操作的时间复杂度为（　　）。

A. O（1）　　B. O(n)

C. O(logn)　　D. $O(n^2)$

9. 在内存中，顺序表需要连续的存储空间，这种特性会带来（　　）。

A. 无法动态扩展空间　　B. 索引查找速度慢

C. 内存利用率低　　D. 插入和删除操作需要移动元素

10. 对于链表来说，以下描述正确的是（　　）。

A. 可以通过索引快速访问元素　　　　B. 插入和删除操作不需要移动元素

C. 可以动态扩展存储空间　　　　D. 所有元素共享一块连续的内存空间

11. 给定一个单链表，请在其上实现一个函数，将链表的元素按照从小到大的顺序进行排序。要求：链表中的元素为整数，使用插入排序的策略，保证原链表不变。

12. 给定两个单链表 A 和 B，它们分别代表两个集合且元素递增排列。请设计算法求出两个集合的差集。要求：使用简单的数据结构，不使用哈希表等高级数据结构。

13. 给定一个单链表，请实现一个函数，找出链表中出现次数最多的元素。要求：只能遍历链表一次。

14. 给定两个循环链表 A 和 B，它们分别代表两个集合且元素递增排列。请设计算法求出两个集合的交集。要求：使用简单的数据结构，不使用哈希表等高级数据结构。

15. 给定一个链表，将链表所有结点的连接方向“原地”翻转。要求：不使用额外的存储空间。

第 3 章　栈和队列

栈和队列是两种重要的线性结构，它们都是一种特殊的线性表，其特殊性在于它们是操作受限的线性结构。它们大量应用于各种计算机软件的设计和开发中。从数据类型的角度来看，它们与线性表是不同的数据类型。本章将从栈和队列的定义、顺序存储结构及其实现、链式存储结构及其实现以及案例应用等方面展开讲解。

3.1　案例引入

【案例一】　进制转换。

进制转换是人们利用符号来计数的方法。进制转换由一组数码符号和两个基本因素（基数与位权）构成。基数是指进位计数制中所采用的数码（数制中用来表示“量”的符号）的个数。位权是指进位制中每一个固定位置对应的单位值。

十进制数 Num 和其他 d 进制的转换是计算机实现计算的基本问题。进制转换方法有很多种，其中应用比较广泛的一种方法的原理是将数 Num 除以 d 进制，记录余数，再将得到的结果 Num 除以 d 进制，再次记录余数，以此类推，直到 Num 的值为 0，按照逆序的次序取出余数并打印就是转换后的进制数。

例如，$(1269)_{10}=(2365)_8$，其运算过程如下：

Num	Num/8	Num%8
1269	158	5
158	19	6
19	2	3
2	0	2

↑ 取余的顺序

显然，在记录余数的时候应具备“后进先出”的特点，那么该如何利用计算机实现进制之间的转换呢？

【案例二】　括号匹配检验。

括号匹配是指在一个字符串中，各种类型的括号（如圆括号“()”、方括号“[]”、花括号“{}”等）要成对出现且嵌套关系要正确。如果括号的嵌套关系出现错误或者括号不成对出现，那么括号就没有正确匹配。如“{([]())}”为正确的格式，“[()}”、“([()]”或“({)]”均为不正确的格式。在算术表达式中，括号匹配应该遵循以下原则：

{　(　[　]　(　)　)　}
1　2　3　4　5　6　7　8

当计算机扫描表达式的时候，由于配对的左右括号不一定是挨在一起的，因此，当遇到左半边括号的时候，会先将扫描到的左括号存下来，以上述表达式为例，扫描到 1、2、3 左括号的时候会存在容器中，扫描到第 4 个右括号的时候，就会和容器中最后放入的左括号做比较，若匹配，则从容器中将该左括号消除掉，表示这个括号是匹配的；第 5 个括号是左括号，同样存入容器中，此时容器中存放的次序是 1、2、5；继续往下扫描，第 6 个括号是右括号，与容器中最后放入的括号进行比较，若匹配，则将该左括号消除掉，此时容器中左括号的次序是 1、2；第 7 个括号是右括号，与当前容器中最后放入的括号进行比较，若匹配，则将该左括号消除，此时容器中左括号的次序是 1；最后一个括号也是右括号，与容器中最后放入的括号匹配，若匹配，则将该左括号消除掉，此时容器中没有任何括号，表达式也扫描完了，这种情况表示表达式的括号是匹配的，若括号不匹配，则容器中一定会有剩余的括号。

【案例三】　表达式求值。

表达式求值是指计算一个数学表达式的结果。表达式求值过程中，需要考虑元素运算符的优先级别，先出现的运算符不一定先计算，表达式求值时需要对运算符优先级和出现的先后次序进行分析，利用栈来存储和操作算术表达式。

若表达式的语义是正确的，则从左往右依次扫描表达式，从操作数开始，然后结合运算符进行计算。这个过程会涉及栈的使用，利用栈保存中间结果。例如，当遇到一个左括号时，需要将一些操作数压入栈中，然后在遇到右括号时，从栈中弹出操作数并执行相应的运算。

【案例四】　舞会配对。

在单身舞会上，男士和女士各自排成一队依次进入舞池，初始的时候男士人数和女士人数不一定相等，依次排队两两组队进入舞池，则人数较长的那一队未配对者等待下一轮舞曲。

舞会配对通常采用队列的方式进行。常见的舞会队列是按照男女交替的方式进行排列。例如，假设有 10 名男性和 9 名女性参加舞会，可以按照以下方式排列：

男性 1，女性 1

男性 2，女性 2

……

男性 9，女性 9

男性 10，女性 1

此外，也可以按照其他方式排列，例如按照年龄、身高、学历等排列。无论采用何种排列方式，队列都可以帮助舞会参加者更好地了解彼此，同时方便组织者进行配对安排。

3.2 栈

栈是一种只能在同一端进行插入和删除操作的特殊线性表。其最大的特点就是遵循“先进后出”的原则，即最后插入的元素最先被删除。本节将从栈的定义及其运算描述、顺序栈及其基本操作、链栈及其基本操作进行介绍。

3.2.1 栈的定义及其运算描述

1. 栈的定义

栈是一种只能在一端进行插入或删除操作的线性表。因此，将进行插入和删除操作的一端称为栈顶，表的另一端称为栈底。当栈里面没有数据元素时称为空栈，将栈的插入操作称为入栈，将栈的删除操作称为出栈，如图 3-1 所示。

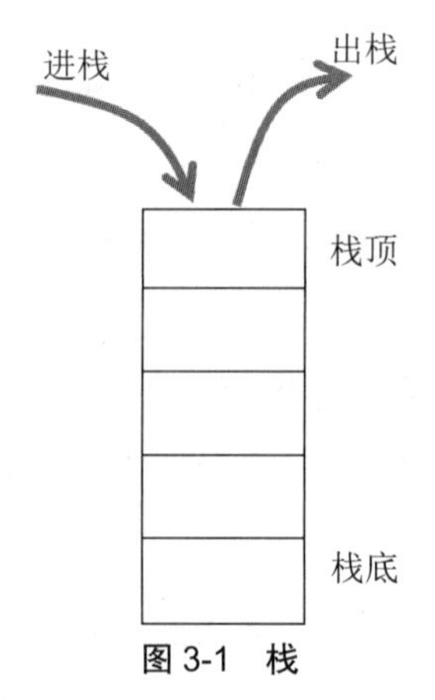

图 3-1 栈

在生活中，栈的应用非常广泛，如登山用的背包，需要在一定的时间内做出正确的决定，将装备叠放在登山包里，并且放在合适的位置，这就需要一种特殊的模式，即将装备以先进后出——栈放入登山包，以便出发前能得到优化，以免在登山过程中需要更换装备又要拆出来放，也可以减少其他队员拆卸装备带来不便的可能性。

资源管理器返回上一级文件夹也是同理，在浏览计算机中的各种文件夹时，如果想要返回上一级文件夹，只要点击“返回”按钮，就能重新回到上一级，返回到最后浏览的文件夹。

这些应用场景只是栈的一部分，栈在计算机科学和实际应用中还有很多其他用途。

2. 栈的抽象数据类型定义及其运算描述

栈的主要操作是入栈和出栈，除此以外，还有栈的初始化、栈的状态判定（是否为空）、读栈顶元素等。栈的抽象数据类型定义如下：

```
ADT Stack {
    数据对象：D = {a_i|i = 0,1,2, …, n, n ≥ 0}, a_i是 datatype 类型
    数据关系：R = {< a_i, a_{i+1} > |a_i, a_{i+1} ∈ D, i = 0,1,2, …, n − 1}
    基本操作：
     （1）InitStack(S)：栈的初始化操作，建立空的栈 S。
     （2）Empty(S)：判断栈是否为空栈，如果是，则返回 1，否则返回 0。
     （3）Read(S)：读取栈顶元素的结点值，如果元素存在，则返回元素的结点值，否则返回无效值。
     （4）Push(S,x)：栈的入栈操作。
     （5）Pop(S)：栈的出栈操作，如果栈不为空，则返回当前出栈的结点值，否则返回无效值。
} ADT Stack
```

3.2.2　顺序栈及其基本操作

栈的存储结构有两种：顺序存储结构和链式存储结构。本节将介绍栈的顺序存储结构及其运算实现。顺序栈采用一组物理上连续的存储单元来存放栈中的所有元素，利用一个辅助变量标记栈顶位置，栈底通常固定在数组的起始位置，而数组的大小即为栈的最大容量，图 3-2 所示的是栈的基本操作。

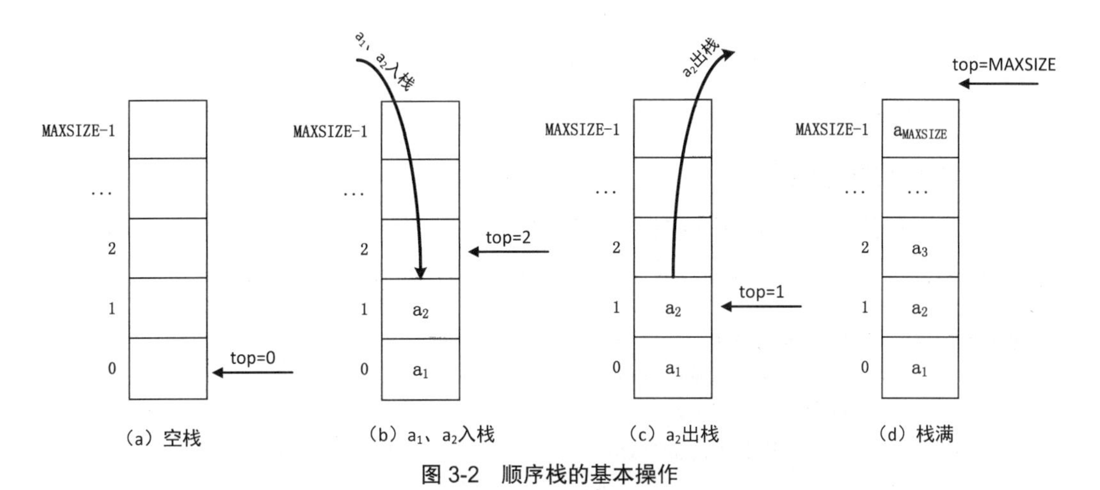

图 3-2　顺序栈的基本操作

1. 顺序栈的定义

栈的顺序存储是一种基本的数据组织方式，它将栈的数据元素按照顺序紧密地存储在计算机内存里的一组地址连续的存储单元中，设定一个辅助变量来标记栈顶的位置。这里将 top=0 表示为空栈，top=MAXSIZE 表示为栈满，top 标记的是栈顶后一个位置，具体代码实现如下。其中 a 数组用来存放栈中的元素，top 用来标记栈顶+1 的位置（部分书籍简称栈顶位置）。

```
/*---------------------文件 SeqStack.h---------------*/
/**********************************************/
/*                  顺序栈类型定义              */
/**********************************************/
#include <stdio.h>
#define MAXSIZE 100              /*定义常量 MAXSIZE 为 100*/
typedef int datatype;            /*定义 datatype 为 int 类型*/
typedef struct 了{               /*栈的顺序存储结构*/
   datatype a[MAXSIZE];          /*存放数据*/
   int top;                      /*栈顶+1 的位置*/
} SeqStack;
```

2. 顺序栈的初始化

顺序栈的初始化就是将栈设置为空栈，需要对栈顶标记变量 top 置 0。具体代码实现如算法 3-1 所示。

算法 3-1 顺序栈的初始化操作

```
/**********************************************/
/*  函数功能：顺序栈的初始化——置空栈         */
/*  函数参数：指向 SeqStack 类型的指针变量 st    */
/*  函数返回值：空                              */
/**********************************************/
void init(SeqStack *st) {
   st->top = 0;
}
```

3. 判断栈是否为空栈

判断顺序栈是否为空栈操作，通过比较栈顶变量 top 的值来判断是否为空栈，如果 top 为 0，则该栈为空栈，若不为 0，则该栈不为空栈。具体代码实现如算法 3-2 所示。

算法 3-2 判断顺序栈是否为空栈

```
/**********************************************/
/*  函数功能：判断顺序栈是否为空                */
/*  函数参数：SeqStack 类型的普通变量 st        */
/*  函数返回值：int 类型。1 表示空，0 表示非空  */
/**********************************************/
int empty(SeqStack st) {
   if (st.top == 0) {
      return 1;
   }else{
      return 0;
   }
}
```

4. 返回栈顶元素的值

返回栈顶元素的值操作就是返回下标为 top−1 下标的值，如果当前为空栈，则返回一个无穷大的无效值。具体代码实现如算法 3-3 所示。

算法 3-3　读取栈顶元素的结点值

```
/************************************************/
/* 函数功能：返回栈顶元素的值                        */
/* 函数参数：SeqStack 类型的普通变量 st              */
/* 函数返回值：datatype 类型，返回栈顶元素的值        */
/************************************************/
datatype read(SeqStack st) {
    if (empty(st)) {
        printf("栈空，读栈顶元素操作失败！");
        return 9999;   /*读栈顶元素操作失败，返回一个无意义的值*/
    } else {
        return st.a[st.top-1];
    }
}
```

5. 顺序栈的插入操作（入栈）

顺序栈的插入操作就是在栈顶的后一个位置上插入一个新的结点，如果栈满，则表示插入失败，返回−1；如果栈中还有空余，则在 top 位置插入新的结点值，栈顶位置发生变化，标记变量 top 后移一位，返回 0。具体代码实现如算法 3-4 所示。

算法 3-4　顺序栈的插入操作（入栈）

```
/*******************************************************/
/* 函数功能：顺序栈的插入操作（入栈）                        */
/* 函数参数：指向 SeqStack 类型的指针变量 st、datatype 类型的变量 x */
/* 函数返回值：int 类型，成功返回 0，失败返回-1               */
/*******************************************************/
int push(SeqStack *st,datatype x) {
    if (st->top == MAXSIZE) {
        printf("栈满，插入失败！\n");
        return -1;
    } else {
        st->a[st->top] = x;     /*在栈顶后面一个位置插入值*/
        st->top++;
        return 0;
    }
}
```

6. 顺序栈的删除操作（出栈）

顺序栈的删除操作就是将栈顶元素删除的同时再返回删除元素的值。如果栈中没有任何元素，则表示删除操作失败，返回无穷的无效值；若栈不为空栈，则栈顶元素由 top−1 位置变为 top−2 位置，将标记变量 top 前移一位，同时返回刚刚出栈的栈顶元素的值。具体代码实现如算法 3-5 所示。

算法 3-5　顺序栈的出栈操作

```
/**********************************************/
/* 函数功能：顺序栈的删除操作（出栈）              */
/* 函数参数：指向 SeqStack 类型的指针变量 st        */
/* 函数返回值：datatype 类型，返回出栈的元素值       */
/**********************************************/
datatype pop(SeqStack *st) {
    if (empty(*st)) {
        printf("栈空，出栈失败！\n");
        return 9999;
    } else {
        st->top--;
        return st->a[st->top];
    }
}
```

3.2.3　链栈及其基本操作

1. 链栈的定义

栈的链式存储结构指的是一种数据组织方式，它通过使用结点之间的指针关系来连接数据元素，构建起一种动态、灵活的数据结构。与栈的另一种存储方式——顺序存储结构（数组）相比，链式存储结构在内存中不要求连续的存储空间，这就意味着数据元素可以在任意未被占用的内存位置进行存储，从而具有更大的灵活性和适应性。

链栈是一种特殊的单链表，规定只能在栈顶位置执行插入和删除操作，链栈的栈顶结点的地址一般用 top 指针标记，如图 3-3 所示。

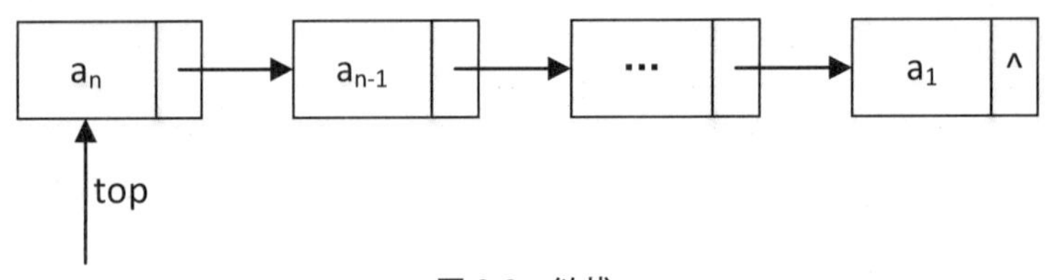

图 3-3　链栈

链栈的每个结点都包含两个主要域：数据域（info）和指针域（next），其中数据域用来存放栈中的元素，指针域用来存放上一个结点的地址。代码如下：

```
/*--------------------文件 LinkStack.h--------------*/
/**********************************************/
/*                  链栈类型定义                 */
/**********************************************/
#include <stdio.h>
#include <stdlib.h>
typedef int datatype;
typedef struct StackNode {
    datatype info;
```

```
    StackNode *next;
}LinkStack;
```

2. 链栈的初始化

链栈的初始化就是将栈设置为空，即链栈中没有任何结点，栈顶为空。具体代码实现如算法3-6所示。

算法3-6　链栈的初始化

```
/*****************************************************/
/* 函数功能：链栈的初始化是将栈设置为空                    */
/* 函数参数：空                                         */
/* 函数返回值：指向LinkStack类型的指针变量，返回栈顶结点的地址 */
/*****************************************************/
LinkStack* init() {
    return NULL;
}
```

3. 判断链栈是否为空栈

判断链栈是否为空栈操作是通过判断栈顶指针是否存在，如果栈顶指针为空，则该栈为空栈，返回1；若栈顶指针不为空，表示链栈中有结点，则该栈为非空栈，返回0。具体代码实现如算法3-7所示。

算法3-7　判断链栈是否为空栈

```
/*************************************************/
/* 函数功能：判断链栈是否为空栈                       */
/* 函数参数：指向LinkStack类型的指针变量top           */
/* 函数返回值：int类型。1表示空，0表示非空             */
/*************************************************/
int empty(LinkStack *top) {
    if (!top) {
        return 1;
    } else {
        return 0;
    }
}
```

4. 返回栈顶元素的值

返回栈顶元素的值操作就是返回栈顶指针指向的地址空间中info成员的值，如果栈顶指针为空指针，则返回一个无意义的值（无穷大）。具体代码实现如算法3-8所示。

算法3-8　读取栈顶元素的结点值

```
/****************************************/
/* 函数功能：返回栈顶元素的值               */
/* 函数参数：指向LinkStack类型的指针变量top */
/* 函数返回值：datatype类型，返回栈顶元素的值 */
/****************************************/
```

```
datatype read(LinkStack *top) {
    if (empty(top)) {
        printf("栈空，读取栈顶元素操作失败！");
        return 9999;   /*读取栈顶元素操作失败，返回一个无意义的值*/
    } else {
        return top->info;
    }
}
```

5. 链栈的插入操作（入栈）

链栈的插入操作（入栈）就是在 top 指针的前面插入一个新的结点，操作如图 3-4 所示。首先，利用 malloc 函数动态开辟一个 LinkStack 大小的内存空间，并定义一个指针变量 newnode，将新开辟内存空间的地址赋给 newnode，再给该内存空间上的 info 成员赋值 x；然后将 newnode 和栈顶结点进行关系设置，newnode 结点插入在栈顶结点的前面，因此 newnode 的下一个结点的地址为栈顶结点的地址（top 指针），栈顶变成 newnode 结点（top=newnode）；最后，由于 top 指针发生了变化，所以函数返回 top 指针的地址。具体代码实现如算法 3-9 所示。

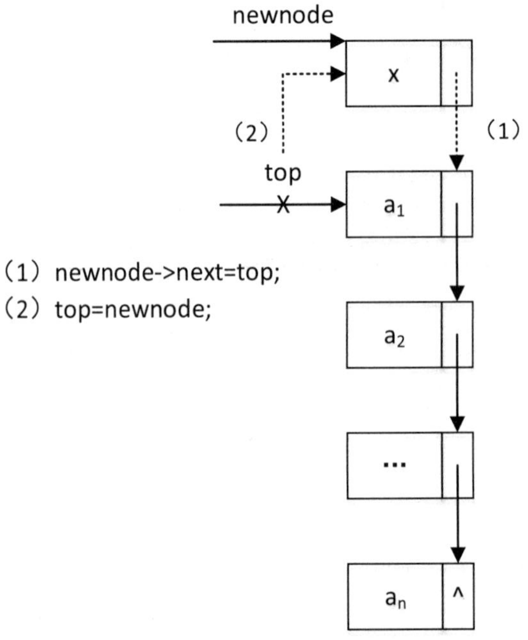

图 3-4　链栈的插入操作（入栈）

算法 3-9　链栈的插入操作（入栈）

```
/**************************************************************/
/* 函数功能：链栈的插入操作（入栈）                              */
/* 函数参数：指向 LinkStack 类型的指针变量 top、datatype 类型的变量 x */
/* 函数返回值：指针 LinkStack 类型的指针变量                     */
/**************************************************************/
LinkStack* push(LinkStack *top,datatype x) {
```

```
    LinkStack *newnode = (LinkStack*)malloc(sizeof(LinkStack));
    newnode->info = x;
    newnode->next = top;
    top = newnode;
    return top;
}
```

6. 链栈的删除操作（出栈）

链栈的删除操作（出栈）就是将栈顶元素删除的同时返回删除元素的值，操作如图 3-5 所示。由于链栈的删除操作会修改栈顶指针 top 的值，同时又要返回被删除栈顶元素的值，因此在设计函数头部的时候，将修改后的 top 指针地址返回，利用 frontData 指针变量返回被删除的栈顶元素的地址。如果栈顶指针为空指针，则删除失败，将 frontData 指针指向的内存空间的值设置为无穷的无效值；若栈顶指针不为空指针，则将当前栈顶元素的值赋给 frontData 指针指向的内存空间，定义一个指针变量 p 获取栈顶指针 top 的地址值，将栈顶指针 top 后移一位，释放指针变量 p 所指向的内存空间，返回修改后的 top 指针的地址。具体代码实现如算法 3-10 所示。

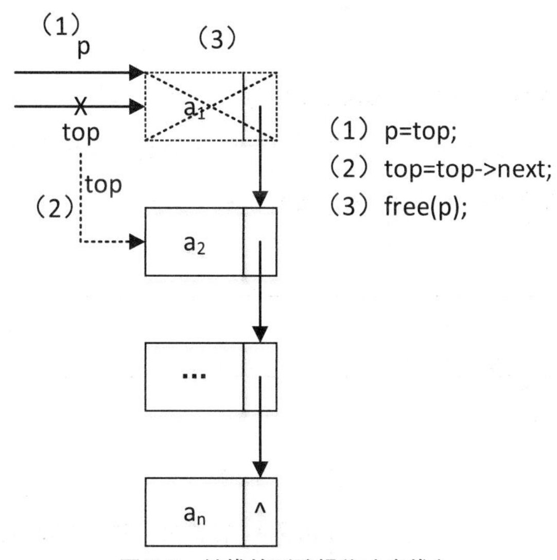
(1)
p
(3)
top
top
(2)
(1) p=top;
(2) top=top->next;
(3) free(p);
...
^

图 3-5　链栈的删除操作（出栈）

算法 3-10　链栈的删除操作（出栈）

```
/****************************************/
/* 函数功能：链栈的删除操作（出栈）          */
/* 函数参数：指向 LinkStack 类型的指针变量 top */
/* 指向 datatype 类型的指针变量 frontData    */
/* 函数返回值：datatype 类型，返回出栈的元素值 */
/****************************************/
LinkStack* pop(LinkStack *top,datatype *frontData) {
    if (empty(top)) {
        printf("栈空，出栈失败！\n");
        *frontData = 9999;
```

```
        return NULL;
    } else {
        *frontData = top->info;
        LinkStack *p = top;
        top = top->next;
        free(p);
        return top;
    }
}
```

3.3 队列

队列的最大特点就是遵循“先进先出”的原则，即最先插入的元素最先被删除。本节将从队列的定义及其运算描述、顺序队列及其基本操作、链队及其基本操作进行介绍。

3.3.1 队列的定义及运算描述

1. 队列的定义

队列是一种只能在两端进行插入和删除操作的线性表。因此，将进行插入操作的一端称为队尾，进行删除操作的一端称为队首。当队列里面没有数据元素时称为空队，将队列的插入操作称为入队，将队列的删除操作称为出队，如图 3-6 所示。

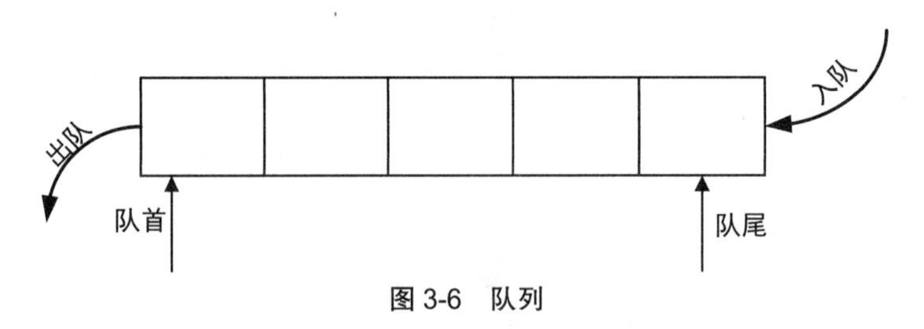

图 3-6　队列

在生活中，队列的应用非常广泛。在超市购物结账时，每当顾客完成付款，收银员就会将商品放入一个队列中，然后逐一处理，这确保了所有的客户都将在公平和有序的环境中获得服务；当多个人需要使用打印机时，打印任务会被放入一个队列中，然后按顺序逐一处理，这避免了混乱和浪费；在医疗设施中，病人会被放入队列中，然后按顺序接受治疗，这确保了所有的病人都会被平等对待，并按照病情的严重程度得到及时的处理；当人们预订火车票或飞机票时，他们的请求会被放入队列中，然后按照先来先服务的原则进行处理，这确保了公平性，并使得所有的乘客都能按照顺序获得服务。

总的来说，队列在日常生活中无处不在，它能帮助人们处理并发请求，确保公平性和效率。

2. 队列的抽象数据类型定义及其运算描述

队列的主要操作是入队和出队，除此之外，还有队列的初始化、队列的状态判定（是否为空）、打印队列、读栈顶元素等。栈的抽象数据类型定义如下：

ADT Quence {

数据对象：$D=\{a_i|i=0, 1, 2, \cdots, n, n\geqslant 0\}$，$a_i$是 datatype 类型

数据关系：$R=\{<a_i, a_{i+1}>|a_i, a_{i+1}\in D, i=0, 1, 2, \ldots, n-1\}$

基本操作：

（1）init(Q)：队列的初始化操作，建立空的队列 Q。

（2）empty(Q)：判断队列是否为空队列，如果是，则返回 1，否则返回 0。

（3）QuenceLength(Q)：返回队列中结点的个数。

（4）display(Q)：打印队列所有结点的值。

（5）read(Q)：读取队首元素的结点值，如果元素存在，则返回元素的结点值，否则返回无效值。

（6）insert(Q,x)：队列的入队操作。

（7）dele(Q)：队列的出队操作，如果出队操作成功，则返回 0，否则返回-1。

} ADT Quence

3.3.2　顺序队列及其基本操作

队列的存储结构有两种，顺序存储结构和链式存储结构。本节将介绍队列的顺序存储结构及其运算实现。顺序队列采用一组物理上连续的存储单元来存放队列中的所有元素，利用辅助变量 front 标记队首位置，利用辅助变量 rear 标记队尾后一个位置，即下一次插入新结点的位置。

图 3-7 所示的是顺序队列的几种状态。分析图中（d）部分的队列状态可以发现，普通的顺序队列存在假溢出的情况。由于队列在出队过程中不涉及数据元素的移动，因此可以通过 front 变量标记队首位置，出队后的空间被闲置，无法合理利用起来，最终导致出现图中（d）部分的状态，即顺序队列的长度为 0（rear-front），但是队列的队尾已经为 MAXSIZE，队列呈现满的状态（rear==MAXSIZE）。

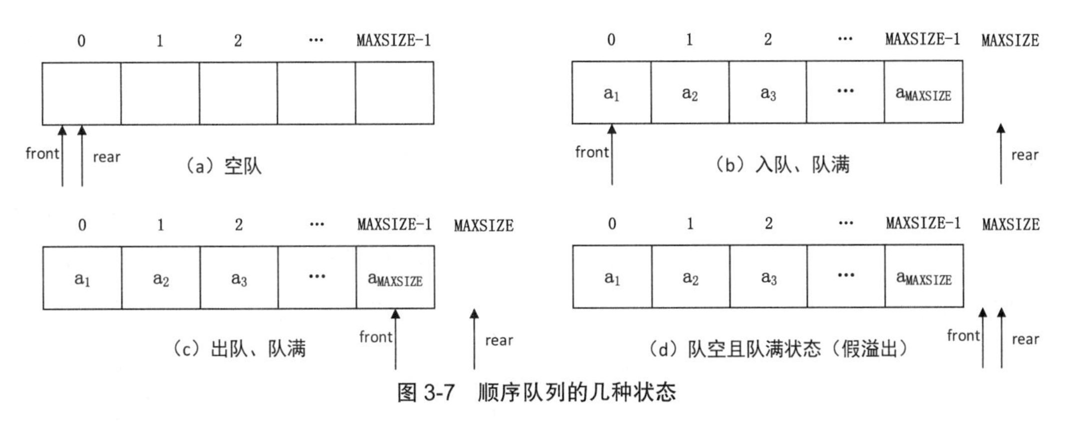

图 3-7　顺序队列的几种状态

为解决普通顺序队列假溢出的情况，我们可以将数组看成是环状的，即数组下标 0 和下标

MAXSIZE-1 是相邻的，这种就是循环队列。循环队列在物理内存上还是一组连续的内存空间，只是在使用的时候，人为设置成了环形。

循环队列中，当队尾位于数组下标 MAXSIZE-1 处，此时插入一个新数据元素后，rear 就指向数组下标 0 处了，与普通的顺序队列不同的是，当插入和删除操作位于数组最后一个位置时，执行插入和删除操作后，对应的标记变量后移指向数组下标 0 处。图 3-8 所示的是循环队列的几种状态。

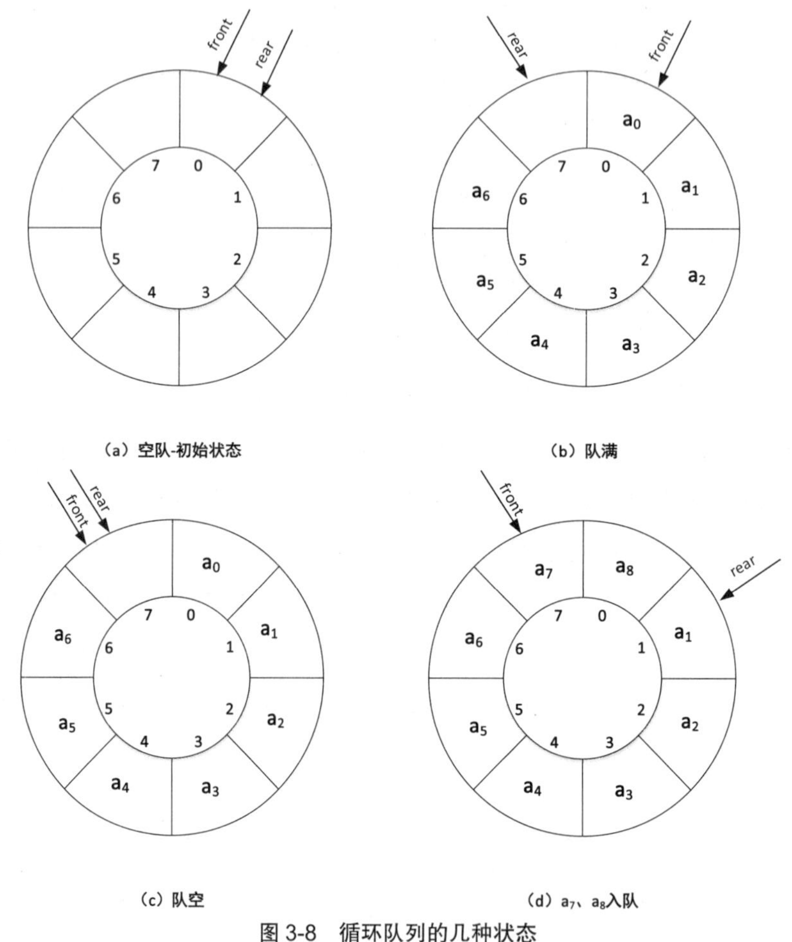

图 3-8　循环队列的几种状态

在图 3-8（b）状态中，如果再入队一个数据元素，数组的空间就全部沾满了，此时 rear 和 front 相等，但是在图 3-8（a）状态中，空队列状态时，rear 和 front 也相等，那么如何区分循环队列中队满和队空的状态呢？一种方法是设置一个标志位，当每一次入队时，令 tag=1；当出队时，tag=0。如果在 tag=1 后，rear 和 front 相等，则说明是因为入队而引起的，所以队列已满；反之，tag=0 时，front 和 rear 相等，则说明是因为出队引起的，由此判断此队列为空。第二种方法是计数法，队列为空时，count=0；有元素入队时，count 加 1。当 count 和队列的 MAXSIZE（即数组大小）相等时，代表队列已满。最后一种方法是牺牲一个存储空间，即若数组的长度最大为 MAXSIZE，则存放 MAXSIZE-1 个元素就表示队满，rear 和 front 之间剩一个数组元素空间时表示队满，指针 rear 后一个下标位置就是指针 front 所指向的位置，因此，循环队列满的条件是：

$$(rear + 1) \% MAXSIZE = front$$

循环队列空的条件是：

$$front = rear$$

1. 循环队列的定义

循环队列的存储结构和普通顺序队列的存储结构是一样，将队列的数据元素按照顺序紧密地存储在计算机内存中的一组地址连续的存储单元中，设定两个辅助变量来标记队首和队尾的位置，具体代码实现如下，其中 a 数组用来存放队列中的元素，front 用来标记队首的位置，rear 用来标记队尾后一个位置。

```
/*---------------------文件 SeqQuence.h---------------*/
/**************************************************/
/*                      顺序队列类型定义              */
/**************************************************/
#include <stdio.h>
#define MAXSIZE 100
typedef char datatype;
typedef struct{
    datatype a[MAXSIZE];
    int front;//队首
    int rear;//队尾+1
}SeqQuence;
```

2. 循环队列的初始化

循环队列的初始化操作就是将队列置空，即队列中队首、队尾的标记指针相等且都指向 0 位置。具体代码实现如算法 3-11 所示。

算法 3-11　顺序队列的初始化操作

```
/*********************************************/
/*  函数功能：顺序队列的初始化——置空队列       */
/*  函数参数：指向 SeqQuence 类型的指针变量 sq    */
/*  函数返回值：空                          */
/*********************************************/
void init(SeqQuence *sq){
    sq->front = sq->rear = 0;
}
```

3. 判断队列是否为空队

判断队列是否为空队列操作，通过判断队首和队尾标记变量是否相等，如果相等则表示队列中结点数目为 0，即为空，返回 1 值；若队首和队尾标记变量不相等，则队列中结点数目不为 0，即不为空，返回 0 值。具体代码实现如算法 3-12 所示。

算法 3-12　判断循环队列是否为空队列

```
/**********************************************************/
/*  函数功能：判断顺序队列是否位空                          */
/*  函数参数：SeqQuence 类型的变量 sq                       */
/*  函数返回值：int 类型，空返回 1，非空返回 0               */
/**********************************************************/
int empty(SeqQuence sq){
   if (sq.front == sq.rear) {
      return 1;
   }else{
      return 0;
   }
}
```

4. 计算循环队列长度操作

计算循环队列长度操作就是统计循环队列中结点的个数，由于循环队列中队首和队尾标记变量的值有两种情况，当队首变量小于队尾变量时，队列长度=rear-front；当队首变量大于队尾变量时，队列长度=rear-front+MAXSIZE。对比两种情况，它们的区别就是是否加 MAXSIZE，因此利用求余符号，当求出来的长度大于等于 MAXSIZE，则减掉 MAXSIZE 的值，保证队列的长度小于 MAXSIZE。具体代码实现如算法 3-13 所示。

算法 3-13　计算循环队列长度操作

```
/*****************************************/
/*  函数功能：计算循环队列的结点数          */
/*  函数参数：SeqQuence 类型的变量 sq       */
/*  函数返回值：int 类型                   */
/****************************************/
int QuenceLength(SeqQuence sq) {
   return (sq.rear - sq.front + MAXSIZE) % MAXSIZE;
}
```

5. 打印循环队列所有结点的值

打印循环队列所有结点的值就是从队首到队尾，将每个结点依次打印出来，若循环队列为空队列，则输出提示信息，并返回-1，表示打印失败；若循环队列不为空队列，则定义一个循环变量 i 用来遍历队列的每个结点，令 i 初始等于队首结点的下标，输出队首结点的值，完成后再修改 i 的值后移一位，若 i=MAXSIZE-1 时，自增操作后 i=MAXSIZE，超出了下标界限，需要置零，因此需要利用求余运算对加一操作后的循环变量进行求余以保证循环变量介于 front 到 rear 之间。当所有的结点值都输出后，输出一个空行，最后返回 0，表示打印成功。具体代码实现如算法 3-14 所示。

算法 3-14　打印循环队列所有结点的值

```
/**********************************************************/
/*  函数功能：打印循环队列中所有结点的值                    */
/*  函数参数：SeqQuence 类型的变量 sq                       */
/*  函数返回值：int 类型，成功返回 0，失败返回-1            */
/**********************************************************/
int display(SeqQuence sq) {
    if (sq.front == sq.rear) {
        puts("队空，无法打印队列！");
        return -1;
    }
    else {
        int i;
        for (i = sq.front; i <= sq.rear - 1; i = (i + 1) % MAXSIZE) {
            printf("%5c", sq.a[i]);
        }
        putchar('\n');
        return 0;
    }
}
```

6. 读队首结点的值

读队首结点的值就是返回队首位置结点的值，如果队列为空队列，则返回无效值空字符；如果队列不为空，则返回数组下标为 front 的数组元素的值。具体代码实现如算法 3-15 所示。

算法 3-15　读循环队列队首结点的值

```
/**********************************************************/
/*  函数功能：读循环队列队首结点的值                          */
/*  函数参数：SeqQuence 类型的变量 sq                         */
/*  函数返回值：datatype 类型。返回队首结点的值                */
/**********************************************************/
datatype read(SeqQuence sq) {
    if (empty(sq)) {
        return '\0';            //无效值
    } else {
        return sq.a[sq.front];
    }
}
```

7. 循环队列的插入操作（入队）

循环队列的插入操作就是在队尾后面插入一个新的结点。循环队列队满和队空都是 rear==front，为了方便区分队满和队空两种情况，因此这里牺牲了 front 前面的一个存储空间，当 rear 和 front 之间只有一个存储空间，则这种状态下就表示队满，由于 rear 可能是在 MAXSIZE-1 的位置，因此 rear+1 需要对 MAXSIZE 取余用于对该值置零，当队列是满队的状态，表示插入操作失败，输出提示信息，并返回-1；当队列不为满时，则在 rear 下标位置插入 x 值，队尾标记变量 rear 后移一位，插入成功，返回 0。具体代码实现如算法 3-16 所示。

算法 3-16　循环队列的插入操作（入队）

```
/**********************************************************/
/*  函数功能：循环队列的插入操作（入队）                    */
/*  函数参数：指向 SeqQuence 类型的指针变量 sq，datatype 型变量 x    */
/*  函数返回值：int 类型，成功返回 0，失败返回-1            */
/**********************************************************/
int insert(SeqQuence *sq, datatype x) {
    if ((sq->rear + 1) % MAXSIZE == sq->front) {
        printf("队满，入队失败！\n");
        return -1;
    }
    else {
        sq->a[sq->rear] = x;
        sq->rear = (sq->rear + 1) % MAXSIZE;
        return 0;
    }
}
```

8. 循环队列的删除操作（出栈）

循环队列的删除操作就是删除队首结点，队首标记变量 front 后移一位。当队列为空的时候，表示无法执行删除操作，输出提示信息，并返回-1；当队列不为空队列时，队首标记变量 front 后移一位，由于循环队列要考虑置零问题，因此 front 加 1 后要进行取余运算，最后返回 0。具体代码实现如算法 3-17 所示。

算法 3-17　循环队列的删除操作（出栈）

```
/***********************************************/
/*  函数功能：循环队列的删除操作（出队）         */
/*  函数参数：指向 SeqQuence 类型的指针变量 sq      */
/*  函数返回值：int 类型，成功返回 0，失败返回-1   */
/***********************************************/
int dele(SeqQuence *sq) {
    if (sq->front == sq->rear) {
        puts("队空，出队失败！");
        return -1;
    }
    else {
        sq->front = (sq->front + 1) % MAXSIZE;
        return 0;
    }
}
```

3.3.3　链队及其基本操作

1. 链队的定义

队列的链式存储结构是指一种数据组织方式，它通过使用结点之间的指针关系来连接数据元素，构建起一种动态、灵活的数据结构。与队列的另一种存储方式——顺序存储结构（数组）相比，链式存储结构在内存中不要求连续的存储空间，这就意味着数据元素可以在任意未被占用的内存位置进行存储，从而具有更大的灵活性和适应性。

链队是一种特殊的单链表，规定只能在队首位置和队尾位置进行删除操作，链队的队首结点的地址一般用 front 指针标记，队尾结点的地址一般用 rear 指针标记，如图 3-9 所示。

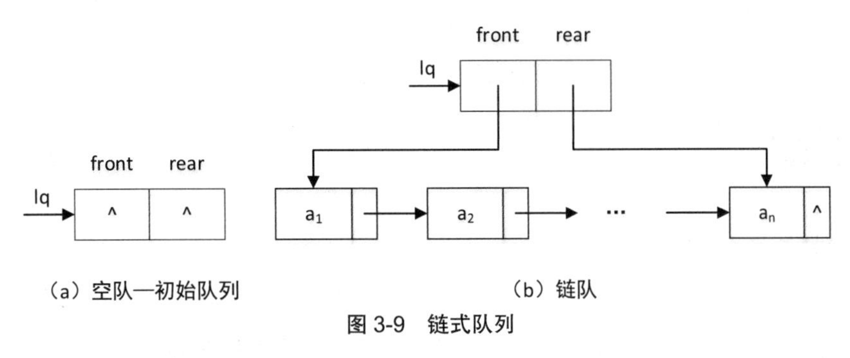

图 3-9　链式队列

链队必须记录队首和队尾结点的地址，因此设置了两种结点类型。其中，node 类型包含数据域（info）和指针域（next），其中数据域用来存放队列中的元素，指针域用来存放下一个结点的值；LinkQuence 类型包含队首域（front）和队尾域（rear），其中队首域用来存放队列链表队首结点的地址，队尾域用来存放队列链表队尾结点的地址。

```
/*--------------------文件 LinkQuence.h---------------*/
/**************************************************/
/*                   链式队列类型定义                */
/**************************************************/
#include <stdio.h>
#include <stdlib.h>
typedef int datatype;
typedef struct QuenceNode {
    datatype info;          /*队列结点的值*/
    QuenceNode *next;       /*队列下一个结点的值*/
} node;
typedef struct {
    node *front,*rear;     /*front 指向第一个结点的地址，rear 指向最后一个结点的地址*/
} LinkQuence;
```

2. 链队的初始化

链队的初始化就是将队列置为空栈，链队中通过 LinkQuence 类型里的 front 和 rear 两个成员来标记链队的队首结点地址和队尾结点地址,因此空链队状态下 front 和 rear 的值均为 NULL。由于要对 LinkQuence 类型变量中的 front 和 rear 赋空值，所以需先利用 malloc 函数动态开辟内存，再对该内存空间上的 front 和 rear 值赋值，最后返回这个指针变量。具体代码实现如算法 3-18 所示。

算法 3-18　链队的初始化操作

```
/*******************************************/
/*  函数功能：链队的初始化——置空队列          */
/*  函数参数：空                              */
/*  函数返回值：指向 LinkQuence 类型的指针变量    */
/*******************************************/
LinkQuence* init() {
   LinkQuence *lq;
   lq = (LinkQuence*)malloc(sizeof(LinkQuence));
   lq->front = NULL;
   lq->rear = NULL;
   return lq;
}
```

3. 判断链队是否为空队列

判断链队是否为空队列就是判断队首指针 front 是否为空，若队首指针 front 为空指针，则该队列为空队列，返回 1，否则返回 0。具体代码实现如算法 3-19 所示。

算法 3-19　判断链队是否为空队列

```
/****************************************************/
/*  函数功能：判断链队是否为空队列                        */
/*  函数参数：指向 LinkQuence 类型的指针变量 lq              */
/*  函数返回值：int 类型，若为空队列，则返回 1，否则返回 0  */
/******************************************/
int empty(LinkQuence *lq) {
   if (!lq->front) {
      return 1;
   } else {
      return 0;
   }
}
```

4. 计算链队的结点数

计算链队的结点数就是统计从 front 指针位置到 rear 指针位置一共遍历了多少个结点数,定义一个循环变量 p，p 初始指向 front 指针所指向的地址，然后定义一个整型变量 count，初始为 0，当指针 p 不为空时，每遍历到一个结点，count 变量就加 1，直到 p 为空，退出循环，返回 count 的值。具体代码实现如算法 3-20 所示。

算法 3-20　计算链队的结点数

```
/*******************************************/
/*  函数功能：计算链队的结点数              */
/*  函数参数：指向 LinkQuence 类型的指针变量 lq    */
/*  函数返回值：int 类型                    */
/*******************************************/
int QuenceLength(LinkQuence *lq) {
    node *p = lq->front;
    int count = 0;
    for (;p; p = p->next) {
        count++;
    }
    return count;
}
```

5. 打印链队中所有结点的值

打印链队中所有结点的值就是从 front 结点开始依次输出链队中结点的 info 值，当链队为空队列时，打印失败，输出提示信息，返回-1；当链队不为空队列时，定义循环变量 p，令 p 指向链队的队首结点，当指针 p 指向的结点地址不为空时，输出当前 p 指向的内存空间的 info 成员的值，每输出一个结点值，指针 p 就移至下一个结点，直到指针 p 指向的结点地址为空时，退出循环，输出换行符，返回 0。具体代码实现如算法 3-21 所示。

算法 3-21　打印链队中所有结点的值

```
/*********************************************************/
/*  函数功能：打印链队中所有结点的值                        */
/*  函数参数：指向 LinkQuence 类型的指针变量 lq                */
/*  函数返回值：int 类型，若成功，则返回 0，否则返回-1         */
/*********************************************************/
int display(LinkQuence *lq) {
    if (empty(lq)) {
        printf("队空，无法打印队列！\n");
        return -1;
    }else {
        node *p;
        for (p = lq->front;p;p = p->next) {
            printf("%5c",p->info);
        }
        putchar('\n');
        return 0;
    }
}
```

6. 读链队队首结点的值

读链队队首结点的值就是返回队首指针 front 指向的内存空间的 info 成员的值，若链队为空队列，则返回无穷无效值；若链队不为空队列，则返回指针 front 指向的内存空间的 info 成员的值，具体代码实现如算法 3-22 所示。

算法 3-22　读链队队首结点的值

```
/*********************************************************/
/*  函数功能：读链队队首结点的值                              */
/*  函数参数：指向 LinkQuence 类型的指针变量 lq                */
/*  函数返回值：datatype 类型，返回队首结点的值                 */
/*********************************************************/
datatype read(LinkQuence *lq){
    if (empty(lq)) {
        return 9999;        //无效值
    }else {
        return lq->front->info;
    }
}
```

7. 链队的插入操作（入队）

链队的插入操作就是在队尾结点的后面插入一个新的结点，利用 malloc 函数动态开辟一个内存空间，并将该空间的地址赋给指针变量 p，给该空间的 info 成员赋值 x、next 成员赋值空值，如果链队是空队列，则令队首指针 front 和队尾指针 rear 都等于指针变量 p 的地址，操作图示如图 3-10 中的（a）所示；若链队不为空队列，则将 p 结点插入 rear 指针的后面，即队尾指针 rear 的下一个结点变成 p 结点，队尾由原来的位置变成 p 结点的位置，返回链队的指针 lq，操作图示如图 3-10 中的（b）所示。具体代码实现如算法 3-23 所示。

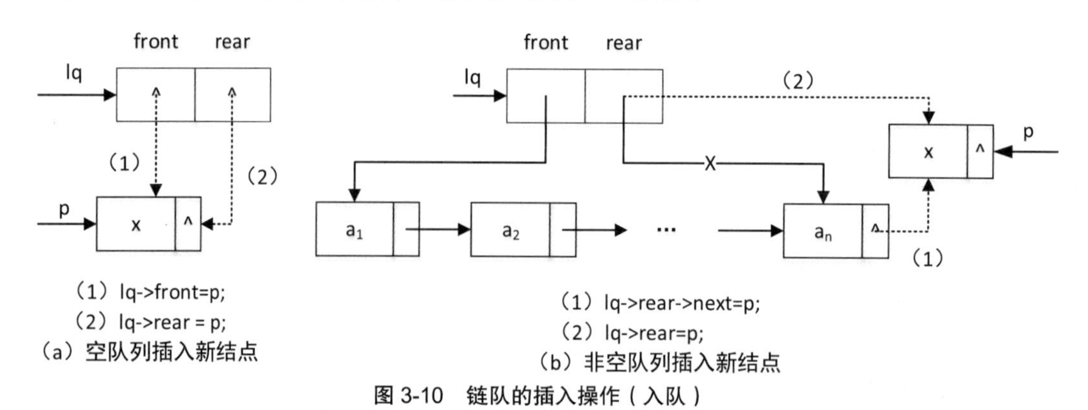

图 3-10　链队的插入操作（入队）

算法 3-23　链队的插入操作（入队）

```
/*********************************************************/
/*  函数功能：链队的插入操作（入队）                           */
/*  函数参数：指向 LinkQuence 类型的指针变量 lq、datatype 类型变量 x  */
/*  函数返回值：指向 LinkQuence 类型的指针变量                    */
/*********************************************************/
LinkQuence* insert(LinkQuence *lq,datatype x){
    node *p = (node*)malloc(sizeof(node));
    p->info = x;
    p->next = NULL;
    if (empty(lq)) {
```

```
        lq->front = lq->rear = p;
    } else {
        lq->rear->next = p;
        lq->rear = p;
    }
    return lq;
}
```

8. 链队的删除操作（出队）

链队的删除操作就是删除队首指针 front 指向的结点，当链队为空队列时，删除操作失败，输出提示信息，直接返回链队的指针；当链队不为空队列时，定义一个指针变量 p 指向队首指针 front 指向的内存空间，删除队首结点后，队首由当前位置变为队首的下一个结点，因此修改队首指针 front 的值，令指针 front 等于指针 front 的下一个结点的地址，释放要删除的队首结点的地址空间，如果删除队首结点后链队为空队列，则需要修改队尾指针 rear 的值为空值。最后，返回指针 lq 的地址，操作图示如图 3-11 所示。具体代码实现如算法 3-24 所示。

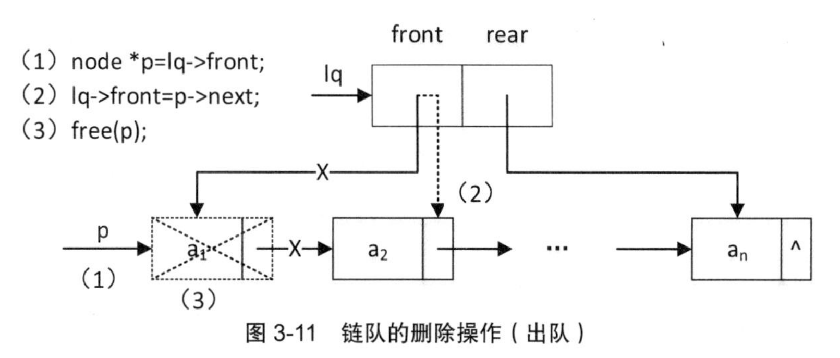

图 3-11　链队的删除操作（出队）

算法 3-24　链队的删除操作（出队）

```
/*********************************************/
/*  函数功能：链队的删除操作（出队）          */
/*  函数参数：指向 LinkQuence 类型的指针变量 lq     */
/*  函数返回值：指向 LinkQuence 类型的指针变量      */
/*********************************************/
LinkQuence* dele(LinkQuence *lq) {
    if(empty(lq)) {
        printf("队空，出队失败！\n");
        return lq;
    } else {
        node *p = lq->front;
        lq->front = lq->front->next;
        free(p);
        if (empty(lq)) {
            lq->rear = NULL;
        }
        return lq;
    }
}
```

3.4 案例分析与实现

本节将对第 3.1 节中的四个案例进行详细分析，然后根据案例的特点选择合适的数据结构进行算法的具体实现。

3.4.1 案例一

【案例分析】

将一个十进制数 Num 转换成 d 进制，用十进制数 Num 除以 d 进制，记录余数，直到被除数为 0 停止。最后，按照余数出现的次序逆序取出就是转换后的进制数。

【解决思路】

进制转换遵循“先进后出”的原则，采用栈来解决该问题。顺序栈和链式栈均可，这里采用顺序存储结构来解决该问题。先定义一个整数类型的栈，将每次计算求得的余数入栈，直到十进制数等于 0 停止。依次出栈，若栈顶元素的值大于等于 10，则利用英文字母“A~F”来表示数字“10~15”，直到栈为空栈，则所有的余数均取出，停止出栈操作，转换后的进制数会打印到界面中。

【代码实现】

进制转换是在数据结构顺序栈的基础上实现的，因此本算法在使用时包含了“SeqStack.h”头文件，此处不再对函数 inti()、push()、empty()、read()、pop()进行重复介绍，函数的具体实现请参见第 3.2.2 节。

在 Coversion 函数中，首先定义一个辅助栈，并对栈进行初始化；对 num 进行求余操作，将得到的余数入栈，同时修改 num 的值，重复上述操作，直到 num=0 停止，此时，栈中存放的就是转换后的数值。定义一个变量 i 用来标记数组 arr 的下标，对栈顶元素进行判断，依次将栈中的元素出栈并将其转换成字符存入 arr 数组中，若栈顶的值介于 0~9 之间，则将该值加上字符‘0’的 ASCII 值转换成字符型，若栈顶的值介于 10~15 之间，由于一个位上面不能显示两位数，因此用英文字符 A~F 来替换，则将该值加上字符‘A’的 ASCII 值再减去 10，反复执行该操作，直到栈为空栈为止。最后，为了方便 arr 数组中元素的输出，在 arr 数组的尾端插入一个空字符‘\0’。具体实现代码如算法 3-25 所示。

算法 3-25 进制转换算法

```
/*****************************************************************/
/*  函数功能：进制转换                                            */
/*  函数参数：int 类型变量 num，int 类型变量 d，字符数组类型变量 arr   */
/*  函数返回值：无                                                */
/*****************************************************************/
void Coversion(int num,int d,char arr[]) {
    SeqStack st;
    init(&st);
    int temp;
    while (num) {
        temp = num % d;
        push(&st,temp);
        num = num / d;
    }
    int i = 0;
    while (!empty(st)) {
        if (read(st) >= 0 && read(st) <= 9) {
            arr[i] = read(st) + '0';
        }
        else if(read(st) >= 10) {
            arr[i] = read(st) + 'A' - 10;
        }
        i++;
        pop(&st);
    }
    arr[i] = '\0';
}
```

最后，在主函数中对进制转换算法进行调用，合理设计输入/输出界面。具体代码实现如算法 3-26 所示。

算法 3-26 进制转换主函数

```
int main() {
    char newArr[MAXSIZE];
    printf("请输入需要转换的十进制数 num 和进制 d：");
    int num,d;
    scanf("%d%d",&num,&d);
    Coversion(num,d,newArr);
    printf("转换后的%d 进制数为：%s\n",d,newArr);
    return 0;
}
```

3.4.2 案例二

【案例分析】

判断算术表达式中的括号使用是否匹配，需要判断表达式中各种类型的括号是否成对出现且它们之间的嵌套关系是否正确。在括号嵌套关系中，最后出现的左半边括号一定是最先遇到与之匹配的右半边括号的，每次匹配了的括号就不需要再进行匹配，直到所有的括号都有与之匹配的右半边括号，则表达式中的括号是匹配的，否则是不匹配的。

【解题思路】

括号匹配遵循“后进先出”的原则，因此本例采用栈来解决，顺序栈和链式栈均可。在括号匹配中，可以按照以下原理来判断括号是否匹配。

（1）遍历字符串中的每一个字符。

（2）如果遇到左括号（如“(”、“[”、“{”），则将其压入栈中。

（3）如果遇到右括号（如“)”、“]”、“}”），则从栈顶弹出一个元素并与当前右括号进行匹配。

①如果栈为空，或者栈顶元素与当前右括号不匹配，那么括号不匹配。

②如果栈顶元素与当前右括号匹配，则继续遍历下一个字符。

（4）如果栈为空，表示所有括号都匹配成功；如果栈不为空，表示有未匹配的左括号，括号不匹配。

这个过程保证了括号的嵌套关系和顺序正确，如果括号不匹配，那么会在遍历过程中发现不匹配的情况。

【代码实现】

括号匹配是在数据结构链式栈的基础上实现的，因此本算法在使用时包含了“LinkStack.h”头文件，此处不再对函数 init()、push()、pop()、empty()、read()进行重复介绍，函数的具体实现请参见第 3.2.3 节。

在 bracketMatch 函数中，先定义了一个辅助链栈的栈顶指针 stop，并对 stop 进行了初始化，设置为空栈。其次，遍历算术表达式字符串数组，若当前数组元素为左半边括号，包含“(”、“[”、“{”，则直接压入栈中；若当前数组元素为右半边括号，则比较栈顶元素的括号类型，当栈顶元素的括号类型与当前右半边括号类型匹配时，将栈顶元素出栈，表示该括号已匹配，否则直接退出函数，表示括号不匹配，重复上述操作，直到整个字符数组遍历完成。最后判断辅助链栈是否为空栈，若为空栈，则表示括号全部匹配，返回值 1，否则返回值 0。具体实现代码如算法 3-27 所示。

算法 3-27　括号匹配算法

```
/****************************************************/
/*  函数功能：括号匹配验证（链式栈）                  */
/*  函数参数：char 类型的数组变量                     */
/*  函数返回值：int 类型。匹配，返回 1，不匹配，返回 0   */
/*****************************************************/
```

```
int bracketMatch(char str[]){
    /*1.创建一个空栈（保存括号）*/
    LinkStack *stop;
    stop = init();
    /*2.遍历字符串（定义字符数组存放 char[] strlen）*/
    int i;
    datatype frontData;
    for(i = 0;i<strlen(str);i++){
        if (str[i] == '(' || str[i] == '[' || str[i] == '{'){
            /*当碰到左半边的'('、'['、'{'时，进行入栈操作*/
            stop = push(stop,str[i]);
        }else{
            if (str[i] == ')'){
                if (read(stop) == '('){
                    stop = pop(stop,&frontData);
                    return 0;
                }
            }else if (str[i] == ']'){
                if (read(stop) == '['){
                    stop = pop(stop,&frontData);
                    return 0;
                }
            }else if (str[i] == '}'){
                if (read(stop) == '{'){
                    stop = pop(stop,&frontData);
                    return 0;
                }
            }
        }
    }
    /*字符串扫描完成以后，如果栈为空，则匹配，否则不匹配*/
    if(empty(stop)) {
        return 1;
    } else {
        return 0;
    }
}
```

最后，在主函数中对括号匹配算法进行调用，要合理设计输入/输出界面。具体代码实现如算法 3-28 所示。

算法 3-28　括号匹配算法主函数

```
int main() {
char str[100];
    scanf("%s",str);
    int i = bracketMatch(str);
    if (i == 1){
        printf("匹配\n");
    }else{
        printf("不匹配\n");
    }
```

```
    return 0;
}
```

3.4.3 案例三

【案例分析】

数学中的算术表达式大多是中缀表达式，表达式中的运算符需要根据优先级进行运算，规则较为麻烦。因此，对此类表达式求值时，需要将中缀表达式转换为后缀表达式。后缀表达式又称逆波兰式，是指不包含括号，运算符放在两个运算对象的后面，再按照运算符出现的顺序从左向右（不再考虑运算符的优先规则）进行运算。

例如，中缀表达式(8.23−1.56)*2.5+90.3/3 中有括号，转换为后缀表达式的过程中需要去掉括号，并按照计算次序调整运算符的位置，转换后的结果为 8.23 1.56 – 2.5* 90.3 3 / +。当结果存放在数组中的时候存在两个多位数操作数相邻的问题，为了区分多位数操作数，存放的时候，数和数之间用空格隔开，如下所示。

8	.	2	3		1	.	5	6		-		2	.	5		*		9	0	.	3		3		/		+

【解题思路】

（1）中缀表达式转后缀表达式。

①创建一个辅助栈，用于存放运算符（operator stack）。

②遍历中缀表达式的每个字符：

（a）如果当前字符是操作数或小数点，则直接放入后缀表达式中；

（b）如果当前字符是运算符，则判断运算符栈是否为空栈或栈顶元素为左括号“(”；若满足上述两种情况之一，则当前运算符直接入栈，否则需要比较当前运算符和运算符栈顶的优先级；若当前运算符优先级大于栈顶运算符的优先级，则将当前运算符入栈，否则将栈顶元素出栈，放入后缀表达式中。

（c）如果当前字符是左括号“(”，则当前字符直接入栈。

（d）如果当前字符是右括号“)”，则将栈顶元素出栈，直接放入后缀表达式中，重复上述操作，直到遇到与之匹配的左括号停止。

③遍历结束后，若运算符栈为非空栈，则继续从运算符栈中弹出运算符，并将该符号放入后缀表达式中。

（2）后缀表达式求值。

①创建一个辅助栈，用于存放操作数（operand stack）。

②遍历后缀表达式的每个字符：

（a）如果当前字符是数值，则当前数值入栈。

（b）如果当前字符是操作符，则从操作数栈中弹出两个操作数进行数学运算，将计算后的结果插入操作数栈。

③遍历结束后，操作数栈中的唯一元素即为表达式的求值结果。

【代码实现】

表达式求值是在数据结构顺序栈的基础上实现的，因此，本安全包含了“SeqStack.h”头文件，此处不再对函数 int()、push()、empty()、read()、pop()进行重复介绍，函数的具体实现请参见第 3.2.2 节。

在中缀表达式转换为后缀表达式的过程中，需要先比较操作符的优先级，因此单独封装了一个运算符优先级判断的算法，如算法 3-29 所示。在该算法中，根据运算符的优先级设定不同的返回值，其中左括号的优先级最低，返回 0，加号和减号的优先级返回 1，乘号和除号的优先级最高，返回 2。如果是其他字符（空栈的时候），则返回-1，表示优先级最低。

算法 3-29　运算符优先级算法

```
/*************************************/
/*  函数功能：判断运算符的优先级          */
/*  函数参数：字符类型的变量 op           */
/*  函数返回值：整型                     */
/*************************************/
int priority(char op) {/*判断运算符的优先级*/
   switch (op) {
   case '(':return 0;
   case '+':
   case '-':return 1;
   case '*':
   case '/':return 2;
   default:return -1;
   }
}
```

运算符算法的作用是判断当前字符是否为运算符，如果是，则返回 1，否则返回 0，在中缀表达式转换为后缀表达式的过程中起到辅助作用。具体代码实现如算法 3-30 所示。

算法 3-30　判断是否为运算符算法

```
/*********************************/
/*  函数功能：判断是否为运算符       */
/*  函数参数：字符类型的变量 op      */
/*  函数返回值：整型               */
/********************************/
int isOperator(char op) {
```

```
    switch (op) {
    case '+':
    case '-':
    case '*':
    case '/':return 1;
    default:return 0;
    }
}
```

中缀表达式转换为后缀表达式的具体代码实现如算法 3-31 所示。首先定义一个操作符辅助栈 s 并进行初始化，然后遍历中缀表达式字符串 express，有以下几种情况。

（1）如果该字符是数值，则直接将该字符放入后缀表达式 newExpress 中，由于多位数的操作数是连续的，因此只要当前字符是数值或小数点，则直接将当前字符放如后缀表达式 newExpress 中，直到当前字符不为数值或小数点，退出循环，在后缀表达式 newExpress 中插入一个空格，用来区分多位数的操作数，这里由于多往后遍历了一个中缀表达式的字符，因此循环遍历 i 后退一位。

（2）如果该字符是左括号，则将当前符号压入操作符辅助栈中。

（3）如果该字符是右括号，则读取栈顶元素并判断是否为左括号，如果不是，则将栈顶元素出栈并插入后缀表达式 newExpress 中，然后插入一个空格，直到栈顶元素等于左括号，退出循环并将当前栈顶元素出栈。

（4）如果该字符是操作符，比较当前字符和栈顶元素的运算符优先级，如果当前字符的优先级小于等于栈顶元素的优先级，则将栈顶元素出栈并放入后缀表达式 newExpress 中，同时插入一个空格，直到当前字符的优先级大于栈顶元素的优先级，再该元素压入操作符辅助栈中。

中缀表达式 express 遍历完后，需要对辅助栈中的元素进行检查，如果辅助栈不为空栈，则将栈顶元素出栈并放入后缀表达式 newExpress 中，再插入一个空格，重复上述操作，直到辅助栈为空栈，转换后的后缀表达式即完成，如算法 3-31 所示。

算法 3-31　中缀表达式转换为后缀表达式算法

```
/****************************************************/
/*  函数功能：中缀表达式转换为后缀表达式                 */
/*  函数参数：字符数组类型的变量 express 和 newExpress    */
/*  函数返回值：无                                    */
/****************************************************/
void postfi(char express[],char newExpress[]){
    SeqStack s;
    init(&s);
    int i = 0,j = 0;
    while (express[i] != '\0') {
        if (express[i] >= '0' && express[i] <= '9') {   /*表示是操作数*/
            while ((express[i] >= '0' && express[i] <= '9') || express[i] == '.') {
```

```
              newExpress[j++] = express[i++];
           }
           newExpress[j++] = ' ';
           i--;
        }
        else {
           if (express[i] == '(') {
              push(&s,express[i]);
           }
           else if (express[i] == ')') {          /*如果是右括号*/
              while (read(s) != '(') {
                 newExpress[j++] = pop(&s);
                 newExpress[j++] = ' ';
              }
              pop(&s);                            /*将左括号出栈*/
           }
           else if (isOperator(express[i])) {  /*如果是运算符*/
              while (priority(express[i]) <= priority(read(s))) {
                 newExpress[j++] = pop(&s);
                 newExpress[j++] = ' ';
              }
              push(&s, express[i]);
           }
        }
        i++;
     }
     while (!empty(s)) {
        newExpress[j++] = pop(&s);
        newExpress[j++] = ' ';
     }
     newExpress[j++] = '\0';
}
```

后缀表达式求值的具体代码实现如算法 3-32 所示，其中要用到操作数辅助栈。由于计算结果是双精度型，因此该函数不能直接调用栈中封装好的函数，而是重新定义了一个用来存放double类型的操作数辅助栈,并对top变量进行初始化置零操作。定义几个辅助变量,其中number变量用来存放转换后的操作数，opnum1 变量和 opnum2 变量用来存放进行数学运算的两个操作数，flag 变量用来判断是否是小数，k 变量用来记录小数的位数。遍历后缀表达式 express，有以下几种情况。

（1）如果该字符为数字，则先将辅助变量 k、number、flag 置零，然后利用循环处理连续的数值和小数点；如果该字符为数值，则将当前字符转换成数值型，将原 number 值扩大 10 倍加上该值，开始组合的时候，不考虑小数点，每遍历到一个数值就按规则加到 number 变量中；如果该字符是小数点，则修改 flag 值和 k 值，表示后面遍历到的数值都是小数，每遍历到一个小数，k 值加 1，用来记录小数的位数。直到当前字符不是数值，再根据 k 值对 number 值进行小数位处理，得到正确的操作数，并将其压入操作数辅助栈 num 中。

（2）如果该字符是空格，则下标后移一位。

（3）如果该字符是运算符，出栈两次并将出栈的元素赋给 opnum1 变量和 opnum2 变量，调用 operation()函数进行数学运算，并将结果压入操作数栈 num 中。

直到后缀表达式 express 遍历完成，栈顶元素就是表达式求值的结果，返回该结果，如算法 3-32 所示。

算法 3-32　后缀表达式求值算法

```
/***************************************************/
/*  函数功能：后缀表达式求值                          */
/*  函数参数：字符数组类型的变量 express              */
/*  函数返回值：double 类型，返回求值结果             */
/***************************************************/
double expression(char express[]){
    double num[MAXSIZE];
    int top = 0;
    int i = 0;
    double number = 0.0,opnum1,opnum2;
    int flag = 0,k=0;
    while (express[i] != '\0') {
        if (express[i] >= '0' && express[i] <= '9'){
            k = 0,number = 0.0,flag = 0;
            while ((express[i] >= '0' && express[i] <= '9') || express[i] == '.'){
                if ((express[i] >= '0' && express[i] <= '9')) {
                    number = number * 10 + (express[i++] - '0');
                    if (flag == 1){
                        k++;
                    }
                }else if (express[i++] == '.'){
                    flag = 1;
                    k = 0;
                }
            }
            while (k) {
                number = number / 10;
                k--;
            }
            num[top++] = number;          //操作数入栈
        }
        else if(express[i] == ' '){
            i++;
        }else{
        opnum1 = num[--top];
            opnum2 = num[--top];
            number = operation(opnum2,opnum1,express[i]);
            num[top++] = number;
            i++;
        }
    }
    return num[--top];
}
```

数学运算算法主要用来辅助四则运算。具体代码实现如算法 3-33 所示。

算法 3-33　数学运算算法

```
/*****************************************************/
/*  函数功能：数学运算                                    */
/*  函数参数：双精度型的变量 num1 和 num2，字符型的变量 op      */
/*  函数返回值：双精度型                                   */
/*****************************************************/
double operation(double num1,double num2,char op) {
    switch (op)  {
    case '+':return num1 + num2;
    case '-':return num1 - num2;
    case '*':return num1 * num2;
    case '/':return num1 / num2;
    }
}
```

最后，在主函数中将中缀表达式转换为后缀表达式算法并对后缀表达式求值进行调用，合理设计输入/输出界面。具体代码实现如算法 3-34 所示。

算法 3-34　表达式求值主函数

```
int main() {
    char str[MAXSIZE],newStr[MAXSIZE];
    scanf("%s",str);
    postfi(str,newStr);
    putchar('\n');
    puts(newStr);
    double result = expression(newStr);
    printf("结果为：%.2f\n",result);
    return 0;
}
```

3.4.4　案例四

【案例分析】

舞伴配对中，男士和女士人数是不确定的，因此在舞伴配对的时候，首先需要判断哪个队列的人数多，确定后，以较长队列的人数为标准，男队和女队依次出队，较短队列中的人出队后再次入队，以等待下一轮的匹配，直到较长队列中的人全部匹配完成，舞伴配对即完成。

【解决思路】

可以利用循环队列来模拟舞伴配对问题。循环队列具有首尾相连的特点，在模拟舞伴配对问题时，可以将男队和女队看成两个独立的循环队列，每个队列中的人都可以和另一个队列中的人配对，如果两个队列中的人数不等，则较长队列中的人等待下一轮舞曲，较短队列中的人在跳完后回到队伍中继续等待下一轮舞曲的配对，直到较长队列中的人都完成了一次舞曲为止。

【代码实现】

舞伴配对是在数据结构循环队列的基础上实现的，因此本算法包含了“SeqQuence.h”头文件，此处不再对函数 init()、insert()、dele()、read()进行重复介绍，函数的具体实现请参见第 3.3.2 节。

在 dance 函数中，定义了两个辅助变量来记录每个队列队首结点的值。当长队不为空时，读取长队和短队的队首结点值并输出到屏幕，然后将两个队列的队首结点出队，再将短队出队的元素再次入队，重复上述操作，直到长队的队列为空队为止。具体代码实现如算法 3-35 所示。

算法 3-35　舞伴配对算法

```
/*****************************************************/
/*  函数功能：舞伴配对                                 */
/*  函数参数：SeqQuence 结构体类型的变量 ShortQ 和 LongQ */
/*  函数返回值：无                                     */
/*****************************************************/
void dance(SeqQuence ShortQ,SeqQuence LongQ) {
    datatype frontL,frontS;                   //用来记录队首结点的值
    while (LongQ.front != LongQ.rear) {       //长队不为空
        //长队和短队依次出队，并输出
        frontL = read(LongQ);                 //读队首
        frontS = read(ShortQ);
        //出队
        dele(&LongQ);
        dele(&ShortQ);
        printf("%c%c\n",frontS,frontL);
        //舞跳完以后，长队的人休息，短队的人入队继续配对
        insert(&ShortQ,frontS);
    }
}
```

最后，在主函数中对舞伴配对算法进行调用，合理设计输入/输出界面。具体代码实现如算法 3-36 所示。

算法 3-36　舞伴配对主函数

```
int main() {
    SeqQuence sqFemale,sqMan;
    init(&sqFemale);
    init(&sqMan);
    char arr[MAXSIZE];
    scanf("%s",arr);                   //输入女士队列人员
    int i = 0;
    for (;arr[i] != '\0';i++){         //将 arr 字符串中的值依次插入女士队列中
        insert(&sqFemale,arr[i]);
    }
    scanf("%s",arr);                   //输入男士队列人员
    i = 0;
```

```
    for (;arr[i] != '\0';i++){      //将 arr 字符串中的值依次插入男士队列中
        insert(&sqMan,arr[i]);
    }
    //判断男士人数和女士人数的多少
    if (sqMan.rear - sqMan.front >= sqFemale.rear - sqFemale.front) {
        dance(sqFemale,sqMan);
    }
    else {
        dance(sqFemale,sqMan);
    }
    return 0;
}
```

3.5 本章小结

本章主要介绍了栈和队列两种特殊的线性结构，分别从顺序存储结构和链式存储结构的基本操作对栈和队列展开了分析，最后基于栈和队列两种数据结构进行了四个案例的分析与解答，以帮助读者更好地理解栈和队列的特点，掌握栈和队列的应用场景。

习 题

一、选择题

1. 栈底至栈顶一次存放元素 a、b、c、d，第五个元素 e 入栈前，栈中元素可以出栈，则出栈序列可能是（   ）。

A. abced　　B. dbcea　　C. cdabe　　D. dcbea

2. 表达式 a*(b+c)-d 的后缀表达式为（   ）。

A. abcd*+-　　B. abc+*d-　　C. abc*+d-　　D. -+*abcd

3. 令 P 代表入栈，O 代表出栈。若利用堆栈将中缀表达式 3*2+8/4 转为后缀表达式，则相应的堆栈操作序列是（   ）。

A. PPPOOO　　B. POPOPO　　C. POPPOO　　D. PPOOPO

4. 后缀表达式 abc+*d-中，a=1，b=2，c=3，d=4，则该后缀表达式的值是（   ）。

A. 3　　B. -1　　C. 5　　D. 1

5. 设栈 S 和队列 Q 的初始状态为空，元素 e1、e2、e3、e4、e5 和 e6 依次通过栈 S，一个元素出栈后即进入队列 Q，若 6 个元素出队的序列为 e2、e4、e3、e6、e5 和 e1，则栈 S 的容量至少应该为（   ）。

A. 6　　B. 4　　C. 3　　D. 2

6. 顺序循环队列中（数组的大小为 6），队头指示 front 和队尾指示 rear 的值分别为 3 和 0，当从队列中删除 1 个元素，再插入 2 个元素后，front 和 rear 的值分别为（　　）。

A. 5 和 1　　B. 2 和 4　　C.1 和 5　　D. 4 和 2

7. 若已知一个栈的进栈序列是 1，2，3，…，n，其输出序列为 p1，p2，p3，…，pn，若 pl=3，则 p2（　　）。

A. 可能是 2　　B. 一定是 2　　C. 可能是 1　　D. 一定是 1

8. 循环队列用数组 A[0，MaxSize-1]存放其元素，已知其头尾指针分别是 front 和 rear，则当前队列元素个数为（　　）。

A. (rear-front + MaxSize)%MaxSize　　B. rear-front+1

C. rear-front-1　　D. rear-front

9. 向顺序栈中压入新元素时，应当（　　）。

A. 先移动栈顶指针，再存入元素　　B. 先存入元素，再移动栈顶指针

C. 先后次序无关紧要　　D. 同时进行

10. 设循环队列的元素存放在一维数组 Q［0..19］（下标为 0 到 19）中，队列非空时，front 指示队头元素位置，rear 指示队尾元素的后一个位置。如果队列中元素的个数为 13，front 的值为 15，则 rear 的值是（　　）。

A. 27　　B. 28　　C. 7　　D. 8

二、简答题

1. 对于一个栈，按顺序输入 A、B、C、D、E。如果不限制出栈时机（即栈中元素不必等所有输入元素都进栈再输出），试给出全部可能的输出序列。

2. 已知中缀表达式为 5*(10−12*2)+9/3，请转换为等价的后缀表达式，同时请写出该后缀表达式求值时操作数栈的变化过程。

三、编程题

1. 一群猴子要选大王，遴选的方法是：让 M 只候选猴子围成一圈，从某位置起顺序编号为 0~M−1 号。从第 0 号开始报 N 个数字，每轮从 1 报到 N，凡报到 N 的猴子即退出候选，接着又从紧邻的下一只猴子开始同样的报数。如此不断循环，最后剩下的一只猴子就选为猴王。问猴王是原来第几号猴子？

2. 回文是指正读反读均相同的字符序列，如“abba”和“abdba”均是回文，但“good”不是回文。试写一个程序判定给定的字符串是否为回文，假设字符串长度不超过 20，用栈实现。（提示：将一半字符入栈。）

第4章　串

4.1　案例引入

字符串在现实应用中扮演着不同的角色，例如在文本编辑、信息搜索、智能翻译等领域，这些都是以处理字符串数据为核心任务。尤其是在恶意攻击检测和病毒的 DNA 序列匹配等领域，都需要进行字符串的模式匹配。

【病毒检测】

疫情爆发，医学研究人员发现了一种新的病毒，经过分析发现，该病毒的 DNA 序列呈现环状结构。现阶段，研究人员已经搜集了大量的病毒 DNA 和人类 DNA 数据，他们迫切希望能够快速确认这些人是否受到了相应病毒的感染。为了方便进行研究，研究人员将人类和病毒的 DNA 都表示为由字母构成的字符串序列。接下来，他们计划检测特定病毒的 DNA 序列是否在人的 DNA 序列中出现过。如果这种情况发生，就说明人感染了该病毒，反之则未感染。需要注意，人的 DNA 序列是线性的，而病毒的 DNA 序列是环状的。例如：

（1）假设病毒的 DNA 序列为“ab”，人的 DNA 序列为“cdcdcdec”。很明显可以得出这个人没有被病毒感染。

（2）假设病毒的 DNA 序列为“aabb”，人的 DNA 序列为“abceaabb”。很明显可以得出这个人已经被病毒感染。

（3）假设病毒的 DNA 序列为“aabb”，人的 DNA 序列为“eabbacab”。由于病毒是环状结构（见图 4-1），即任意序列字符都可以作为 DNA 序列的起始位，而序列“abba”也属于该病毒的序列之一，且该病毒序列在这个人的 DNA 中出现了，因此这个人应被判断为感染了该病毒。

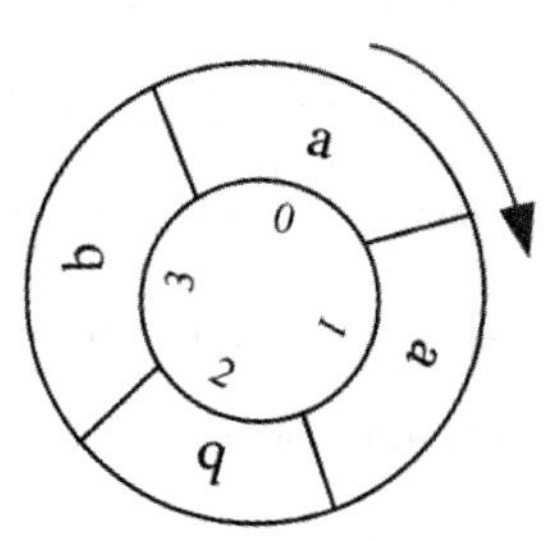

图 4-1　病毒的环状结构

以上（1）和（2）中的情况，我们可以相对容易判断人是否感染了病毒。然而，由于病毒的 DNA 序列呈现环状结构，这种判断过程变得更加困难，就像（3）中所展示的情况。此外，随着人类DNA和病毒DNA序列长度的增加，人工进行直观判断变得更加困难，且更容易出错。

因此，研究人员将需要进行检测的人类 DNA 和病毒 DNA 序列数据记录为如图 4-2（a）所示的格式和内容。第一行表示人类 DNA 和病毒 DNA 类别，下面的每行表示这两类 DNA 的具体内容。接下来的任务是对记录中的每行数据进行匹配，如果这个人感染了病毒，则在右侧给出检测结果“YES”，否则给出检测结果“NO”，对应的输出结果如图 4-2（b）所示。

病毒DNA	患者DNA
baa	bbaabbba
baa	aaabbbba
aabb	abceaabb
aabb	abaabcea
abcd	cdabbbab
abcd	cabbbbab
abcde	bcdedbda
acc	bdedbcda
ab	cdcdcdec
cced	cdccdcce

（a）病毒检测数据

病毒DNA	患者DNA	检测结果
baa	bbaabbba	YES
baa	aaabbbba	YES
aabb	abceaabb	YES
aabb	abaabcea	YES
abcd	cdabbbab	YES
abcd	cabbbbab	NO
abcde	bcdedbda	NO
acc	bdedbcda	NO
cde	cdcdcdec	YES
cced	cdccdcce	YES

（b）病毒检测结果

图 4-2　病毒检测数据和结果

从病毒检测这个案例中可以看出，将 DNA 信息记录为字符串类型的数据，将人的 DNA 序列当成是主串，将病毒的 DNA 序列当成是子串，通过观察子串是否在主串中出现过来完成检测任务，即通过模式匹配算法来实现。本章首先介绍字符串的相关概念，在第 4.4 节讨论上述模式匹配算法，此案例的分析和代码实现将在第 4.5 节详细阐述。

4.2　串及其基本运算

4.2.1　串的基本概念

随着计算机技术的不断发展，人们开始意识到计算机可以应用于更广泛的领域，包括处理非数值数据。这导致了对字符和文本处理需求的增加。在这个背景下，出现了字符串的概念。

串（string）又称字符串，是由零个或多个字符组成的有限序列，通常可以表示为：

$$s=\text{“}a_1a_2\cdots a_n\text{”}(n\geqslant 0) \qquad (4\text{-}1)$$

其中：s 是该字符串的名字，双引号内的 $a_1a_2\cdots a_n$ 为该字符串的值，串的值可以是字母、数字或者其他字符。

串长：串中所含字符的个数，例如字符串 s 的串长为 n。

空串：所含字符个数为零的串称为空串（null string），即串长 n=0 的串。

主串和子串：由串中任意个连续的字符组成的子序列称为该串的子串。包含子串的串相应地称为主串。例如，有下面这 4 个串：

a=“WU”，b=“HAN”

c=“WUHAN”，d=“WU HAN”

其中：串 a 和串 b 组成串 c 和串 d，相应地，串 c 和串 d 包含串 a 和串 b，则 a 和 b 都是 c 和 d 的子串，c 和 d 被称为主串。

位置：通常称字符在序列中的序号为该字符在串中的位置，子串在主串中的位置以子串的第一个字符在主串中的位置来表示。例如，在上面的例子中，子串 a 的第一个字符在主串 c 和主串 d 中的位置是 1，则称子串 a 在主串 c 和子串 d 中的位置为 1。相应地，b 在 c 中的位置是 3，而 b 在 d 中的位置则为 4，因为空格也算一个字符，例如 d 的串长为 6。

相等：当且仅当这两个串的值相等，即两个串的长度相等且对应位置的字符都相同。例如，在上面的例子中，a、b、c 和 d 都不相等。假如有串 e=“WU HAN”，那么串 d 和 e 称为相等。

空格串：由空格字符组成的字符串称为空格串（blank string），其长度为空格字符的格式。值得注意的是，空格串不是空串。

4.2.2 串的基本运算

串和线性表在逻辑结构上非常相似，主要的区别在于串限制了数据对象只能是字符集中的字符。而在基本运算方面，两者有显著的差异。线性表的基本运算通常针对单个元素进行，比如查找、插入或删除某个特定元素。串的基本运算通常以子串作为操作对象，涉及查找、插入或删除一个连续的字符序列。以下给出一些常见的基本运算及其具体实现。

1. 字符串的赋值运算 StrAssign(S,str)

字符串的赋值操作是指生成一个新的串 S，并令其值等于 str，使得目标字符串的内容与源字符串相同，需要对 str 中的每个元素逐一进行赋值操作，并在初始化情况下使用。例如，若 str=“abcdefgh”，那么执行串的赋值 StrAssign(S,str)运算之后的结果为 S=“abcdefgh”。下面给出了串的插入运算的实现过程，同时也给出了运行该算法的测试主函数。

在编程实现过程中，首先要进行必备的头文件的引用和初始化定义过程，为了以后方便说明，需要将初始化文件封装进 initialize.h 头文件内，代码如下所示：

```
/*--------------文件 initialize.h---------------*/
/*********************************************/
/*                  定义初始化                  */
/*********************************************/
# include<stdio.h>
# include<stdlib.h>
# define MAXSIZE 100
typedef struct
{
   char ch[MAXSIZE];
   int length;
} SString;
```

此外，在之后的算法实验过程中会涉及串的打印操作。同样为了方便说明，将串的打印函数封装进 StrPrint.h 头文件内，代码如下所示：

```
/*----------------文件 StrPrint.h---------------*/
/*********************************************/
/*                串的打印函数                  */
/*********************************************/
void print(SString S)
{
   int i;
   for(i=0;i<S.length;i++)
   {
      printf("%c",S.ch[i]);
   }
}
```

串的赋值算法如算法 4-1 所示，开始部分引入了必要的头文件。

算法 4-1　串的赋值算法

```
/*--------------文件 StrAssign.h----------------*/
/*********************************************/
/*                 串的赋值算法                 */
/*********************************************/
# include<initialize.h>
# include<StrPrint.h>

/*---------- 串的赋值函数 ------------*/
void StrAssign(SString&S,char cs[])
{
   int i;
   for(i=0;cs[i]!='\0'&&i<MAXSIZE;i++)
   S.ch[i]=cs[i];
   S.length=i;
}
```

算法 4-1 在主函数中采用 StrAssign(S,str)语句调用，主函数如下：

```
# include<StrAssign.h>
/*---------- 主函数 ------------*/
int main()
{
    char str[MAXSIZE];
    SString S;
    printf("输入串：\n");
    gets(str);
    StrAssign(S,str);       /*调用串的初始化函数*/
    printf("输出串 S：\n");
    print(S);
    printf("\n");
}
```

2. 串的复制运算 StrCopy(T,S)

字符串复制操作是数据结构中的一个基本操作，是指由串 S 复制得到串 T，即将源串 S 的值复制到目标串 T 中，使得目标串与源串的内容相同。这个操作的目的是将一个字符串的内容复制到另外一个字符串中，从而创建一个具有相同内容的新字符串。该操作会在许多编程场景中用到，例如，在处理字符串时创建副本以进行修改，或者在传递字符串参数时防止对原始字符串进行更改。下面给出了串的复制运算的实现过程，同时也给出了运行该算法的测试主函数。

串的复制算法如算法 4-2 所示，首先包含了必备的初始化、赋值和打印头文件。

算法 4-2　串的复制算法

```
/*---------------文件 StrCopy.h-----------------*/
/*******************************************/
/*                 串的复制算法              */
/*******************************************/
# include<initialize.h>
# include<StrPrint.h>
# include<StrAssign.h>

/*---------- 串的复制函数 ------------*/
void StrCopy(SString &S,SString T)
{
    int i;
    for(i=0;i<T.length;i++)
    {
        S.ch [i]=T.ch[i];
        S.length=T.length;
    }
}
```

以上算法在主函数中采用 StrCopy(T,S)语句调用，主函数如下：

```
# include<StrCopy.h>
```

```
/*---------- 主函数 ------------*/
int main()
{
   char str[MAXSIZE];
   SString S,T;
   printf("输入串: \n");
   gets(str);
   StrAssign(S,str);
    StrCopy(T,S);     /*调用串的复制函数*/
   printf("拷贝后的串为: \n");
   print(T);
   printf("\n");
}
```

3. 串的插入运算 StrInsert(S,i,T)

串的插入运算是指将字符串 T 插入字符串 S 中从第 i 个字符开始的位置上。在具体的实现过程中，首先要将由从第 i 个字符开始到字符串 S 的最后一个字符构成的子串向后移动 T 长度个位置，以便为字符串 T 腾出空间，并将其插入对应位置。例如，若 S=“abcfg”，i=4，T=“de”，那么执行串的插入 StrInsert(S, i, T)运算之后的结果为 S=“abcdefg”。

其中还需要考虑一些特殊情况，例如，插入位置超出字符串 S 的长度或插入的字符串 T 为空等情况。这些特殊情况需要进行适当的处理，以确保插入操作的正确性。下面给出了串的插入运算的实现过程，同时也给出了运行该算法的测试主函数。

串的插入算法如算法 4-3 所示，首先包含了必备的初始化、赋值和打印的头文件。

算法 4-3　串的插入算法

```
/*-------------文件 StrInsert.h----------------*/
/********************************************/
/*                串的插入算法               */
/********************************************/
# include<initialize.h>

/*-------------- 串的插入函数 ----------------*/
void StrInsert(seqstring *S,int i,seqstring T)
{
   int k;
   if (i<1 || i>S->length+1 || S->length + T.length>MAXSIZE-1)
      /*非法情况的处理*/
   printf("connot insert\n");
else
   {
      for(k=S->length-1;k>=i-1;k--)        /*S 中从第 i 个元素开始后移*/
         S->str[T.length+k]=S->str[k];
      for (k=0;k<T.length;k++)             /*将 T 写入 S 中从第 i 个字符开始的位置*/
         S->str[i+k-1]=T.str[k];
      S->length= S->length + T.length;
      S->str[S->length]='\0';              /*设置字符串 S 新的结束符*/
```

```
    }
}
```

以上算法在主函数中采用 StrInsert(&S,i,T)语句调用，主函数如下：

```
/*---------- 主程序 ------------*/
# include<StrInsert.h>

main()
{ seqstring S,T;
   int i;
   scanf("%s",S.str);          /*键入被插入的串 S*/
   scanf("%s",T.str);          /*键入被插入的串 T*/
   S.length=strlen(S.str);
   T.length=strlen(T.str);
   scanf("%d",&i);
   StrInsert(&S,i,T);          /*调用串的插入函数*/
   printf("the result1 is:");
   printf("%s",S.str);
}
```

4. 串的删除运算 StrDelete(S,i,len)

串的删除运算是指将串 S 中从第 i 个字符开始长度为 len 的子串删除。执行删除操作后，删除子串的位置会被后继字符代替。为了实现这一操作，需要将从下标为 i+len-1 到 S 的末尾位置之间的所有字符向前移动 len 个位置，以覆盖删除的子串，从而实现删除操作。例如，S= “abcdxxxefg”，i=5，len=3，则执行串的删除 StrDelete(S,i,len)运算之后的结果为 S= “abcdefg”。

特殊情况的处理可能涉及删除位置超出字符串 S 的长度、删除长度超出字符串 S 的剩余部分等。这些特殊情况需要根据具体的需求进行适当的处理，以保证删除操作的正确性。下面给出了串的删除运算的实现过程，同时也给出了运行该算法的测试主函数。

串的删除算法如算法 4-4 所示，首先包含了必备的初始化、赋值和打印的头文件。

算法 4-4　串的删除算法

```
/*--------------文件 StrDelete.h----------------*/
/********************************************/
/*                 串的删除算法                */
/********************************************/
# include<initialize.h>

/*--------------- 串的删除函数 -----------------*/
void StrDelete(seqstring *S,int i,int len)
{
   int k;
   if (i<1 || i>S->length||i+len-1>S->length) printf(" cannot delete\n");
      /*非法情况的处理*/
   else
     {
       for(k=i+len-1; k<S->length;k++) S->str[k-len]= S->str[k];
       S->length=S->length-len;
```

```
        S->str[S->length]='\0';         /*设置字符串 S 新的结束符*/
      }
}
```

以上算法在主函数中采用 StrDelete(&S,i,len)语句调用，主函数如下：

```
/*--------------文件 StrDelete.h----------------*/
/*********************************************/
/*                  串的删除算法                 */
/*********************************************/
/*---------------- 定义初始化 ------------------*/
/*------------------ 主函数 -------------------*/
main()
{ seqstring S;
  int i,len;
  scanf("%s",S.str);            /*键入需要删除内容的串 S*/
  S.length=strlen(S.str);
  scanf("%d%d",&i,&len);        /*键入删除的位置和删除的长度*/
  StrDelete(&S,i,len);               /*调用串的插入函数*/
  printf("the result is:");
  printf("%s",S.str);
}
```

5. 串的连接 StrConcat(S1,S2)运算

串的连接运算的功能是将两个串 S1 和 S2 连接起来，连接后 S1 在前，S2 在后。在实现这个操作时，要考虑连接后的字符串所需的数组空间是否足够。如果空间足够，那么可以将 S1 复制到新字符数组的前面部分，然后将 S2 拷贝到 S1 的后面即可。例如，S1="abcd"，S2="def"，则执行串的连接 StrConcat(S1,S2)运算之后的结果为 S= "abcdefg"。下面给出了串的连接运算的实现过程，同时也给出了运行该算法的测试主函数。

串的连接算法如算法 4-5 所示，首先包含了必备的初始化、赋值和打印的头文件。

算法 4-5　串的连接算法

```
/*-------------文件 StrContact.h----------------*/
/*********************************************/
/*                 串的连接算法                  */
/*********************************************/
/*---------------- 定义初始化 ------------------*/
# include<initialize.h>

/*--------------- 串的连接函数 -----------------*/
seqstring * StrConcat(seqstring S1,seqstring S2)
    {
        int i;
        seqstring *r;
        if(S1.length+S2.length>MAXSIZE-1) {printf("cannot concate");
            return(NULL);}        /*处理字符数组空间不够使用的情况*/
```

```
    else
        {
            r=(seqstring*)malloc (sizeof(seqstring));/*将S1复制到r字符数组的前端*/
            for (i=0;i<S1.length;i++) r->str[i]= S1.str[i];
            for (i=0;i<S2.length;i++) r->str[ S1.length+i]=S2.str[i];
            /*将S1复制到r字符数组的前端*/
            r->length=S1.length+ S2.length;
            r->str[r->length]='\0';
        }
    return (r);
}
```

以上算法在主函数中采用StrContact(S,T)语句调用，主函数如下：

```
/*--------------- 主函数 -----------------*/
# include<StrContact.h>
main()
{ seqstring S,T,*p;
  scanf("%s",S.str);              /*键入需要连接的串S1*/
  scanf("%s",T.str);              /*键入需要连接的串S2*/
  S.length=strlen(S.str);
  T.length=strlen(T.str);
  p=StrConcat(S,T);               /*调用串的连接函数*/
  printf("the result is:");
  printf("%s",p->str);
}
```

6. 求子串SubString(S, i, len)运算

子串运算的功能是从串S的第i个字符开始取长度为len的子串并返回。获取子串可以通过简单的下标操作来实现。具体来说，串S中下标由从i−1到i+len−2之间的元素构成所需的子串。在实现这个操作时，需要考虑一些特殊情况，比如i的范围是否合法、子串长度是否超出了剩余长度等。例如，S=“abcdefg”，i=4，len=3，则执行子串SubString(S, i, len)运算之后的结果为S=“def”。下面给出了求子串运算的实现过程，同时也给出了运行该算法的测试主函数。

求子串算法如算法4-6所示，首先包含了必备的初始化、赋值和打印的头文件。

算法4-6　求子串的算法

```
/*--------------文件SubString.h----------------*/
/*********************************************/
/*                  求子串算法                */
/*********************************************/
# include<initialize.h>

/*----------------求子串函数 ----------------*/
seqstring *SubString(seqstring S,int i,int len)
{
    int k;
    seqstring *r;
```

```
    if (i<1 || i>S.length || i+len-1>S.length)          /*非法情况的处理*/
        {printf("error\n");
        return(NULL);}
    else
        {
            r=(seqstring*) malloc (sizeof(seqstring));
            for(k=0;k<len;k++) /*复制子串到 r 的字符数组中*/
                r->str[k]= S.str[i+k-1];
                r->length=len;
                r->str[r->length]='\0';
        }
    return(r);
}
```

以上算法在主函数中采用 SubString(S,i,len)语句调用，主函数如下：

```
# include<SubString.h>

main()
{ seqstring S,*q;
  int i,len;
  scanf("%s",S.str);            /*键入主串 S*/
  S.length=strlen(S.str);
  scanf("%d%d",&i,&len);        /*键入求子串的位置和长度*/
  q=SubString(S,i,len);
  printf("the result is:");
  printf("%s",q->str);
}
```

4.3　串的存储结构

在实际应用中，串可以作为程序中的常量输入和常量输出，那么只需存储串值即可。然而，在大多数非数值处理的程序中，串会以变量的形式出现。因此，如何高效、便捷地存储字符串便非常重要。与之前学过的线性表的存储方式类似，串的存储方式也分为顺序存储结构和链式存储结构两大类。

4.3.1　串的顺序存储结构

类似于线性表的顺序存储方式，字符串的字符序列也使用一组地址连续的存储单元来存储。通常可以先根据串的可能长度或者预定义串的大小，即为每个字符串预定义其存储区域的长度，并分配相应的固定的存储空间，代码如下：

```
/*---------- 串的定长顺序存储表示------------*/
# define MAXSTRLEN 255   /*用户可在 255 以内定义最大串长*/
typedef \IDS ned char SS ring[MAXSTRLEN + 1];
```

在这种方式下，串的长度可以在事先规定的限制范围内任意选择。超过这个限制的部分将被丢弃，这个过程称为“截断”。因此，如果字符串的长度超过了预先设置的限制，多余的部分将被删除，只保留了预先设置长度的字符。

根据对串的长度表示方法的不同，顺序存储又有三种方式。

（1）在位置 0 处表示串的长度。

在这种表示方式下，位置 0 处的空间通常不使用，用来存储字符串的实际长度，并且预先分配 Maxsize+1 的存储空间，如 PASCAL 语言中的串类型采用这种表示方法。其表示方式如图 4-3 所示。

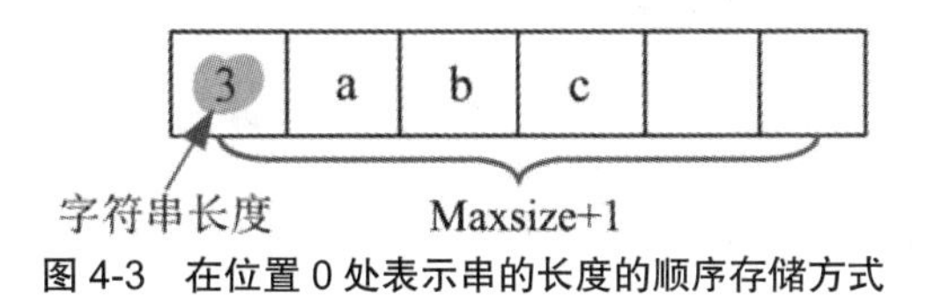

图 4-3　在位置 0 处表示串的长度的顺序存储方式

（2）在串值后加结束标记字符。

在 C、C++、Java 等语言中，以“\0”表示串值的终结，“\0”不算在字符串长度内。显然，此时的串长为隐含值，如果想知道串的长度，需要从头到尾遍历一遍，如果常用到串的长度，则遍历一次的复杂性较高，不便于进行串的操作。以“\0”表示结尾的顺序存储方式如图 4-4 所示。

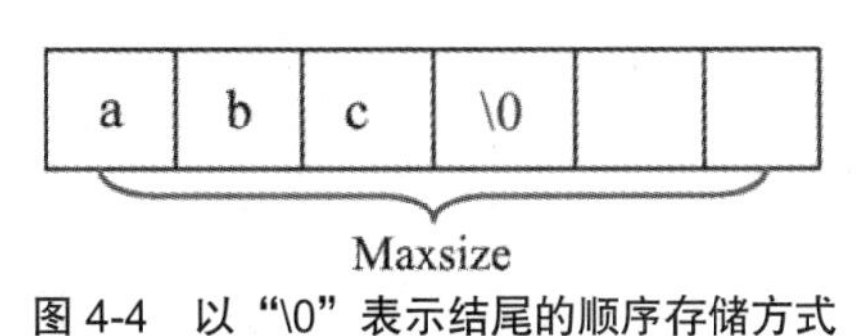

图 4-4　以“\0”表示结尾的顺序存储方式

（3）用结构体变量存储字符串的长度。

在表示存储结构时，也可以将字符串长度信息存储在结构体中，代码如下：

```
/*---------- 串的定长顺序结构体存储表示------------*/
typedef struct {
 char ch[Maxsize];    //字符型数组
 int length;          //字符串的长度
} SString;
```

实际上，这种方法存在一个潜在问题，就是在进行串的操作，比如合并、插入、替换等操作时，很容易导致结果超过最大允许的长度，从而引发溢出的情况。

以上这些定义方式是静态的，也就是直接确定好了串所需的存储空间大小。然而，不同串变量之间的长度可能差异较大，而且在操作过程中，串的长度也可能会发生较大的变化。因此，为每个串变量预先分配固定大小的存储空间并不是合适的做法。更好的方式是根据实际需要，在程序执行过程中动态地分配和释放字符数组空间。

因此，基于堆（heap）的自由存储方式应运而生，可以在运行时根据实际串的长度分配所需的存储空间。这种存储方式的特点是，仍用一组地址连续的存储单元存放串值字符序列，但它们的存储空间是在程序执行过程中动态分配得到的。分配之后，会返回一个指向存储空间起始地址的指针，作为串的基址。同时，为了方便后续处理，也会约定串的长度作为存储结构的一部分来保存，其可以被描述如下：

```
/*---------- 串的堆分配存储表示------------*/
typedef struct {
    char *ch;      /*若是非空串，则会按串长分配存储区，否则 ch 为 NULL*/
    int length;    /*串的当前长度*/
} HString;
```

4.3.2 串的链式存储结构

当使用链表来存储串值时，与线性表的链式存储结构类似。然而，在串中的每个数据元素都是一个字符，因此，在链表中存储串值时会遇到如何存放字符的问题，即每个存储块结构里可以存放一个字符，也可以存放多个字符。比如，图 4-5 中展示了两种情况：（a）中每个结点块存放 4 个字符，而（b）中每个结点只存放 1 个字符。

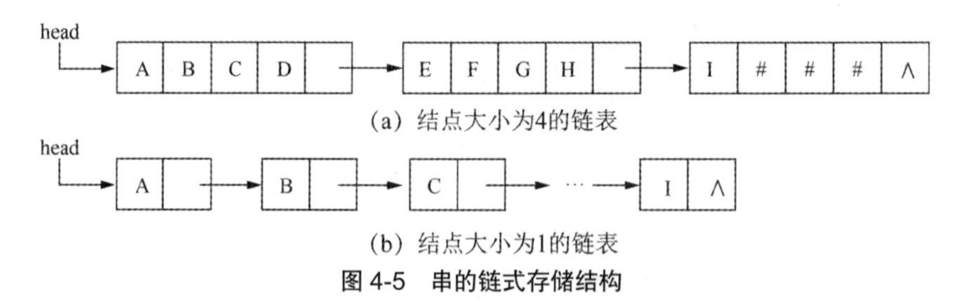

图 4-5　串的链式存储结构

在定义串的链式存储结构时，会为每个结点设置头指针、尾指针和当前串长，以达到灵活存储和方便操作的目的，其结构的定义可表示如下：

```
/*---------- 串的链式存储结构表示------------*/
#define CHUNKSIZE 80      /*可由用户定义的块大小*/
typedef struct Chunk {
char ch [ CHUNKSIZE ] ;
struct Chunk *next;
) Chunk;
typedef struct {
Chunk *head,*tail;          /*串的头指针和尾指针*/
int length;                 /*当前的串长*/
) LString;
```

由于字符串的长度和选取的存储块的大小不同，所以会引发新的问题，即最后一个块不一定会全部占满，此时通常会用特殊字符补充完整，如图 4-5（a）中的“#”和“^”等。

当块的大小为 1 时（见图 4-5（b）），字符串中的每个字符都有相应的指针存在，使得运算方便灵活。然而，在实际应用和串的处理系统中，通常会包含很多个串且每个串的长度也很长，如果存储块的大小太小，则会因为操作过多而使得效率非常低。例如，在串中的某个字符之前插入一个字符，则需要将字符后面的所有字符都后移，这种后移还要跨到下一个结点存储块，一直波及最后，巨大的操作任务很会影响效率。

串的链式存储结构在某些方面具有一定的优势，但总体而言，与串的顺序存储结构相比，它不太灵活。链式存储结构会占用更多的存储空间，并且操作可能会更加复杂。因此，出于存储效率和算法的便利性考虑，大多数情况下还是倾向于采用顺序存储结构。

4.4　串的模式匹配

串的模式匹配是一类用在文本串中查找特定模式串出现位置的过程。通常文本串被称为主串，用 S 表示，模式串被称为子串，用 T 表示，主要任务是在串 S 中查找与串 T 模式匹配的子串，如果有，则返回匹配的子串在主串 S 中的起始位置。模式匹配在计算机科学和字符串处理中非常重要，用于执行如搜索、替换、分析等任务。经典的模式匹配算法有朴素的模式匹配算法和 KMP 算法，下面将详细介绍。

4.4.1　朴素的模式匹配算法

朴素的模式匹配算法，也称暴力匹配算法或 BF（brute force）算法，是一种简单、直观的模式匹配方法。它通过在主串中逐个尝试所有可能的位置来寻找模式串出现的位置。具体步骤如下。

（1）初始化：设主串长度为 n，模式串长度为 m，定义两个指针 i 和 j，分别指向主串和模式串的起始位置。

（2）循环匹配：在循环中，从 i=0 到 i=n−m，j=0 到 j=m−1，不断比较主串的第 i 个字符和模式串中的第 j 个字符。若相等，则 i++、j++，接着进行比较；若不相等，则置 i 为主串的下一个字符处，置 j 为子串的第一个字符处，接着逐个字符进行比较。

（3）返回结果：在子串比较的过程中，如果所有字符都匹配成功，即 j>m，则表示匹配成功，返回子串在主串中的起始位置序号；如果没有找到匹配子串，则表示算法匹配失败。

算法 4-7 给出了朴素的模式匹配算法的实现代码。

算法 4-7　朴素的模式匹配算法

```
/*------------------------文件 BF.h--------------------------*/
/*********************************************/
/*              朴素的模式匹配算法                    */
/*********************************************/
# include<initialize.h>

int BF(SString S,SString T,int pos)
{ /*返回模式 T 在主串 s 中从第 pos 个字符开始第一次出现的位置，若不存在，则返回值为-1*/
    int i,j;
    i=pos; j=0;                            /*初始化*/
    while(i<S.length && j<T.length)        /*两个串均未比较到串尾*/
    {
        if(S.ch[i]==T.ch[j]){i++;j++;} /*继续比较后继字符*/
        else{i=i-j+1;j=0;}                 /*指针后退重新开始匹配*/
    }
    if (j >= T.length) return 1;           /*匹配成功*/
    else return -1;                        /*匹配失败*/
}
```

以上代码在主函数中采用 BF(p,t)语句调用，主函数如下：

```
/*---------- 主函数 ------------*/
# include<BF.h>
void main()
{ seqstring t,p;
 int pos;
 scanf("%s",t.str);
 t.length=strlen(t.str);
 scanf("%s",p.str);
 p.length=strlen(p.str);
 pos=BF(p,t);          /*调用模式匹配函数*/
 printf("\n");
 if (pos==-1) printf("no found");
 else
   printf("the position is %d",pos+1);
}
```

假设模式串为 T="abcac"，主串为 S="ababcabcacbab"，以下是应用朴素的模式匹配算法进行匹配的详细步骤，如图 4-6 所示。i 和 j 表示主串 S 和子串 T 中当前待比较字符的位置。

（1）第一趟：从主串 S 的第一个字符开始比较，此时 i=1，j=1，逐个比较每个字符，比较到第三个字符时发现不匹配，则 i 退回到 i-j+2 的位置，j 退回到第一个位置，即 i=2，j=1，接着逐个字符进行比较。

（2）第二趟：当 i=2，j=1 时，发现不匹配，则 i 退回到 i-j+2 的位置，j 退回到第一个位置，即 i=3，j=1，接着逐个字符进行比较。

（3）第三趟：当 i=7，j=5 时，发现不匹配，则 i 退回到 i-j+2 的位置，j 退回到第一个位置，即 i=4，j=1，接着逐个字符进行比较。

（4）第四趟：当 i=4，j=1 时，发现不匹配，则 i 退回到 i-j+2 的位置，j 退回到第一个位置，即 i=5，j=1，接着逐个字符进行比较。

（5）第五趟：当 i=5，j=1 时，发现不匹配，则 i 退回到 i-j+2 的位置，j 退回到第一个位置，即 i=6，j=1，接着逐个字符进行比较。

（6）第六趟：在匹配的过程中，发现 j>T.length，即大于子串的长度，证明子串全部被匹配完成，即匹配成功，结束。返回此刻子串第一个字符在主串中的位置。

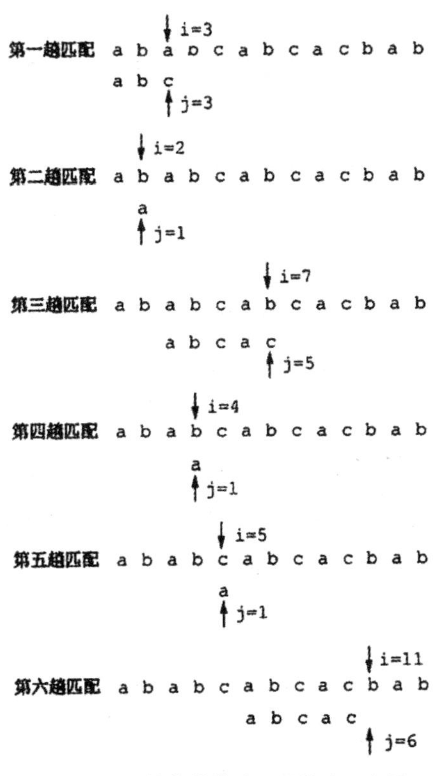

图 4-6　朴素的模式匹配算法示意图

【算法性能分析】

由以上步骤可以发现，朴素的模式匹配算法的执行效率是非常低的，接下来以匹配成功时为例，分析在最好情况和最坏情况下的算法时间复杂度。

（1）最好情况下，主串中的某个位置与模式串中的第一个字符就不匹配。此时，算法会很快发现不匹配并进行移动。在每个起始位置 i（从 1 到 n−m+1）上，匹配成功的比较次数为 i−1+m。由于假设每个起始位置的匹配成功概率相等，所以最好情况下匹配成功的平均比较次数可以表示为：

$$\sum_{i=1}^{n-m+1} p_i(i-1+m) = \frac{1}{n-m+1}\sum_{i=1}^{n-m+1} i-1+m = \frac{1}{2}(n+m) \tag{4-1}$$

因此，朴素的模式匹配算法在最好情况下的平均时间复杂度为 O(n+m)。

（2）最坏情况下，当从主串的第一个位置开始与模式串匹配成功时，前 i-1 趟匹配中总共进行了(i-1) * m 次字符比较。如果第 i 趟匹配成功，那么该趟需要进行 m 次字符比较，则总的比较次数为 i * m。因此，最坏情况下匹配成功的平均比较次数为：

$$\sum_{i=1}^{n-m+1} p_i(i\times m) = \frac{1}{n-m+1}\sum_{i=1}^{n-m+1} i\times m = \frac{1}{2}m\times(n-m+2) \tag{4-2}$$

即最坏情况下的朴素的模式匹配算法的平均时间复杂度为 O(n * m)。

4.4.2 KMP 算法

由于上述朴素的模式匹配算法的时间复杂度很高、效率很低，因此 Knuth、Morris 和 Pratt 对此进行了改进，改进后的算法称为 KMP 算法。KMP 算法的关键思想在于，避免在匹配过程中出现字符比较不等时回溯主串指针，而是利用已经得到的匹配结果将模式向右“滑动”一段距离后，继续进行比较。这种滑动的距离是根据模式串的部分匹配表（也称失效函数）来确定的，它提前计算了模式串中各个位置匹配失败时应该滑动的位置。KMP 算法的优势在于它避免了在主串上的不必要的字符比较，通过智能地移动模式串来最大限度地减少比较操作。这使得 KMP 算法在处理大型文本时具有优越，特别是当模式串相对较长或主串包含重复字符时。

再回头看朴素的模式匹配算法中的例子。

（1）第一趟匹配：

a b c a b c a a b c a b d b c

a b c a b d

对于 BF 算法，在匹配到 i=6，j=6 时，发现字符不等，则会往前回溯令 i=2，然后接着从 j=1 开始在模式串中逐个字符匹配。

（2）第二趟匹配：

a b c **a b c a** a b c a b d b c

a b c a b d

而对于 KMP 算法，并没有令指针 i 回溯，而是指针 i 不动，指针 j 回退到第三个位置，接着比较，类似于模式串 T 向右滑动了一段距离。

（3）第三趟匹配：

a b c a b c **a** a b c a b d b c

a b c a b d

根据 KMP 算法，在第三趟匹配过程中，指针 i 不动，指针 j 回退到第二个位置接着进行匹配。

（4）第四趟匹配：

a b c a b c a **a b c a b d** b c

a b c a b d

在第三趟匹配过程中，指针 i 不动，指针 j 回退到第一个位置接着进行匹配，最终匹配成功，返回模式串在主串中第一个出现的位置。以上是 KMP 算法的整个流程区别于 BF 算法的地方，其原理解释如下。

从以上描述中可以观察到，对于第二趟匹配，j 回退到第三个位置是因为在模式串 T 的开头有“ab”和指针 i 处的字符的前两个字符是相同的，因此就不需要像 BF 算法一样往前回溯，直接比较“ab”之后的字符就可以了，因为字符“ab”已经被比较且字符匹配成功。

对于第三趟匹配，j 回退到第二个位置是因为在模式串 T 的开头有“a”和指针 i 处的字符的前两个字符是相同的，因此就不需要像 BF 算法一样往前回溯，直接比较字符“a”之后的序列就可以了，因为字符“a”已经被比较且字符匹配成功。

对于第四趟匹配，j 回退到第一个位置是因为在指针 i 处的前两个字符仅有一个字符，因此也就不存在已经被部分匹配的字符了，直接令 j=1 比较下一个字符即可。直至匹配成功返回在主串中出现的位置。

由以上解释可知，KMP 算法可以执行的一个关键在于，如何确定模式串 T 中的前几个字符与指针 i 指向字符的前几个字符是相同的，如果有相同的，那么相同的字符有多少个，然后就可以确定指针 j 应该如何调整，从而达到提升效率的同时完成模式匹配。由以上分析可以得知，KMPT 算法的核心在于只需要比较模式串 T 本身即可，即比较模式串 T 本身的前部和后部是否有相同的和得到相同的长度，获得比较结果之后便可以知道指针 j 的新的回退位置，通常用 Next[j]表示。得到 j 的新位置之后便可以进行下一步的模式匹配。在介绍 Next[j]的计算方法之前，需要先引入前缀、后缀和部分匹配值这三个概念。

（1）前缀：是指除了最后一个字符外的字符串的所有头部子串。例如“abaab”的前缀为{a,ab,aba,abaa}，“a”的前缀为{∅}。

（2）后缀：是指除了第一个字符外的字符串的所有尾部子串。例如“abaab”的后缀为{b,

ab,aab,baab}，“b”的前缀为{∅}。

（3）部分匹配值：字符串的前缀和后缀的最长相等前后缀长度。例如“abaab”，由于{a,ab, aba,abaa}∩{b,ab,aab,baab}={ab}，因此最长相等前后缀长度为2，即该字符串的部分匹配值为2。

根据前缀、后缀和部分匹配值可以得到 Next[j]的通用计算公式，Next[j]表示 j 需要回退到的位置，如下：

$$\text{Next}[j]=\begin{cases}0, & j=1\\ p+1, & p\text{为部分匹配值}\\ 1, & \text{无部分匹配值}\end{cases}$$

例如，对于上例中的模式串“a b c a b d”，可以根据公式求得其 Next[j]数组，其结果如表 4-1 所示。

表 4-1　Next[j]数组

j	1	2	3	4	5	6
T	a	b	c	a	b	d
Next[j]	0	1	1	1	2	3

具体的求解过程如下。

（1）当 j=1 时，得 Next[1]=0。

（2）当 j=2 时，“b”前的字符为“a”，其前缀和后缀为空集，因此 Next[2]=0+1=1。

（3）当 j=3 时，“c”前的字符为“ab”，其前缀为{a}，后缀为{b}，{a}∩{b}=∅，因此可以得到 Next[3]=0+1=1。

（4）当 j=4 时，“a”前的字符为“abc”，其前缀为{a,ab}，后缀为{c,bc}，{a,ab}∩{c,bc}=∅，因此 Next[j]=0+1=1。

（5）当 j=5 时，“b”前的字符为“abca”，其前缀为{a,ab,abc}，后缀为{a,ca,bca}，{a,ab,abc}∩{a,ca,bca}={a}，则 1=1，因此 Next[j]=1+1=2。

（6）当 j=6 时，“d”前的字符为“abcab”，其前缀为{a,ab,abc,abca}，后缀为{b,ab,cab,bcab}，{a,ab,abc,abca}∩{b,ab,cab,bcab}={ab}，则 1=2，因此 Next[j]=2+1=3。

在求得了 Next[j]即得知了模式串 T 中 j 应该如何移动之后，便可完成 KMP 算法的全部过程。仍然以主串 S=“a b c a b c a a b c a b d b c”和模式串 T=“a b c a b d”为例，根据求得的 Next[j]，整个 KMP 算法的匹配流程如下。

（1）在第一趟匹配中，逐个匹配每个字符，当 i=6，j=6 时发现不匹配，指针 i 不动，令指针 j 回溯，回溯的位置为 Next[6]=3，即令 T 串中第三个位置的字符“a”与 S 串中的第 i（i=6）个字符“c”相对应，然后接着匹配之后的字符。

（2）在第二趟匹配中，当 i=8，j=5 时发现不匹配，指针 i 不动，令指针 j 回溯，回溯的位置为 Next[5]=2，即令 T 串中第二个位置的字符“b”与 S 串中的第 i（i=8）个字符“a”相对应，然后接着匹配之后的字符。

（3）在第三趟匹配中，当 i=8，j=2 时发现不匹配，指针 i 不动，令指针 j 回溯，回溯的位置为 Next[2]=1，即令 T 串中第一个位置的字符“a”与 S 串中的第 i（i=8）个字符“b”相对应，然后接着匹配之后的字符。

（4）在第四趟匹配中，逐个比较全部字符，发现全部字符均匹配，证明匹配成功，返回第一个字符出现的位置。

上述求得 Next[j]的方法易于理解，即通过查找比较所有的前缀和后缀来进行计算。然而，为了更高效且用代码实现，通常使用动态规划递推方法来实现。计算机执行起来的效率很高，但对于手工计算来说会很难。

因此，当我们需要手工计算时，还是使用最初的方法。根据以上分析，Next[j]的求解如算法 4-8 所示。

算法 4-8　Next[j]的求值算法

```
/*-----------------文件 getnext.h-------------------*/
/**************************************************/
/*                 Next[j]的求值算法                */
/**************************************************/
/*------------------ 定义初始化 -------------------*/
# include<initialize.h>

/*----------Next 的求值函数------------*/
void getnext(seqstring p,int next[])
{int i,j;
   next[0]=-1;
   i=0;j=-1;
   while(i<p.length)
   {
      if(j==-1||p.str[i]==p.str[j])
      {++i;++j;next[i]=j;}
      else
      j=next[j];
   }
   for(i=0;i<p.length;i++)
   printf("%d",next[i]+1);
}
```

以上算法在主函数中采用 getnext(p,next)语句调用，主函数如下：

```
/*---------- 主函数------------*/
# include<getnext.h>
void main()
{ seqstring p;
```

```
 int next[50];
 scanf("%s",p.str);
 p.length=strlen(p.str);
 getnext(p,next);
}
```

KMP 算法是在已知 Next[j]值的情况下运行的，求得 Next[j]是关键，这样可以快速锁定新的匹配位置并获得最终结果。因此，KMP 算法思想总结如下。

假设用 i 和 j 分别指向主串 s 和模式串 t 中待比较的字符，令 i 的初值为 0；若在匹配过程中 $s_i = t_i$，则 i 与 j 分别加 1；否则不变，而 j 回退到 next[j]的位置继续比较（即 j=next[j]）；若相等，则指针自增 1；否则 j 再回退到下一个 next[j]值的位置，以此类推，直至下列两种可能之一出现。

（1）j 回退到某个 next 值（next[...[next[j]]...]）时，s_i 与 t_i 字符比较相等，则 i、j 指针各自增加 1 后继续进行比较。

（2）j 回退到-1（即模式的第一个字符"匹配失败"），此时需将正文指针 i 向右滑动一个位置，即从正文的下一个字符 s_{i+1} 起和模式 t 重新从头开始比较。

KMP 算法的具体实现代码如算法 4-9 所示。

算法 4-9　KMP 模式匹配算法

```
/*---------------文件 KMPt.h--------------------*/
/**********************************************/
/*                KMP 模式匹配算法               */
/**********************************************/
# include<initialize.h>
# include<getnext.h>

/*---------KMP 算法函数------------*/
int kmp(seqstring t,seqstring p,int next[])
{ int i,j;
   i=0;j=0;
   while (i<t.length && j<p.length)
{
   if(j==-1||t.str[i]==p.str[j])
      { i++; j++;}
   else  j=next[j];
}
   if (j==p.length) return (i-p.length);
   else return(-1);
}
```

以上算法在主函数中采用 kmp(t,p,next)语句调用，主函数如下：

```
# include<KMP.h>
void main()
{ seqstring t,p;
 int next[50];
```

```
 int pos;
 scanf("%s",t.str);
 t.length=strlen(t.str);
 scanf("%s",p.str);
 p.length=strlen(p.str);
 getnext(p,next);
 pos=kmp(t,p,next);
 printf("\n");
 printf("%d",pos);
}
```

【算法性能分析】

虽然 BF 算法的时间复杂度为 $O(n \times m)$，但在一般情况下，其实际的执行时间近似于 $O(n + m)$，因此至今仍被采用。KMP 算法仅当模式串与主串之间存在许多“部分匹配”的情况下，才显得其速度比 BF 算法的快得多。KMP 算法的最大特点是指向主串的指针不需回溯，整个匹配过程中，对主串仅需从头至尾扫描一遍，这对处理从外部设备输入的庞大文件很有效，可以边读入边匹配，而无须回头重读。

在 KMP 算法中，next[]求解非常方便、迅速，但是也有一个问题：当 $s_i \neq t_j$ 时，j 回退到 next[j]（k=next[j]），然后 s_i 与 t_k 比较。这样虽然没错，但是，如果 $t_k=t_j$，这次比较就没有必要了，因为刚才就是 $s_i \neq t_j$ 才回退的，若肯定 $s_i \neq t_k$，就没必要再比较了。

再向前回退，查找下一个位置 next[k]，继续比较就可以了。当 $s_i \neq t_j$ 时，本来应该 j 回退到 next[j]（k=next[j]），s_i 与 t_k 比较。但是，如果 $t_k = t_j$，则不需要比较，继续回退到下一个位置 next[k]，减少了一次无效比较。求解 next[]的改进代码如算法 4-10 所示。

算法 4-10　改进的 Next 求值算法

```
/*-------------------文件 getnextval.h---------------*/
/***********************************************/
/*                 改进的 Next 求值算法               */
/***********************************************/
/*------------------- 定义初始化 -------------------*/
# include<initialize.h>

/*----------------改进的 Next 求值函数---------------*/
void getnextval(SString T,int next[])
{int i=1, k=0;
 next[1]=0;
 while(j<T[0])          /*T[0]模式串 T 的长度*/
 {
  if(k==0||T[j]==T[k])
  {
++j;
++k;
if(T[j]==T[k])
   next[j]=next[k];
```

```
else
   next[j]=k;
}
else
K=next[k];
  }
```

4.5 案例分析与实现

【案例分析】

要检测某种病毒 DNA 序列是否在患者的 DNA 序列中出现过，就要将患者的 DNA 和病毒 DNA 进行比对，也就是对一些字母组成的序列进行比对。可以采用字符串比对的模式匹配算法来解决。然而，病毒的 DNA 具有环状的特殊性，即有很多个变种，这是相比于字符串的链式序列不同的地方，因此需要在模式匹配之前进行一定的预处理。

【解决思路】

该问题属于字符串的模式匹配问题,可以使用朴素的模式匹配算法或者 KMP 算法来实现。在此之前，需要对病毒 DNA 的环状特性进行预处理，然后使用模式匹配算法。

环形 DNA 序列的处理：将病毒 DNA 序列扩充为之前的两倍，再从第一个字符开始取 m 个字符，m 表示病毒 DNA 序列的长度。例如，病毒序列为“aabb”，若将其扩充为之前的两倍（见图 4-7），则从第一个字符开始取 m（m=4）个字符，序列分别为“aabb”、“abba”、“bbaa”和“baab”，这四个序列均属于病毒的 DNA 序列。

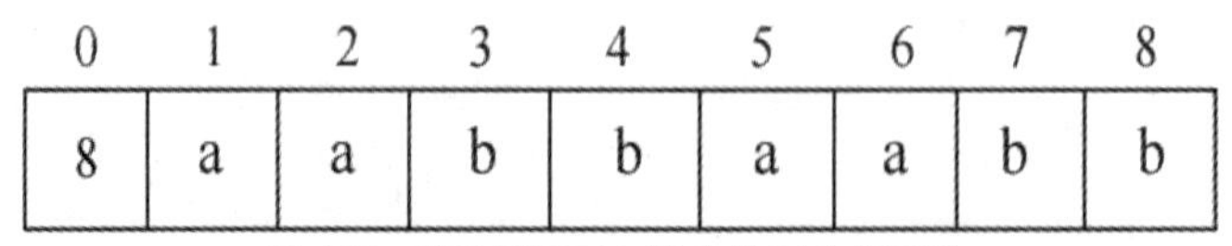

图 4-7 将病毒 DNA 扩充为原来的两倍

病毒检测算法描述如下。

（1）将病毒 DNA 序列扩充为之前的两倍，再查找所有病毒的 DNA 序列。

（2）将查找到的所有病毒 DNA 序列作为待匹配的子串，将患者的 DNA 序列作为主串，进行模式匹配算法。若匹配成功，则立即结束，并且返回已感染病毒的 DNA 序列。

（3）重复第（2）步。

（4）将所有的病毒 DNA 序列进行匹配之后，若都未匹配成功，则表示该患者未被病毒所感染。

【代码实现】

```
/*------------文件 detection_virus.h--------------*/
/**********************************************/
/*                病毒 DNA 检测                    */
/**********************************************/

# include<initialize.h>
# include<BF.h>

typedef struct {
    char Results[MAXLEN+1];    /*存放检测结果*/
} Detection;

int Index_BF(SString S,SString T,int pos);
void Virus_detection(SString S[],SString T[],int num,Detection detection[]);

/*---------- 主函数 ------------*/
int main()
{
    Detection detection[10];
    SString S[10]=
    {
        {"bbaabbba",8},
        {"aaabbbba",8},
        {"abceaabb",8},
        {"abaabcea",8},
        {"cdabbbab",8},
        {"cabbbbab",8},
        {"bcdedbda",8},
        {"bdedbcda",8},
        {"cdcdcdec",8},
        {"cdccdcce",8}
    };
    SString T[10]=
    {
        {"baa"  ,3},
        {"baa"  ,3},
        {"aabb" ,4},
        {"aabb" ,4},
        {"abcd" ,4},
        {"abcd" ,4},
        {"abcde",5},
        {"acc"  ,3},
        {"ab"   ,2},
        {"cced" ,4}
    };
    int num=10,i;
    Virus_detection(S,T,num,detection);
    printf("\t病毒DNA 人类DNA\t 检测结果\n");
    for(i=0;i<10;i++) {
        printf("\t%-5s \t%s %s\n",T[i].ch,S[i].ch,detection[i].Results);
    }
    return 0;
```

```
}

void Virus_detection(SString S[],SString T[],int num,Detection detection[])
{/*利用BF算法进行病毒检测*/
    SString Person,Virus,temp;
    int i,j,m,flag,k=0;
    char Vir[10];
    while(num--)                  /*检测病毒DNA和人的DNA是否匹配*/
    {
        Person=S[k];
        Virus=T[k];
        strcpy(Vir,Virus.ch);  /*将病毒DNA临时暂存在Vir中，以备输出*/
        flag=0;                   /*用来标识是否匹配，初始为0，匹配后为非0*/
        m=Virus.length;           /*病毒DNA序列的长度是m*/
        for(i=m, j=0; j<m; j++){
            Virus.ch[i++]=Virus.ch[j]; /*将病毒字符串的长度扩大两倍*/
        }
        Virus.ch[2*m]='\0';       /*添加结束符号*/
        for(i=0;i<m;i++)          /*依次获取每个长度为m的病毒DNA 环状字符串 temp*/
        {
            for (j=0;j<m;j++) temp.ch[j]=Virus.ch[i+j];
            temp.ch[m]='\0';      /*添加结束符号*/
            temp.length=Virus.length;
            flag=Index_BF (Person,temp,0); /*模式匹配*/
            if(flag) break;       /*若匹配，则退出循环*/
        }
        if(flag) strcpy(detection[k].Results,"YES");
        else strcpy(detection[k].Results,"NO");
        k++;
    }
}
```

4.6 本章小结

本章主要介绍了串及其基本运算、串的存储结构和串的模式匹配算法。

（1）串又称字符串，是由零个或多个字符组成的有限序列，串的值可以是字母、数字或者其他字符。串和线性表在逻辑结构上非常相似，是内容受限的线性表，主要区别在于串限制了数据对象，只能是字符集中的字符。串的基本运算通常以子串作为操作对象，包含赋值、复制、插入、删除、连接和求子串等。

（2）串有两种基本存储结构：顺序存储结构和链式存储结构，通常采用顺序存储结构。顺序存储与线性表类似，即通过使用一组地址连续的存储单元来存储，根据串长的预设长度且分配相应的存储空间。串的链式存储结构和线性表的链式存储结构类似，在定义串的链式存储结构时，会为每个结点设置头指针、尾指针和当前串长。

（3）串的常用算法是模式匹配算法，主要包含朴素的模式匹配算法和 KMP 算法。朴素的模式匹配算法也称暴力匹配算法或 BF 算法，是一种简单、直观的模式匹配方法，通过对每个字符进行暴力匹配完成任务，算法简单，但是时间消耗大。KMP 算法是对 BF 算法的改进，减少了回溯所带来的时间消耗，效率较高。

习　题

一、选择题

1. 串也是一种线性表，其区别在于（　　）。

A. 数据元素均为字符　　B. 数据元素是子串

C. 数据元素的数据类型不受限制　　D. 表长受到限制

2. 下面关于字符串串的叙述中，错误的是（　　）。

A. 串是字符的有限序列　　B. 空串是由空格构成的串

C. 模式匹配是串的一种重要运算　　D. 串可以采用顺序存储也可采用链式存储

3. 两个字符串相等的条件是（　　）。

A. 两串的长度相等

B. 两串包含的字符相同

C. 两串的长度相等，并且两串包含的字符相同

D. 两串的长度相等，并且对应位置上的字符相同

4. 设有两个串 p 和 q，求 q 在 p 中首次出现位置的运算称为（　　）。

A. 连接　　B. 模式匹配　　C. 求串长　　D. 求子串

5. 设字符串 S1=“ABCDEFG”，S2=“PQRST”，经过运算

```
S=CONCAT（SUBSTR（S1，2，LEN（S2））;
SUBSTR（S1，LEN（S2），2））;
```

后的串值为（　　）。

A. ABCDEF　　B. BCDEFG　　C. BCDPQRST　　D. BCDEFEF

6. 若串 S="hubeiwuhan"，则其子串的数目是（　　）。

A. 9　　B. 10　　C. 56　　D. 55

7. 设主串 T = abaabaabaabcaabc，模式串 S = abaabc，采用 KMP 算法进行模式匹配，到匹配成功时为止，匹配过程中进行的单个字符间的比较次数是（　　）。

A. 9　　B. 10　　C. 14　　D. 15

8. 设有两个串 S1 和 S2，求 S2 在 S1 中首次出现位置的运算称为（　　）。

A. 求子串　　B. 判断是否相等　　C. 模式匹配　　D. 连接

9. 设主串的长度为 n，模式串的长度为 m，则串匹配的 KMP 算法的时间复杂度是(　　)。

A. O(m)　　B. O(n)　　C. O(n + m)　　D. O(n × m)

10. 已知串 S=‘aaab’，其 next 数组值为（　　）。

A. 0123　　B. 0112　　C. 0231　　D. 1211

二、应用题

1. 令 s=“aaab”，t=“abcabaa”，u=“abcaabbabcabaacbacba”。试分别求出它们的 next 函数值和 nextval 函数值。

2. 设有字符串 S=“aabaabaabaac”，P=“aabaac”。

（1）求出 P 的 next 数组。

（2）若 S 作为主串，P 作为模式串，试着给出 KMP 算法的匹配过程。

3. 当以链表存储值时，存储密度是结点大小和串长的函数。假设每个字符占一个字节，每个指针占 4 个字节，每个结点的大小为 4 的整数倍。求结点大小为 4k、串长为 l 时的存储密度 d(4k,l)，用公式表示。

三、编程题

1. 回文是指正读反读均相同的字符序列，如“abba”和“abdba”均是回文，但“good”不是回文。试编写一个算法并编写程序判定给定的字符变量是否为回文。

2. 编写程序，求串 s 所含不同字符的总数和每种字符的个数。

3. 编写程序，求由所有包含在串 s 中而不包含在串 t 中的字符（s 中重复的字符只选一个）构成的新串 r，以及 r 中每个字符在 s 中第一次出现的位置。

4. 假设以定长顺序存储结构表示串，试编写一个程序，求串 s 中出现的第一个最长重复子串及其位置。

5. 编写程序，实现从串 s 中删除所有与串 t 相同的子串。

第5章 树

5.1 案例引入

《红楼梦》是中国古典四大名著之一，它是一部具有世界影响力的小说，自 20 世纪以来，更以其深刻的思想底蕴和出色的艺术成就使学术界产生了以其为研究对象的专门学问——红学。

小说以四大家族的兴衰为背景，四大家族同气连枝，贾氏家族、史氏家族、王氏家族、薛氏家族都是红楼梦中的封建官僚集团，都是权倾朝野的官宦之家，这四家皆联络有亲，一损皆损，一荣皆荣。错综复杂的家族圈更是让人惊叹。

贾家为开国元勋之后，当朝八公，贾家独占其二，天下推为名门望族。护官符上说："贾不假，白玉为堂金作马。" 如果能将贾氏家族荣国府的家谱结合现代信息技术设计出来，那么对我们理解红楼梦中的人物关系会大有帮助（见下图）。

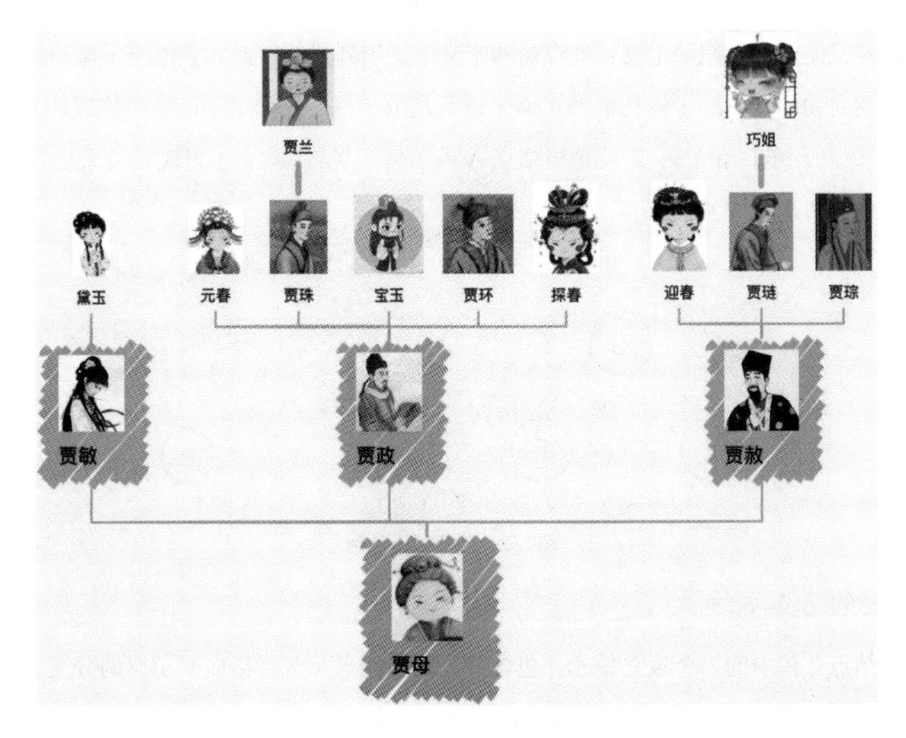

5.2 树

5.2.1 树的定义

树（tree）是 n（n≥0）个结点的有限集，它或为空树（n=0），或为非空树。对于非空树 T，

（1）有且仅有一个称之为根的结点；

（2）除根结点以外的其余结点可分为 m（m>0）个互不相交的有限集 $T_1,T_2,\cdots,T_m$，其中每一个集合本身又是一棵树，并且称为根的子树（subtree），如图 5-1 所示。

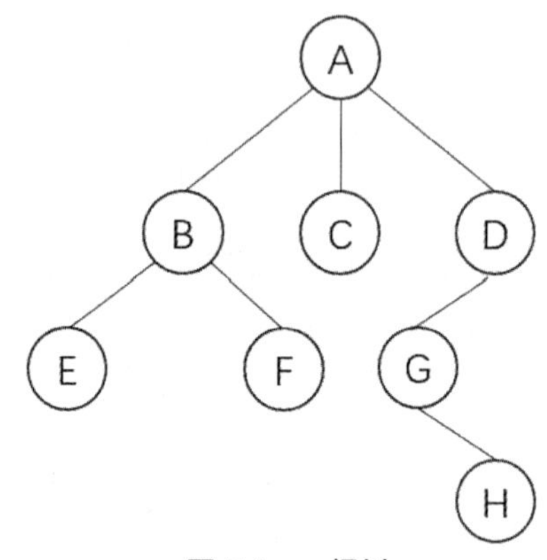

图 5-1 一棵树

树的定义是一个递归的定义，即在树的定义中又用到树的定义，它道出了树的固有特性，因为一棵树是由根和它的子树构成的，而子树又是由子树的根和更小的子树构成的，如图 5-2 中的子树 T_1、子树 T_2 和子树 T_3 就是根结点 A 的子树。当然，G、H 组成的树又是 D 结点的子树，H 组成的树是 G 结点的子树。

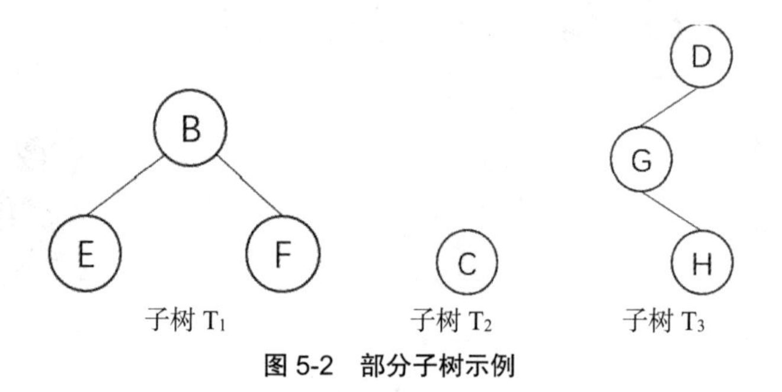

图 5-2 部分子树示例

5.2.2 树的基本术语

（1）结点：树中的一个独立单元。包含一个数据元素及若干指向其子树的分支，如图 5-1 中的 A、B、C、D 等。下面术语中均以图 5-1 为例来说明。

（2）结点的度：结点拥有的子树数称为结点的度。例如，A 的度为 3，C 的度为 0，D 的度为 1。

（3）树的度：树的度是树内各结点度的最大值。图 5-1 所示的树的度为 3。

（4）叶子：度为 0 的结点称为叶子或终端结点。结点 E、F、C、H 都是树的叶子。

（5）非终端结点：度不为 0 的结点称为非终端结点或分支结点。除根结点之外，非终端结点也称内部结点。

（6）双亲和孩子：结点的子树的根称为该结点的孩子，相应地，该结点称为孩子的双亲。例如，B 的双亲为 A，B 的孩子有 E 和 F。

（7）兄弟：同一个双亲的孩子之间互称兄弟。例如，B、C 和 D 互为兄弟。

（8）祖先：从根到该结点所经分支上的所有结点。例如，H 的祖先为 A、D 和 G。

（9）子孙：以某结点为根的子树中的任一结点都称为该结点的子孙。如 D 的子孙为 G 和 H。

（10）层次：结点的层次从根开始定义起，根为第一层，根的孩子为第二层。树中任一结点的层次等于其双亲结点的层次加 1。

（11）堂兄弟：双亲在同一层的结点互为堂兄弟。例如，结点 G 与 E、F 互为堂兄弟。

（12）树的深度：树中结点的最大层次称为树的深度或高度。图 5-1 所示的树的深度为 4。

（13）有序树和无序树：如果将树中结点的各子树看成是从左至右且有次序的（即不能互换），则称该树为有序树，否则称为无序树。在有序树中最左边的子树的根称为第一个孩子，最右边的称为最后一个孩子。

（14）森林：是 m（m≥O）棵互不相交的树的集合。对树中的每个结点而言，其子树的集合即为森林。由此，也可以用森林和树相互递归的定义来描述树。

5.2.3　树的存储结构

树形结构是一对多的关系，除了树根之外，每一个结点有唯一的直接前驱（双亲）。除了叶子之外，每一个结点有一个或多个直接后继（孩子）。那么如何将数据以及它们之间的逻辑关系存储起来呢？

在大量的应用中，人们曾使用多种形式来表示树。我们可以充分利用顺序存储结构和链式存储结构的特点来实现对树的存储结构的表示。

1. 顺序存储

顺序存储主要采用一段连续的存储空间，因为树中结点的数据关系是一对多的逻辑关系，不仅要存储数据元素，还要存储它们之间的逻辑关系。

下面以图 5-1 为例，分别讲述双亲表示法、孩子表示法和双亲孩子表示法等三种顺序存储的方法。

（1）双亲表示法。

双亲表示法是指除了存储数据元素外，还存储其双亲结点的存储位置下标，其中“-1”表示不存在。每一个结点有两个域，即数据域（data）和双亲域（parent），如图 5-3（a）所示。

树根 A 没有双亲，双亲记为-1，B、C、D 的双亲为 A，而 A 的存储位置下标为 0，因此，B、C、D 的双亲记为 0。同样，E、F 的双亲为 B，而 B 的存储位置下标为 1，因此，E、F 的双亲记为 1。同理，其他结点也这样存储。

```
/******************************/
/*    树的双亲表示法结点结构定义    */
/******************************/
#define MAXSIZE 100              /*树中结点个数的最大值*/
typedef char datatype;           /*结点值的类型，假设均为字符*/
typedef struct node              /*定义结点结构*/
{
  datatype data;                 /*结点值*/
  int parent;                    /*结点双亲的下标*/
} node;
typedef struct                   /*定义树结构*/
{
  node treelist[MAXSIZE];        /*存放结点的数组*/
  int length,root;               /*树中实际所含结点数及根结点位置*/
} tree;
```

（2）孩子表示法。

孩子表示法是指除了存储数据元素之外，还存储其所有孩子的存储位置下标，如图 5-3（b）所示。

A 有 3 个孩子 B、C 和 D，而 B、C 和 D 的存储位置下标为 1、2 和 3，因此将 1、2 和 3 存入 A 的孩子域。同样，B 有 2 个孩子 E 和 F，而 E 和 F 的存储位置下标为 4 和 5，因此，将 4 和 5 存入 B 的孩子域。因为本题中每个结点都分配了 3 个孩子域（想一想，为什么），B 只有 2 个孩子，另一个孩子域记为-1，表示不存在。同理，其他结点也这样存储。

（3）双亲孩子表示法。

双亲孩子表示法是指除了存储数据元素之外，还存储其双亲和所有孩子的存储位置下标，如图 5-3（c）所示。此方法其实就是在孩子表示法的基础上增加了一个双亲域，其他的都与孩子表示法相同，是双亲表示法和孩子表示法的结合体。

	data	parent
0	A	–1
1	B	0
2	C	0
3	D	0
4	E	1
5	F	1
6	G	3
7	H	6

（a）双亲表示法

	data	child	child	child
0	A	1	2	3
1	B	4	5	–1
2	C	–1	–1	–1
3	D	6	–1	–1
4	E	–1	–1	–1
5	F	–1	–1	–1
6	G	7	–1	–1
7	H	–1	–1	–1

（b）孩子表示法

	data	parent	child	child	child
0	A	–1	1	2	3
1	B	0	4	5	–1
2	C	0	–1	–1	–1
3	D	0	6	–1	–1
4	E	1	–1	–1	–1
5	F	1	–1	–1	–1
6	G	3	7	–1	–1
7	H	6	–1	–1	–1

（c）双亲孩子表示法

图 5-3　树的顺序存储

存储结构的设计是一个非常灵活的过程。一个存储结构设计得是否合理，取决于基于该存储结构的运算是否合适、是否方便，时间复杂度好不好等。注意，也不是越多越好，有需要时再设计相应的结构。

2. 链式存储

由于树中每个结点的孩子数量无法确定，因此在使用链式存储时，孩子指针域不能确定分配多少个合适。如果每个结点的指针域个数按照结点的孩子数分配，则数据结构的描述比较困难；如果采用每个结点都分配固定个数（如树的度）的指针域，则浪费很多空间。可以考虑两种方法存储：一种是采用邻接表的思路，将结点的所有孩子存储在一个单链表中，则 n 个结点有 n 个孩子链表（叶子的孩子链表为空表），而 n 个头指针又组成一个线性表，称为孩子链表表示法；另一种是采用二叉链表的思路，左指针存储第一个孩子，右指针存储右兄弟，称为孩子兄弟表示法。

（1）孩子链表表示法。

孩子链表表示法类似于邻接表，表头包含数据元素并指向第一个孩子指针，将所有孩子放入一个单链表中。在表头中，data 存储数据元素，first 为指向第一个孩子的指针。单链表中的结点记录该结点的下标和下一个结点的地址。仍以图 5-1 为例，其孩子链表表示法如图 5-4（a）所示。

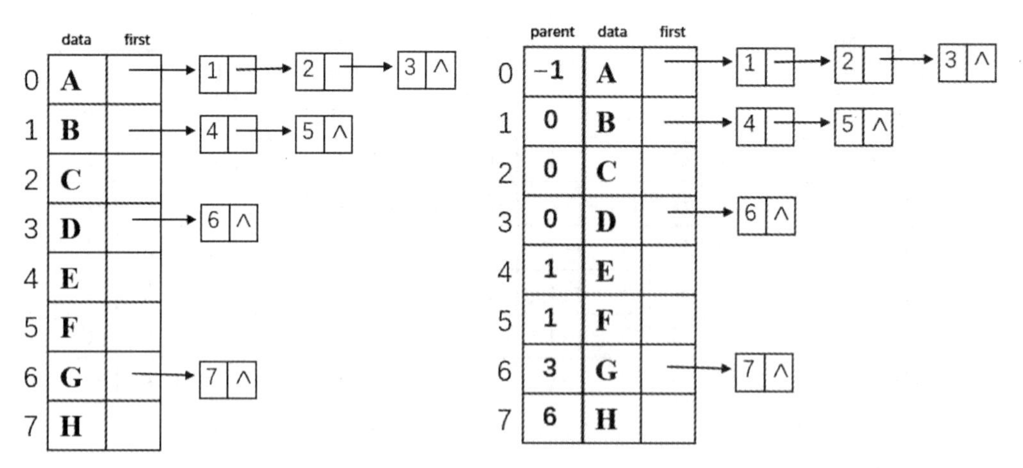

（a）孩子链表表示法　　（b）双亲孩子链表表示法

图 5-4　树的两种链表表示法

孩子链表表示法中，如果在表头中再增加一个双亲域 parent，则为双亲孩子链表表示法，如图 5-4（b）所示。

（2）孩子兄弟表示法。

孩子兄弟表示法又称二叉链表表示法，即以二叉链表做树的存储结构。链表中结点的两个指针域分别指向该结点的第一个孩子结点和右兄弟结点，分别命名为 fchild 域和 rsibling 域，其结点形式如图 5-5 所示。

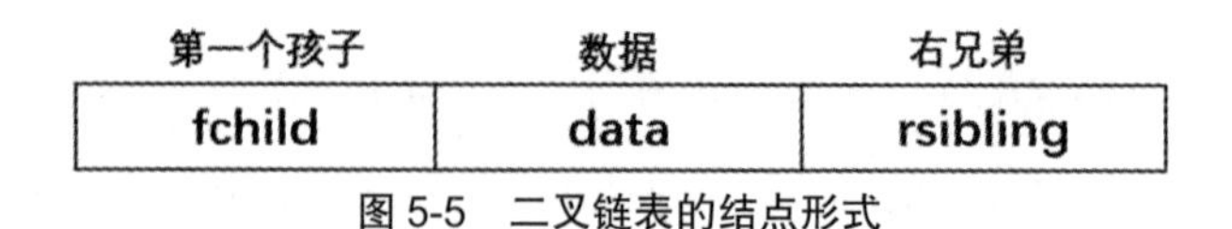

图 5-5　二叉链表的结点形式

树的孩子兄弟表示法的代码如下：

```
/*******************************/
/*        树的孩子兄弟表示法        */
/*****************************/
typedef char datatype;     /*树中结点值的类型*/
typedef struct node        /*树中每个结点的类型*/
{
  datatype data;
  struct node fchild,rsibling;
}node,*pnode;
pnode root;                /*指向树根结点的指针*/
```

图 5-6 所示为图 5-1 中树的孩子兄弟表示法。利用这种存储结构便于实现各种树的操作。首先易于实现找结点孩子等的操作。例如，若要访问结点 x 的第 i 个孩子，则只要先从 fchild 域找到第 1 个孩子结点，然后沿着孩子结点的 rsibling 域连续走 i-1 步，便可找到 x 的第 i 个孩子。当然，如果为每个结点增设一个 parent 域，则同样能方便实现查找双亲的操作。

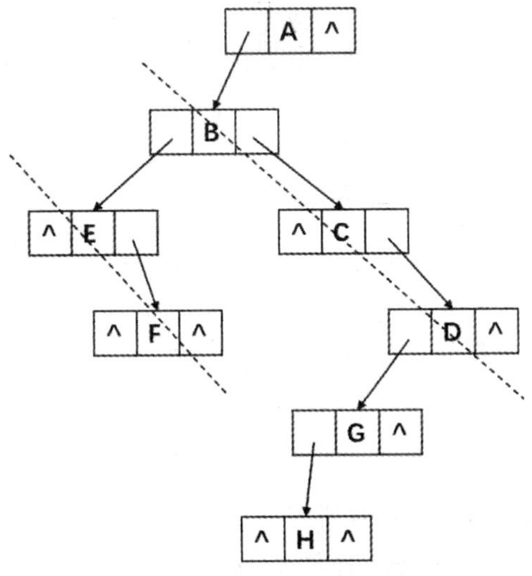

图 5-6　树的孩子兄弟表示法

孩子兄弟表示法的秘诀：长子当作左孩子，兄弟关系向右斜。

这种存储结构的优点是它和后续讲解的二叉树的二叉链表表示法完全一样，便于将一般的树结构转换为二叉树进行处理，利用二叉树的算法来实现对树的操作。因此，孩子兄弟表示法是应用较为普遍的一种树的存储表示方法。

5.3　二叉树

5.3.1　二叉树的定义

二叉树（Binary Tree）是由 n（n≥O）个结点所构成的集合，它或为空树（n = 0），或为非空树。对于非空树 T，

（1）有且仅有一个称之为根的结点。

（2）除根结点以外的其余结点分为两个互不相交的子集 L 和 R，分别称为 T 的左子树和右子树，且 L 和 R 本身又都是二叉树。

二叉树与树一样具有递归性质，二叉树与树的区别主要有以下两点。

（1）二叉树每个结点至多只有 2 棵子树（即二叉树中不存在度大于 2 的结点）；

（2）二叉树的子树有左右之分，其次序不能任意颠倒。

二叉树可以有 5 种基本形态，如图 5-7 所示。

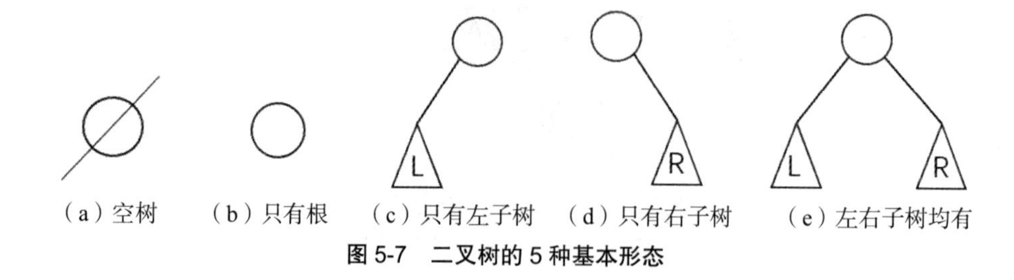

图 5-7　二叉树的 5 种基本形态

第 5.2.2 节中引入的有关树的术语都适用于二叉树。

5.3.2　二叉树的性质

性质 1：在二叉树的第 i 层上至多有 2^{i-1} 个结点（i≥1）。

使用数学归纳法可证明。由于二叉树中每个结点最多有 2 个孩子，第 1 层树根有 1 个结点，第 2 层最多有 2 个结点，第 3 层最多有 4 个结点，因为上一层的每个结点最多有 2 个孩子，因此当前层最多是上一层结点数的 2 倍。

性质 2：深度为 k 的二叉树至多有 2^k-1 个结点（k≥1）。

由性质 1 可见，深度为 k 的二叉树的最大结点数为：

$$\sum_{i=1}^{k}(\text{第i层上的最大结点数})=\sum_{i=1}^{k}2^{i-1}=2^k-1$$

性质 3：对任何一棵二叉树 T，如果其终端结点数为 n_0，度为 2 的结点数为 n_2，则 $n_0=n_2+1$。

终端结点数其实就是叶子结点数，而一棵二叉树，除了叶子结点数外，剩下的就是度为 1 或 2 的结点数了，我们设 n_1 是度为 1 的结点数，则树 T 的结点总数为 $n=n_0+n_1+n_2$。

对于一颗二叉树 T，由于根结点只有分支出去，没有分支进入，所以分支线总数为结点总数减去 1，因此分支线总数=n−1。同时，由每个结点出去的分支线与这个结点的度有着密切的关系，分支线总数=n_1+2n_2。由此，得出 $n-1=n_1+2n_2$。

因为刚才我们有等式 $n=n_0+n_1+n_2$，所以可以推导出 $n_0+n_1+n_2-1=n_1+2n_2$，于是得到 $n_0=n_2+1$。

有两种比较特殊的二叉树：满二叉树和完全二叉树。

满二叉树：深度为 k 且含有 2^k-1 个结点的二叉树。满二叉树每一层都“充满”了结点，达到最大结点数，如图 5-8（a）所示。

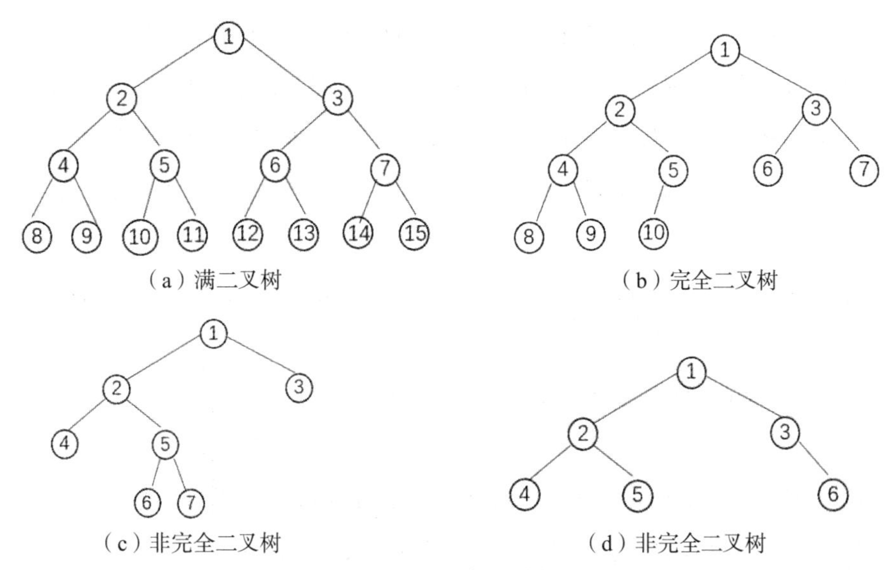

（a）满二叉树　　（b）完全二叉树

（c）非完全二叉树　　（d）非完全二叉树

图 5-8　四种二叉树

可以对满二叉树的结点进行连续编号，约定编号从根结点起，自上而下，自左至右。由此可引出完全二叉树的定义。

深度为 k 的、有 n 个结点的二叉树，当且仅当其每一个结点都与深度为 k 的满二叉树中编号从 1 至 n 的结点一一对应时，称为完全二叉树。也就是说，完全二叉树除了最后一层外，其余每层都是满的（达到最大结点数），最后一层结点是从左往右出现的，换言之，没有左孩子就不可以有右孩子，如图 5-8（b）。

根据完全二叉树的特点，图 5-8（c）和（d）不是完全二叉树。

完全二叉树在很多场合下出现，下面的性质 4 和性质 5 是完全二叉树的两个重要特性。

性质 4：具有 n 个结点的完全二叉树的深度为$[\log_2 n]+1$（$[\log_2 n]$表示不大于 $\log_2 n$ 的最大整数）。

假设深度为 k，则根据性质 2 和完全二叉树的定义有

$$2^{k-1}-1<n\leqslant 2^k-1 \quad 或 \quad 2^{k-1}\leqslant n<2^k$$

当 $k-1\leqslant og_2 n<k$ 时，因为 k 是整数，所以 $k=[\log_2 n]+1$。

性质 5：如果对一棵有 n 个结点的完全二叉树（其深度为[log2n]+1）的结点按层序编号（从上到下，从左到右），则对任一结点 i（$1\leqslant i\leqslant n$），有：

（1）如果 i=1，则结点 i 是二叉树的根，无双亲；如果 i>1，则其双亲是结点[i/2]。

（2）如果 2i>n，则结点 i 无左孩子（结点 i 为叶子结点）；否则其左孩子是结点 2i。

（3）如果 2i+1>n，则结点 i 无右孩子；否则其右孩子是结点 2i+1。

【例 1】 一棵完全二叉树有 1001 个结点，其中叶子结点的个数是多少？

解题思路：首先找到最后一个结点 1001 的双亲结点，其双亲结点编号为 1001/2=500，该结点是最后一个拥有孩子的结点，其后面全是叶子，即 1001−500=501 个叶子。

【例 2】 一棵完全二叉树第 6 层有 8 个叶子，则该完全二叉树最少有多少个结点？最多有多少个结点？

解题思路：完全二叉树的叶子分布在最后一层或倒数第二层，因此该树有可能为 6 层或 7 层。

结点最少的情况（6 层）：8 个叶子在最后一层，即第 6 层，前 5 层是满的。最少有 $2^5-1+8=39$ 个结点。

结点最多的情况（7 层）：8 个叶子在倒数第二层，即第 6 层，前 6 层是满的，第 7 层最少缺失了 8×2 个结点，因为第 6 层的 8 个叶子如果生成孩子，则会有 16 个结点。最多有 $2^7-1-16=111$ 个结点。

5.3.3 二叉树的存储结构

1. 顺序存储

顺序存储的代码如下：

```
/*******************************/
/*      完全二叉树的顺序存储表示      */
/******************************/
#define MAXSIZE 100        /*二叉树的最大结点数*/
typedef char datatype;     /*二叉树的结点值类型*/
datatype tree[MAXSIZE];    /*下标为 0 的存储根结点*/
int n;                     /*二叉树中实际所含结点的个数*/
```

二叉树也可以采用顺序存储，按完全二叉树的结点层次编号，依次存放二叉树中的数据元素。完全二叉树适合顺序存储方式，图 5-8（b）所示的完全二叉树的顺序存储结构如图 5-9 所示。

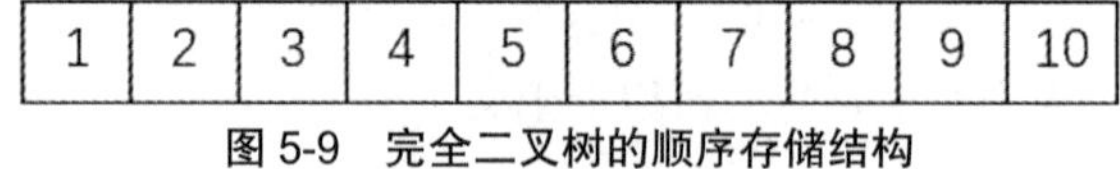

1	2	3	4	5	6	7	8	9	10

图 5-9 完全二叉树的顺序存储结构

而普通二叉树在顺序存储时需要补充为完全二叉树，在对应完全二叉树没有孩子的位置补 0。图 5-8（c）所示的非完全二叉树的顺序存储结构如图 5-10 所示。

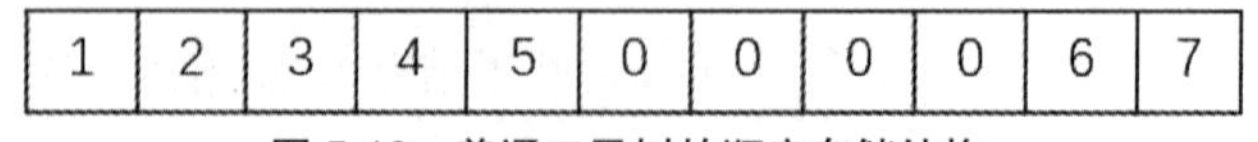

1	2	3	4	5	0	0	0	0	6	7

图 5-10 普通二叉树的顺序存储结构

显然，普通二叉树不适合顺序存储方式，因为有可能在补充为完全二叉树的过程中，补充太多的 0 而浪费大量空间，因此普通二叉树更适合采用链式存储结构。

2. 链式存储结构

二叉树中每个结点最多有 2 个孩子，所以为它设计 1 个数据域和 2 个指针域是比较常见的，我们称这样的链表为二叉链表。含有一个数据域和两个指针域的结点结构如图 5-11 所示。

lchild	data	rchild

图 5-11　含有 1 个数据域和 2 个指针域的结点结构

其中，data 是数据域，lchild 和 rchild 都是指针域，分别存放指向左孩子和右孩子的指针。

```
/*******************************/
/*二叉树的二叉链表结点结构定义*/
/*******************************/
typedef char datatype;
typedef struct node                    /*二叉树结点的类型*/
{
  datatype data;                       /*结点数据域*/
  struct node *lchild,*rchild;         /*左、右孩子指针*/
}bintnode;
typedef bintnode *bintree;
bintree root;                          /*指向二叉树根结点的指针*/
```

将图 5-8（c）中的非完全二叉树存储为二叉链表的形式，结构示意图如图 5-12 所示。

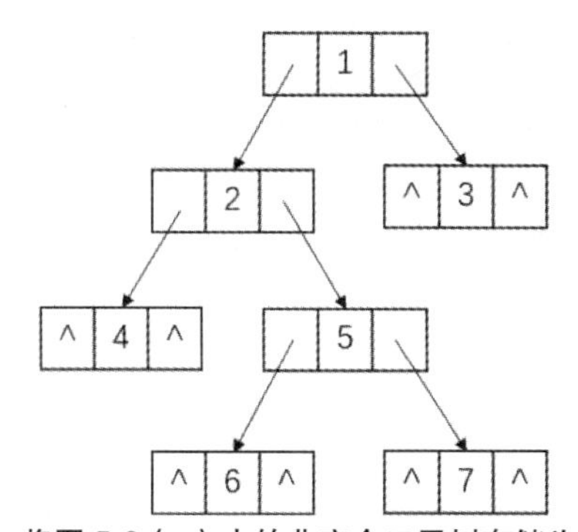

图 5-12　将图 5-8（c）中的非完全二叉树存储为二叉链表

如同树的存储结构中讨论的一样，如果有需要，还可以再增加一个指向其双亲的指针域，那就称为三叉链表。由于与树的存储结构类似，这里不再详述。

5.4　二叉树的遍历

5.4.1　二叉树的遍历方法及递归实现

遍历二叉树（traversing binary tree）是指按某条搜索路径访问树中的每个结点，使得每个结点有且仅被访问一次。访问的含义很广，如输出、查找、输入、删除、修改、运算等，都可以被称为访问。遍历是有顺序的，那么如何进行二叉树遍历呢？

回顾二叉树的递归定义可知，二叉树是由 3 个基本单元组成：根结点、左子树和右子树。因此，若能依次遍历这 3 部分，便是遍历了整个二叉树。假如用 L、D、R 分别表示遍历左子树、遍历根结点和遍历右子树，则可有 DLR、LDR、LRD、DRL、RDL、RLD 这 6 种遍历二叉树的方案。若限定先左后右，则只有前 3 种情况，分别称之为先（根）序遍历、中（根）序遍历和后（根）序遍历。

基于二叉树的递归定义，可得下列遍历二叉树的递归算法定义。

先序遍历二叉树的操作定义如下。

若二叉树为空，则空操作，否则

（1）访问根结点；

（2）先序遍历左子树；

（3）先序遍历右子树。

中序遍历二叉树的操作定义如下。

若二叉树为空，则空操作，否则

（1）中序遍历左子树；

（2）访问根结点；

（3）中序遍历右子树。

后序遍历二叉树的操作定义如下。

若二叉树为空，则空操作，否则

（1）后序遍历左子树；

（2）后序遍历右子树；

（3）访问根结点。

图 5-13 所示为二叉树的先序、中序和后序遍历序列。

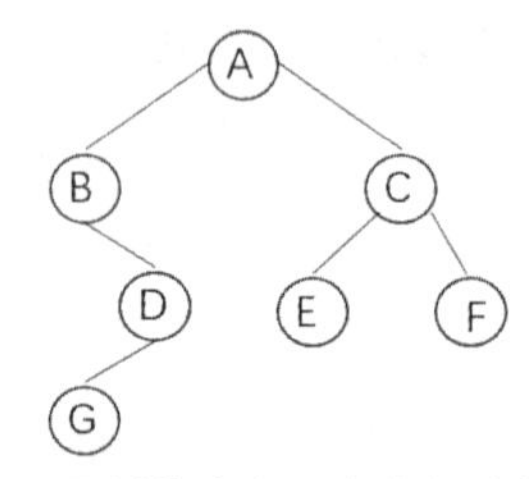

图 5-13　二叉树的先序、中序和后序遍历序列

二叉树的先序、中序和后序遍历序列如下。

先序遍历序列为：ABDGCEF；

中序遍历序列为：BGDAECF；

后序遍历序列为：GDBEFCA。

算法 5-1~算法 5-3 分别给出了先序遍历、中序遍历、后序遍历二叉树的递归算法在二叉链表上的代码实现，算法将结点的访问简化成数据的输出。

【代码实现】

算法 5-1　先序遍历二叉树的递归算法

```
/***************************/
/*先序遍历二叉树递归算法的实现*/
/***************************/
void Preorder(bintree t)
{
   if(t)                        /*若二叉树为非空*/
   {
      printf("%c",t->data);  /*访问根结点*/
      Preorder(t->lchild);   /*先序遍历左子树*/
      Preorder(t->rchild);   /*先序遍历右子树*/
   }
}
/*************************************/
/*指针变量 t 表示指向二叉树根结点的指针*/
/*************************************/
```

算法 5-2　中序遍历二叉树的递归算法

```
/***************************/
/*中序遍历二叉树递归算法的实现*/
/***************************/
void Inorder(bintree t)
{
   if(t)                        /*若二叉树为非空*/
   {
      Inorder(t->lchild);     /*中序遍历左子树*/
      printf("%c",t->data);  /*访问根结点*/
      Inorder(t->rchild);     /*中序遍历右子树*/
   }
}
/*********************************/
/*指针变量 t 表示指向二叉树根结点的指针*/
/*********************************/
```

算法 5-3　后序遍历二叉树的递归算法

```
/***************************/
/*后序遍历二叉树递归算法的实现*/
```

```
/***************************/
void Postorder(bintree t)
{
    if(t)                       /*若二叉树为非空*/
    {
        Postorder(t->lchild);   /*后序遍历左子树*/
        Postorder(t->rchild);   /*后序遍历右子树*/
        printf("%c",t->data);   /*访问根结点*/
    }
}
/*********************************/
/*指针变量 t 表示指向二叉树根结点的指针*/
/*********************************/
```

我们发现，先序遍历、中序遍历和后序遍历的递归算法只是改变了输出语句的顺序。

5.4.2 二叉树遍历的非递归实现

我们也可以利用栈记录回溯点，将递归算法改写成非递归算法，如算法 5-4 所示。例如，从中序遍历二叉树的递归算法执行过程中递归工作栈的状态可见：

（1）工作记录中包含两项，一是递归调用的语句编号，二是指向根结点的指针，当栈顶记录中的指针非空时，应遍历左子树，即指向左子树根的指针进栈。

（2）若栈顶记录中的指针值为空，则应退至上一层，若是从左子树返回，则应访问当前层（即栈顶记录）中指针所指的根结点。

（3）若是从右子树返回，则表明当前层的遍历结束，应继续退栈。从另一个角度看，这意味着遍历右子树时不再需要保存当前层的根指针，直接修改栈顶记录中的指针即可。

首先，我们给出一个顺序栈的定义及进栈与出栈的操作，如算法 5-4 所示。

算法 5-4　中序遍历二叉树的非递归算法

```
/******************************/
/*            定义栈          */
/******************************/
typedef struct stack      /*栈结构定义*/
{
   bintree data[100];
   int top;               /*栈顶指针*/
 } seqstack;
/*****************************/
/*            入栈          */
/*****************************/
void push(seqstack *s,bintree t)
{
   s->data[s->top]=t;
   s->top++;
}
```

```
/****************************/
/*             出栈           */
/***************************/
bintree pop(seqstack *s)
{
   if(s->top!=0)
   { s->top--;
    return(s->data[s->top]);
   }
   else
   return NULL;
}
```

【算法步骤】

（1）初始化一个空栈 s，指针 p 指向根结点。

（2）当 p 非空或者栈 s 非空时，循环执行以下操作：

- 如果 p 非空，则将 p 入栈，p 指向该结点的左孩子；
- 如果 p 为空，则弹出栈顶元素并访问，将 p 指向该结点的右孩子。

【代码实现】

```
/******************************/
/* 中序遍历二叉树非递归算法的实现 */
/******************************/
void Inorder1(bintree t)
{
   seqstack s;
   s.top=0;
   while ((t!=NULL)||(s.top!=0))
   {
      if(t)                        /*非空二叉树*/
      {
         push(&s,t);               /*根入栈*/
         t=t->lchild;              /*遍历左子树*/
      }
      else                         /*二叉树为空*/
      {
         t=pop(&s);                /*出栈*/
         printf("%c ",t->data);  /*访问根结点*/
         t=t->rchild;              /*遍历右子树*/
      }
   }
}
```

【算法分析】

无论是递归遍历二叉树还是非递归遍历二叉树，因为每个结点都会被访问一次，所以无论按哪一种次序进行遍历，对含 n 个结点的二叉树，其时间复杂度均为 O(n)。所需辅助空间为遍历过程中栈的最大容量，即树的深度，最坏情况下为 n，空间复杂度也为 O(n)。

二叉树的先序遍历、中序遍历和后序遍历是最常用的三种遍历方式。在后序遍历的过程中，可以为栈中每个元素的状态设置标记，当一个元素刚入栈时，将其对应的标记置为 0，当它第一次位于栈顶，即将被处理时，将其对应的标记置为 0，意味着应该访问其右子树，将其右子树作为当前处理的对象，此时栈顶元素仍保留在栈中，同时将其对应的标记置为 1；当其右子树访问完后，该元素位于栈顶，此时其标记值为 1，意味着其右子树已访问完成，接下来应该访问的就是它本身，并将其出栈。

此外，还有一种按层次遍历二叉树的方式，这种方式按照“从上到下，从左到右”的顺序遍历二叉树，即先遍历二叉树第一层的结点，然后遍历第二层的结点，直到最底层的结点，每一层的遍历都按照从左到右的次序进行。例如，图 5-13 所示的二叉树的层次遍历序列是 ABCDFEG。层次遍历不是一个递归过程，层次遍历算法的实现可以借助队列这种数据结构，这里不进行详细讨论。

5.4.3 根据遍历序列确定二叉树

若已知二叉树遍历的任意两种序列，能否确定这棵二叉树呢？这样确定的二叉树是否是唯一的呢？

由二叉树的先序序列和中序序列，或由其后序序列和中序序列均能唯一地确定一棵二叉树。

根据定义，二叉树的先序遍历是先访问根结点，其次按先序遍历方式遍历根结点的左子树，最后按先序遍历方式遍历根结点的右子树。也就是说，一方面，在先序序列中，第一个结点一定是二叉树的根结点。另一方面，中序遍历是先遍历左子树，然后访问根结点，最后遍历右子树。这样，根结点在中序序列中必然将中序序列分割成两个子序列，前一个子序列是根结点左子树的中序序列，而后一个子序列是根结点右子树的中序序列。根据这两个子序列，在先序序列中找到对应的左子序列和右子序列。在先序序列中，左子序列的第一个结点是左子树的根结点，右子序列的第一个结点是右子树的根结点。这样，就确定了二叉树的三个结点。同时，左子树和右子树的根结点又可以分别把左子序列和右子序列划分成两个子序列，如此递归下去，当取尽先序序列中的结点时，便可以得到一棵二叉树。

同理，由二叉树的后序序列和中序序列也可唯一地确定一棵二叉树。因为依据后序遍历和中序遍历的定义，后序序列的最后一个结点就如同先序序列的第一个结点一样，可将中序序列分成两个子序列，分别为这个结点左子树的中序序列和右子树的中序序列，再拿出后序序列的倒数第二个结点，并继续分割中序序列，如此递归下去，当倒着取尽后序序列中的结点时，便可以得到一棵二叉树。

需要注意的是，已知先序遍历和后序遍历，是不能确定一棵二叉树的，大家可以思考一下为什么。

5.5　二叉树遍历的应用

“遍历”是二叉树各种操作的基础，假设访问结点的具体操作不仅仅局限于输出结点数据域的值，还把“访问”延伸到对结点的判别、计数等其他操作，并解决一些关于二叉树的其他实际问题。如果在遍历过程中生成结点，这样就可建立二叉树的存储结构。

5.5.1　二叉树的建立

如果我们要建立一个如图 5-13 所示的二叉树，为了能让每个结点确认是否有左右孩子，那么可以将它扩展成如图 5-14 所示的样子，也就是将二叉树中每个结点的空指针引出一个虚结点，其值为一特定值，比如“#”。这种扩展后的二叉树就可以通过某种遍历序列确定一棵二叉树。

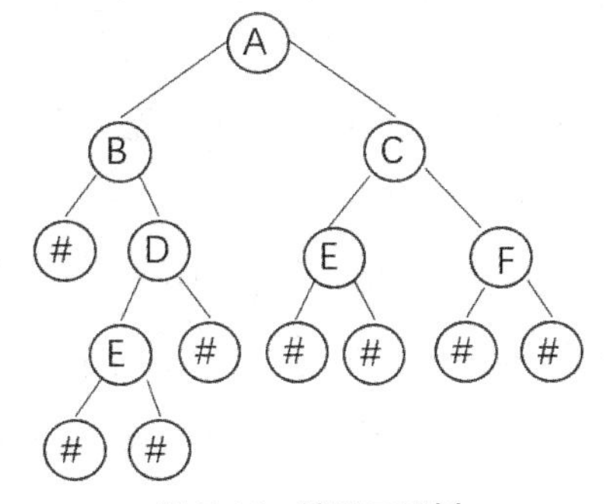

图 5-14　扩展二叉树

假设二叉树的结点均为一个字符，那么按先序遍历的顺序建立二叉树，T 为指向根结点的指针。关于给定的字符序列，依次读入字符，从根结点开始，递归创建二叉树。

【算法步骤】

（1）扫描字符序列，读入字符 ch。

（2）如果 ch 是一个"#"字符，则表明该二叉树为空树，即 T 为 NULL；否则执行以下操作：

①申请一个结点空间 t；

②将 ch 赋给 t-> data；

③递归创建 t 的左子树；

④递归创建 t 的右子树。

【代码实现】

算法 5-5　按先序遍历的顺序建立二叉树

```
/**************************************************************/
/*                    创建二叉链表表示的二叉树               */
/*************************************************************/
bintree Createtree()
{
  char ch;
  bintree t;
  if((ch=getchar())=='#')                    /*递归结束，创建空树*/
    t=NULL;
  else                                       /*递归创建二叉树*/
  {
      t=(bintnode *)malloc(sizeof(bintnode))  /*创建新的空间，用来存放根结点*/
    t->data=ch;                              /*根结点数据域置为 ch*/
    t->lchild=Createtree();                  /*递归创建左子树*/
    t->rchild=Createtree();                  /*递归创建右子树*/
  }
  return t;
}
/**************************************************************/
/*           按先序次序输入二叉树中结点的值（单个字符）       */
/*************************************************************/
```

现在建立图 5-13 中的二叉树，将扩展后的二叉树的先序遍历序列 AB#DG###CE##F##用键盘挨个输入便可实现。

当然，也可以采用中序遍历或后序遍历的方式实现二叉树的建立，只不过代码里生成的结点和构造左右子树的代码顺序要交换一下。另外，输入的字符也要进行相应的更改。图 5-14 中的扩展二叉树的中序遍历字符串应该为#B#G#D#A#E#C#F#，而后序字符串应该为###G#DB##E##FCA。

5.5.2　复制二叉树

复制二叉树就是利用已有的一棵二叉树复制得到另外一棵与其完全相同的二叉树。根据二叉树的特点，复制步骤如下：若二叉树不为空，则首先复制根结点，这相当于二叉树先序遍历算法中访问根结点的语句；然后分别复制二叉树根结点的左子树和右子树，这相当于先序遍历中递归遍历左子树和右子树的语句。因此，复制函数的实现与二叉树先序遍历的实现非常类似。

【算法步骤】

如果是空树，则递归结束，否则执行以下操作：

（1）申请一个新结点空间，复制根结点；

（2）递归复制左子树；

（3）递归复制右子树。

【代码实现】

算法 5-6　复制二叉树

```
/************************************************************/
/*                  复制一棵与 t 完全相同的二叉树                  */
/************************************************************/
bintree Copy(bintree t)
{
   bintree newt;
   if(t==NULL)  return NULL;                  /*如果是空树，则递归结束*/
   else
   {
      newt=(bintnode *)malloc(sizeof(bintnode));
      newt->data=t->data;                     /*复制根结点*/
      newt->lchild=Copy(t->lchild);           /*递归复制左子树*/
      newt->rchild=Copy(t->rchild);           /*递归复制右子树*/
      return newt;
   }
}
```

5.5.3　计算二叉树的深度

二叉树的深度为树中结点的最大层次，二叉树的深度为左右子树深度的较大者加 1。

【算法步骤】

如果是空树，则递归结束，深度为 0，否则执行以下操作：

（1）递归计算左子树的深度，记为 m；

（2）递归计算右子树的深度，记为 n；

（3）如果 m 大于 n，则二叉树的深度为 m+l，否则为 n+l。

【代码实现】

算法 5-7　计算二叉树的深度

```
/************************************************************/
/*                     求二叉树 t 的高度                       */
/************************************************************/
int Depth(bintree t)
{
   int h,lh,rh;
   if(t==NULL)  return 0;           /*如果是空树，则高度为 0，递归结束*/
   else
   {
      lh=Depth(t->lchild);          /*递归求左子树的高度*/
      rh=Depth(t->rchild);          /*递归求右子树的高度*/
```

```
        if(lh>=rh)                    /*二叉树的高度为左右子树高度的最大值加 1*/
            h=lh+1;
        else
            h=rh+1;
    }
    return h;
}
```

5.5.4 二叉树的查找

二叉树的查找运算返回二叉树 t 中值为 x 的结点的位置。

【算法步骤】

如果是空树，则递归结束，否则执行以下操作：

（1）将 x 与 t 的根结点的值进行比较，若相等，则返回指向根结点的指针；

（2）若不相等，则递归查找 t 的左子树，若找到，则返回指向该结点的指针；

（3）若未找到，则递归查找 t 的右子树，若找到，则返回指向该结点的指针；

（4）若均未找到，则意味着 t 中无 x 结点。

【代码实现】

算法 5-8　二叉树的查找

```
/**********************************************/
/*        查找二叉树 t 中值为 x 的结点的位置          */
/**********************************************/
bintree Locate(bintree t,datatype x)
{
    bintree p;
    if(t==NULL) return NULL;        /*如果是空树，则递归结束*/
    else
      if(t->data==x) return t;      /*如果 x 与根结点的值相等，则返回根结点的位置*/
      else                          /*若 x 不是根结点*/
      {
          p=Locate(t->lchild,x);    /*递归查找左子树*/
          if(p) return p;           /*找到了，则返回该结点的位置*/
          else return Locate(t->rchild,x); /*递归查找右子树*/
      }
}
```

5.5.5 判断二叉树是否等价

该运算判断两棵给定的二叉树 t1 和 t2 是否等价。两棵二叉树等价，是指当其根结点的值相等，且其左、右子树对应相等。若 t1 与 t2 等价，则该运算返回值为 1，否则返回值为 0。

【算法步骤】

（1）如果两棵二叉树均为空树，则两者等价，递归结束。

（2）如果两棵二叉树均不为空树，则执行后续操作。

（3）若二叉树 t1、t2 的根结点的值相等，则递归比较左子树；若左子树相等，则递归比较右子树。其中，任何一步比较不相等，则意味着两棵二叉树不相等。

【代码实现】

算法 5-9　判断二叉树是否等价

```
/************************************************************/
/*                    判断二叉树 t1 和 t2 是否等价                */
/************************************************************/
int Equal(bintree t1,bintree t2)
{
   int t=0;
   if(t1==NULL&&t2==NULL) t=1;    /*如果两棵二叉树均为空树，则相等，同时递归结束*/
   else
      if(t1!=NULL&&t2!=NULL)      /*若两棵二叉树均不为空树*/
         if(t1->data==t2->data)  /*比较两棵二叉树的根结点*/
            if(Equal(t1->lchild,t2->lchild))       /*比较两棵二叉树的左子树*/
               t=Equal(t1->rchild,t2->rchild);    /*比较两棵二叉树的右子树*/
   return t;                                       /*两棵二叉树是否等价的结果*/
}
```

5.5.6　统计二叉树中结点的个数

该运算返回二叉树 t 中所含结点的个数。

【算法步骤】

如果是空树，则 t 中所含结点的个数为 0，递归结束，否则执行以下操作。

（1）递归求出左子树的结点个数。

（2）递归求出右子树的结点个数。

（3）二叉树结点个数=左子树结点个数+右子树结点个数+1。

【代码实现】

算法 5-10　统计二叉树中结点的个数

```
/************************************************************/
/*                    统计二叉树 t 中结点的个数                  */
/************************************************************/
int Num(bintree t)
{
   if(t==NULL) return 0;      /*如果二叉树为空树，则结点个数为 0，同时递归结束*/
   else
      return (Num(t->lchild)+Num(t->rchild)+1);
}
```

5.5.7 统计二叉树的叶子数

首先考虑特殊情况，如果二叉树为空，则叶子数为 0；如果根的左、右子树都为空，则叶子数为 1。一般情况下，二叉树的叶子数等于左子树的叶子数与右子树的叶子数之和。

【算法步骤】

（1）如果二叉树为空，则叶子数为 0。

（2）如果根的左、右子树都为空，则叶子数为 1。

（3）否则求左子树的叶子数和右子树的叶子数之和，即为二叉树的叶子数。

【代码实现】

算法 5-11 统计二叉树的叶子数

```
/**********************************************************/
/*                   统计二叉树 t 的叶子数                 */
/**********************************************************/
int Numleaf(bintree t)
{
   if(t==NULL) return 0; /*如果二叉树为空树，则叶子结点数为 0，同时递归结束*/
   else                  /*若左、右子树均为空，则叶子数为 1*/
      if(t->lchild==NULL&&t->rchild==NULL) return 1;
else                     /*若左、右子树均不为空，则叶子数为左、右子树叶子数之和*/
        return Numleaf(t->lchild)+Numleaf(t->rchild);
}
```

5.6 线索二叉树

5.6.1 线索二叉树的基本概念

遍历二叉树是按照一定规则将二叉树中的结点排列成一个线性序列。这实质上是对一个非线性结构进行线性化操作，使每个结点（除第一个和最后一个外）在这些线性序列中有且仅有一个直接前驱和直接后继（若没有特殊说明，后续描述中省去“直接”二字）。根据遍历序列的不同，每个结点的前驱和后继也不同。

采用二叉链表存储时，只记录了左、右孩子的信息，无法直接得到每个结点的前驱和后继，这种信息只有在遍历的动态过程中才能得到，为此引入线索二叉树来保存这些在动态过程中得到的有关前驱和后继的信息。

我们可以在每个结点中增加两个指针域来存放在遍历时得到的有关前驱和后继的信息，但这样做使得结构的存储密度大大降低。

对于一个有 n 个结点的二叉链表，每个结点有指向左、右孩子的两个指针域，所以一共有 2n 个指针域，而 n 个结点的二叉树一共有 n−1 条分支线数，分别对应着 n−1 个指针域，那就存在着 2n −(n−1)=n+1 个空指针。这些空指针刚好可以用来存放结点的前驱和后继信息。

每个结点有两个指针域，如果结点有左孩子，则 lchild 指向左孩子，否则 lchild 指向其前驱；如果结点有右孩子，则 rchild 指向右孩子，否则 rchild 指向其后继。如何区分到底存储的是左孩子和右孩子，还是前驱和后继信息呢？为了避免混淆，增加两个标志域 Ltag 和 Rtag。线索二叉树的结点形式如图 5-15 所示。

lchild	Ltag	data	Rtag	rchild

图 5-15 线索二叉树的结点形式

其中，

$$Ltag=\begin{cases}0 & \text{lchild域指向结点的左孩子}\\1 & \text{lchild域指向结点的前驱}\end{cases}$$

$$Rtag=\begin{cases}0 & \text{rchild域指向结点的右孩子}\\1 & \text{rchild域指向结点的后继}\end{cases}$$

二叉树的二叉线索类型定义如下：

```
/************************************************************/
/*                    二叉树的二叉线索类型定义                  */
/************************************************************/
typedef char datatype;    /*树中结点值的类型*/
typedef struct node       /*线索二叉树结点的结构体定义*/
{
   datatype data;
   int ltag,rtag;         /*左、右标志位*/
   struct node *lchild,*rchild;
} bintnode;
typedef bintnode *binttree;
```

这种带有标志域的二叉链表称为线索链表，指向前驱和后继的指针称为线索，带有线索的二叉树称为线索二叉树，以某种遍历方式将二叉树转化为线索二叉树的过程称为线索化。线索化的实质就是将二叉链表中的空指针改为指向前驱或后继的线索。

5.6.2 线索二叉树的构造及遍历

线索化是利用二叉链表中的空指针来记录结点的前驱或后继线索。每种遍历顺序不同，结点的前驱和后继也不同，因此，二叉树线索化必须指明是什么遍历顺序的线索化。线索二叉树分为前序遍历线索二叉树、中序遍历线索二叉树和后序遍历线索二叉树。

中序遍历线索二叉树的递归函数代码如下：

```
/*************************************************************/
/*                中序遍历线索二叉树的递归函数实现                */
/*************************************************************/
bintree pre=NULL;               /*全局变量，初始化前驱结点*/
void Inthread(bintree p)
{
    if(p)
    {
        Inthread(p->lchild);    /*递归左子树线索化*/
        if(!p->lchild)          /*没有左孩子*/
        {
            p->ltag=1;          /*前驱线索*/
            p->lchild=pre;      /*左孩子指针指向前驱*/
        }
        if(!pre->rchild)        /*前驱没有右孩子*/
        {
            pre->rtag=1;        /*后继线索*/
            pre->rchild=p;      /*前驱右孩子指针指向当前结点 p*/
        }
        pre=p;                  /*保持 pre 指向 p 的前驱*/
        Inthread(p->rchild);    /*递归右子树线索化*/
    }
}
```

以上代码与二叉树中序遍历的递归代码几乎一样，只是将打印结点的功能改成了线索化的功能。

由于有了结点的前驱和后继信息，所以线索二叉树的遍历和在指定次序下查找结点的前驱和后继算法都变得简单。因此，若需经常查找结点在遍历线性序列中的前驱和后继，则采用线索链表作为存储结构。

有了线索二叉树后，我们对它进行遍历时发现，实质就等于是操作一个双向链表结构。

与双向链表结构一样，在二叉树线索链表上添加一个头结点，如图 5-16 所示。其中的实线为指针（指向左、右子树）、虚线为线索（指向前驱和后继）。令 lchild 域的指针指向二叉树的根结点（图中的①），rchild 域的指针指向中序遍历时访问的最后一个结点（图中的②）。同时，令二叉树的中序序列中的第一个结点、lchild 域的指针和最后一个结点的 rchild 域的指针均指向头结点（图中的③和④）。这样，既可以从第一个结点开始顺着后继进行遍历，也可以从最后一个结点开始顺着前驱进行遍历。

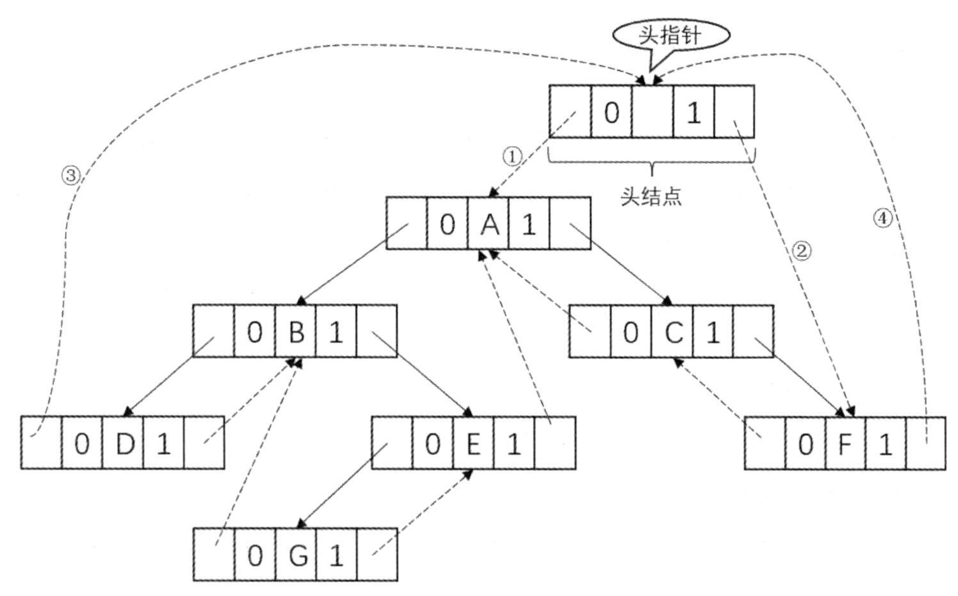

图 5-16 二叉树的中序遍历线索化

中序遍历线索二叉树的代码如下：

```
/***************************************************************/
/*                     中序遍历线索二叉树                          */
/***************************************************************/
void Intbtree(binttree t)
{
   binttree p;
   p=t->lchild;            /*p 指向根结点*/
   while(p!=t)             /*空树或遍历结束时，p==t*/
   {
      while(p->ltag==1)  /*当 ltag==0 时，循环到中序序列第一个结点*/
        p=p->lchild;
      printf("%c",p->data);
      while(p->rtag==1&&p->rchild!=t)
      {
         p=p->rchild;
         printf("%c",p->data);
      }
      p=p->rchild;          /*p 指向右子树根结点*/
   }
}
/***************************************************************/
/*          t 指向头结点，头结点左孩子 lchild 指向根结点，
头结点右孩子 rchild 指向中序遍历的最后一个结点                      */
/***************************************************************/
```

中序遍历线索二叉树的时间复杂度为 O(n)。

5.7 树、森林与二叉树的转换

在介绍树的存储结构时，树的孩子兄弟表示法可以将一棵树用二叉链表进行存储，借助二叉链表，树和二叉树可以相互转换。只要我们设定一定的规则，用二叉树来表示树，甚至表示森林也是可以的，森林与二叉树也可以相互转换。

5.7.1 树、森林到二叉树的转换

1. 树转换为二叉树

如图 5-17 所示，将树转换为二叉树，其步骤如下。

（1）加线。在所有兄弟结点之间加一条线。

（2）线。对树中的每个结点，只保留它与第一个孩子结点的连线，删除它与其他孩子结点之间的连线。

（3）层次调整。以树的根结点为轴心，将整棵树顺时针旋转一定的角度（比如 45 度），使之层次结构分明。注意第一个孩子是二叉树结点的左孩子，兄弟转换过来的孩子是结点的右孩子。

在图 5-17 中，C、D 本都是根结点 A 的孩子，是结点 B 的兄弟，转换后，C 是结点 B 的右孩子，D 是结点 C 的右孩子。

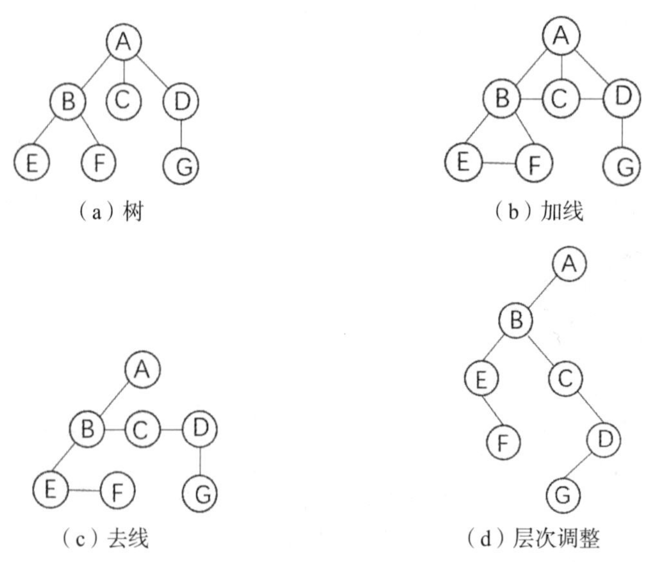

（a）树　（b）加线　（c）去线　（d）层次调整

图 5-17　树转换为二叉树的过程

2. 森林转换为二叉树

如图 5-18 所示，将森林的三棵树转换为一棵二叉树，其步骤如下。

（1）将每棵树转换为一棵二叉树。

（2）第一棵二叉树不动，从第二棵二叉树开始，依次将后一棵二叉树的根结点作为前一棵二叉树的根结点的右孩子，用线连接起来。当所有的二叉树连接起来后，就得到了由森林转换而来的二叉树。

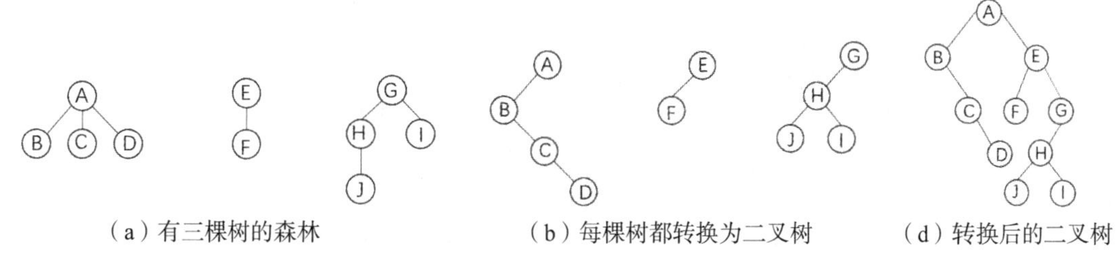

图 5-18 森林转换为二叉树的过程

5.7.2 二叉树到树、森林的转换

1. 二叉树转换为树

二叉树转换为树是树转换为二叉树的逆过程。如图 5-19 所示，将二叉树转换为树，其步骤如下。

（1）层次调整。将二叉树按照逆时针方向旋转一定角度（比如 45 度）。

（2）加线。若某结点是其双亲结点的左孩子，则把该结点的右孩子、右孩子的右孩子、右孩子的右孩子的右孩子……也就是该左结点的所有右孩子都作为其双亲的孩子。将其双亲与这些右孩子用线连接起来。

（3）去线。删除原二叉树中所有结点与其右孩子的连线。

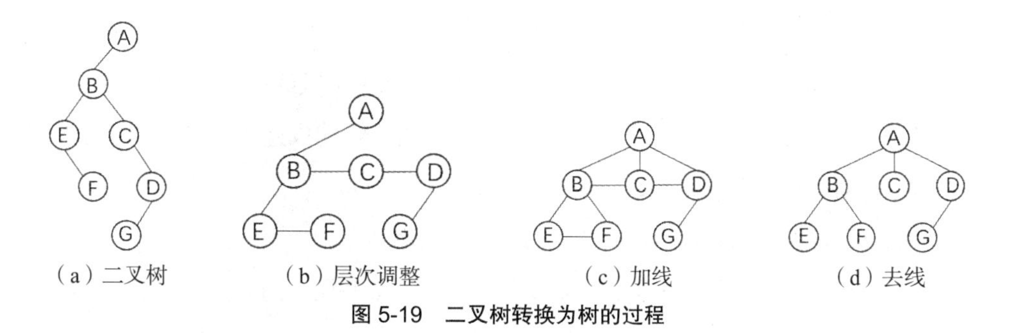

图 5-19 二叉树转换为树的过程

2. 二叉树转换为森林

判断一棵二叉树是转换成一棵树还是森林，只要看这棵二叉树的根结点有没有右孩子，有就是森林，没有就是一棵树。如图 5-20 所示，将一棵二叉树转换为森林，其步骤与上述二叉树转换为树的步骤类似。

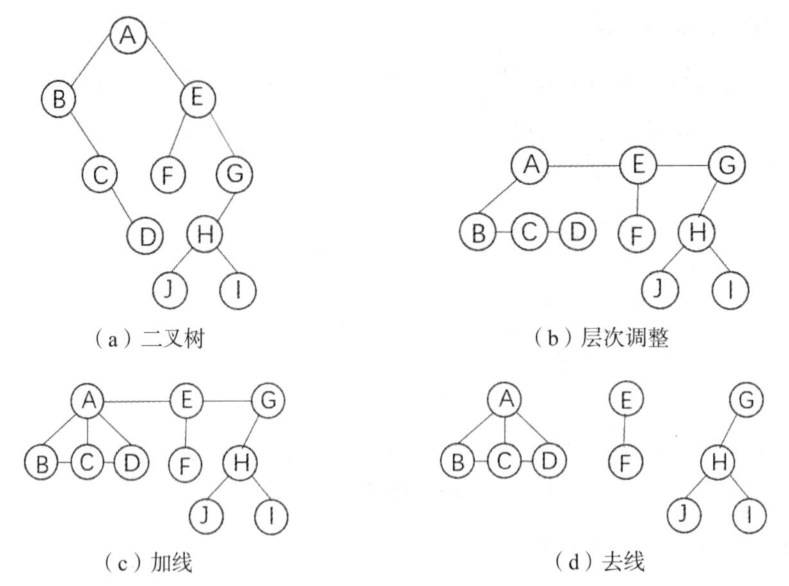

图 5-20　二叉树转换为森林的过程

图 5-20(d)中，森林的第一棵树是由原二叉树的根结点和其左子树转换得到的，而第二棵树、第三棵树构成的森林是由原二叉树根结点的右子树转换得到的。

从上述的相互转换中,我们可以看到在层次调整的步骤中,旋转角度时主要是针对右孩子，因为对于左孩子来讲，无论如何旋转，它都是其双亲结点的第一个孩子。

5.8　哈夫曼树及其应用

5.8.1　哈夫曼树的基本概念

哈夫曼(Huffman)树又称最优树，是一类带权路径长度最短的树。现有如下一些术语。

(1)路径：由从树中一个结点到另外一个结点之间的分支构成这两个结点之间的路径。

(2)路径长度：路径上的分支数目称为路径长度。

(3)树的路径长度：从树根到每个结点的路径长度之和。

(4)权：赋予某个实体的一个量，是对实体的某个或某些属性的数值化描述。在数据结构中，实体有结点(元素)和边(关系)两大类，所以对应的有结点权和边权。如果在一棵树中的结点上带有权值，则对应的就是带权树。

(5)结点的带权路径长度：从该结点到树根之间的路径长度与结点上权的乘积。

(6)树的带权路径长度：树中所有叶子结点的带权路径长度之和。

（7）哈夫曼树：假设有 m 个权值{$w_1,w_2,\cdots$， w_m }，可以构造一棵包含 n 个叶子结点的二叉树，每个叶子结点的权为 w_i，其中带权路径长度（WPL）最小的二叉树称为最优二叉树或哈夫曼树。

图 5-21 所示的 3 棵二叉树都包含 4 个叶子结点 A、B、C 和 D，分别带权 7、5、2、4，这些二叉树的带权路径长度分别为

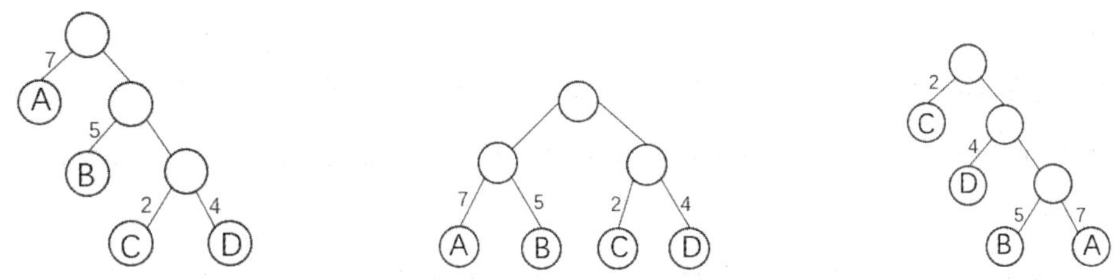

（a）WPL=7×1+5×2+2×3+4×3=35　（b）WPL=7×2+5×2+2×2+4×2=36　（c）WPL=2×1+4×2+5×3+7×3=46

图 5-21　具有不同带权路径长度的二叉树

其中，图 5-21（a）树的最小。可以验证，它就是哈夫曼树。通过观察发现，在哈夫曼树中，权值越大的结点离根结点越近。

如何构造哈夫曼树呢？如图 5-22 所示。其中，根结点上标注的数字是所赋的权。

（1）根据给定的 n 个权值{w_1， $w_2,\cdots$， w_n}，构造 n 棵只有根结点的二叉树，这 n 棵二叉树构成一个森林 F。

（2）在森林 F 中选取两棵根结点的权值最小的树作为左、右子树构造一棵新的二叉树，且置新的二叉树的根结点的权值为其左、右子树上根结点的权值之和。通常，权值相对较小的为左孩子，权值相对较大的为右孩子。

（3）在森林 F 中删除这两棵树，同时将新得到的二叉树加入 F 中。

（4）重复（2）和（3），直到 F 中只包含一棵树为止。这棵树便是哈夫曼树。

在构造哈夫曼树时，每次选择权小的，这样能保证权大的离根较近，自然得到树的带权路径长度最小，这种生成算法就是一种贪心算法。

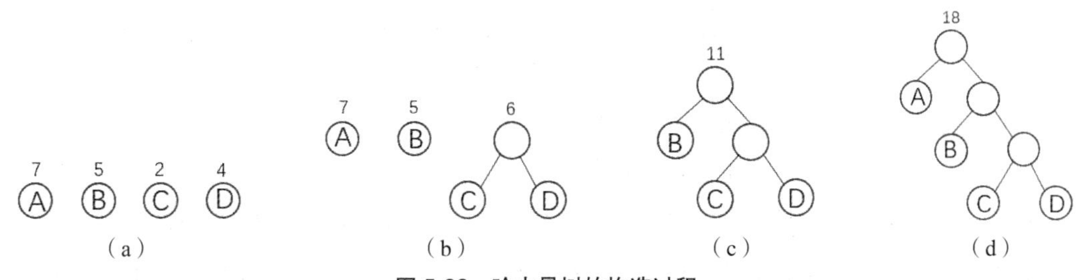

（a）　（b）　（c）　（d）

图 5-22　哈夫曼树的构造过程

5.8.2 哈夫曼编码

在编码过程中，使用频率高的字符编码较短，不常使用的字符编码较长，这样得出的编码总长度最短，这样的编码方法会更优。

在编码过程中，用二进制数字 0、1 组成的字符串表示各字符，长短不等很容易混淆，因此，若要设计长短不等的编码，则必须任一字符的编码都不是另一个字符的编码的前缀，这种编码称为前缀编码。

在哈夫曼树中，约定左分支标记为 0，右分支标记为 1，则根结点到每个叶子结点路径上的 0、1 序列即为相应字符的编码。这样可以保证哈夫曼编码是前缀编码，并且是最优的，其证明方法在此省略。

哈夫曼编码的基本思想是以字符的使用频率作为权来构建一棵哈夫曼树，然后利用哈夫曼树对字符进行编码。哈夫曼树是通过将所要编码的字符作为叶子结点，将该字符在文件中的使用频率作为叶子结点的权值，以自底向上的方式进行 n-1 次“合并”运算构造出来。权值越大，离根越近。

例如，“BFEFDFECFEDEAFDFECEFBFDFCFDCAEDFB”中包含的字符集合为{A,B,C,D,E,F}，各字符出现的频率分别是{2,3,4,6,7,10}，现对它进行哈夫曼树编码。

图 5-23（a）为构造哈夫曼树过程的权值显示。图 5-23（b）为将权值左分支改为 0、右分支改为 1 后的哈夫曼树。

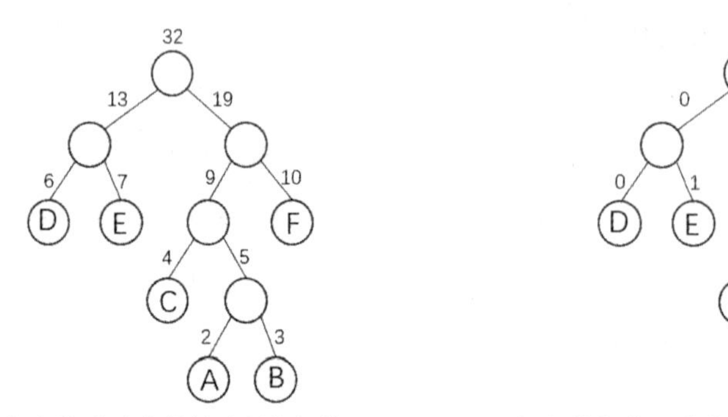

（a）构造哈夫曼树过程的权值　　（b）将权值左分支改为 0、右分支改为 1

图 5-23　哈夫曼编码

以上例子中各字符的二进制编码分别为：

A:1010　B:1011　C:100　D:00　E:01　F:11

这些字符的平均编码长度是（(2+3）×4+4×3+（6+7+10）×2））/32=2.44。

若采用等长编码给这些字符进行编码，则每个字符需占用 3 个二进制位，其中的一种编码可以为：

A:000　B:001　C:010　D:011　E:100　F:101

显然，哈夫曼编码更优。

哈夫曼树可以用来编码，也可以用来解码。解码时，若使用同样的哈夫曼树，发送方和接收方就必须约定好同样的哈夫曼编码规则。从二叉树的根开始，需要解码的二进制位串中的若干个相邻位与二叉树边上标的0、1相匹配，以确定一条到达树叶的路径，一旦到达树叶，就译出一个字符，再回到树根，从二进制位串的下一位开始继续解码。

思考：是否可以使用哈夫曼树判断成绩的等级？

5.9　案例分析与实现

【案例分析】

虽然树有多种表示方式，也可以不用二叉树来表示，但是那样有局限性，比如一个结点有几个孩子的数目是不确定的，如果用二叉树来表示，就能比较清楚地显示出家谱中的成员。虽然不适合用孩子表示法，因为这样最多只能表示两个孩子，但是可以转化用孩子兄弟表示法来表示，这样可以有无限多个（理论上）孩子，即一个结点有两个指针，一个指向第一个孩子，一个指向其右兄弟。

为了代码实现方便，现将家谱中的每个成员用单个字符表示。

【代码实现】

其参考代码如下：

```
/**********************************************/
/*          家谱图的基本功能实现              */
/*********************************************/
#include <stdio.h>
#include <stdlib.h>
typedef char datatype;
typedef struct Tree            /*孩子兄弟表示法*/
{
datatype data;
struct Tree *firstchild,*rightbro;
} CSNode,*PCSTree;

PCSTree ptr;
char data;
void createTree(PCSTree *T)  /*创建二叉树*/
{
   datatype data;
   scanf("%c",&data);          /*输入结点，没有结点就输入空格*/
   getchar();
```

```
    if(data == ' ')
        *T = NULL;
    else
    {
        *T = (PCSTree)malloc(sizeof(CSNode));
        (*T) -> data = data;
        printf("请输入%c 的第一个孩子\n",data);       /*没有结点就输入空格*/
        createTree(&(*T)->firstchild);
        printf("请输入%c 的右兄弟\n",data);          /*没有结点就输入空格*/
        createTree(&(*T)->rightbro);
    }
}
void preOrderTraverse(PCSTree T)                    /*前序遍历*/
{
    if(T == NULL)
        return ;
    printf("%c ",T -> data);
    preOrderTraverse(T -> firstchild);
    preOrderTraverse(T -> rightbro);
}
void findChild(PCSTree T,char data)                 /*查找某个结点的孩子*/
{
    if (T == NULL)
        return ;
    PCSTree p;
    p = T->firstchild;
    if (T->data == data)
    {
        if(p == NULL)
        {
            printf("没有成员!\n");
            return;
        }
        while (p->rightbro != NULL)                 /*打印出来其所有孩子*/
        {
            printf("%c ",p->data);
            p = p->rightbro;
        }
        printf("%c\n",p->data);
        return;
    }
    else
    {
        findChild(T->firstchild,data);              /*如果找不到，就继续找其子结点*/
        findChild(T->rightbro,data);
    }
}
int addMember(PCSTree *T)                           /*添加新成员*/
{
    if(*T == NULL)                                  /*用于递归时判断退出条件*/
        return 0;
    PCSTree pt;
```

```
    if ((*T)->data == data)                         /*找到父结点*/
    {
        if ((*T)->firstchild != NULL)
        {
            pt = (*T)->firstchild;
            while(pt->rightbro != NULL)             /*找到最右边的一个结点并添加新结点*/
                pt = pt->rightbro;
            pt->rightbro = ptr;
            return 1;                               /*添加成功，返回1*/
        }
        (*T)->firstchild = ptr;
        return 1;
    }

    if (addMember(&(*T)->firstchild) == 1)          /*递归再查找匹配的父结点*/
        return 1;
    if (addMember(&(*T)->rightbro) == 1)
        return 1;
    return 0;
}
void findAndFree(PCSTree *T) /*找到某个结点将它释放掉，并且释放掉它的所有子结点*/
{
    if(*T == NULL)
        return;
    PCSTree p1, p2;
    p1 = (*T)->firstchild;
    p2 = (*T)->rightbro;
    findAndFree(&p1);
    findAndFree(&p2);
    free(*T);
}
int deleteMember(PCSTree *T) /*删除结点函数(删除其子树)*/
{
    PCSTree pt;
    if(*T == NULL)
        return 0;
    /*类似链表中的删除，要删除当前元素，先要找到它的前一个元素*/
    if((*T)->firstchild == NULL && (*T)->rightbro == NULL)
    {
        if ((*T)->data == data)
        {
            free(*T);
            return 1;
        }
        return 0;
    }
    /*如果是它的子结点*/
    if((*T)->firstchild != NULL && (*T)->firstchild->data == data)
    {
        pt = (*T)->firstchild;
        if (pt->rightbro != NULL)
        {
            (*T)->firstchild = pt->rightbro;
```

```
        }
        else
            (*T)->firstchild = NULL;
        if(pt->firstchild != NULL)
            findAndFree(&(pt->firstchild));
        free(pt);
        return 1;
    }
    /*如果是它的右兄弟结点*/
    else if ((*T)->rightbro != NULL && (*T)->rightbro->data == data)
    {
        pt = (*T)->rightbro;
        if (pt->rightbro != NULL)
        {
            (*T)->rightbro = pt->rightbro;

        }
        else
            (*T)->rightbro = NULL;
        if(pt->firstchild != NULL)
            findAndFree(&(pt->firstchild));
        free(pt);
        return 1;
    }
    /*如果都不是，则继续递归查找*/
    if(deleteMember(&(*T)->firstchild))
        return 1;
    if(deleteMember(&(*T)->rightbro))
        return 1;
    return 0;
}

int main()
{
    PCSTree T;
    printf("请输入根结点:\n");
    createTree(&T);//create binary tree
    printf("所有家谱成员有:\n");
    preOrderTraverse(T);//previous traverse the tree
    printf("\n");
    char newdata;
    int choice;
    do{
        printf("1.查找某个家谱成员的孩子    2.添加成员\n");
        printf("3.删除结点                  4.前序遍历家谱成员\n");
        printf("0.退出\n");
        scanf("%d",&choice);
        switch(choice)
        {
            case 1:
                printf("\n 请输入该家谱成员: \n");
                getchar();
                scanf("%c",&data);
```

```
            findChild(T,data);
            printf("\n");
            break;
        case 2:
            if(T == NULL)
            {
                printf("输入根结点:\n");
                getchar();
                createTree(&T);
            }
            else
            {
                printf("请添加成员\n");
                printf("输入格式:父结点 子结点\n");
                ptr = (PCSTree)malloc(sizeof(CSNode));
                ptr->firstchild = ptr->rightbro = NULL;
                getchar();
                scanf("%c %c",&data,&newdata);
                ptr->data = newdata;
                addMember(&T);
                preOrderTraverse(T);
                printf("\n");
            }
            break;
        case 3:
            if(T == NULL)
            {
                printf("没有成员\n");
                break;
            }
            printf("请输入想删除的成员\n");
            getchar();
                scanf("%c",&data);
            if(data == T->data)
            {
                findAndFree(&T);
                T = NULL;
            }
            else
                deleteMember(&T);
            break;
        case 4:
            if(T != NULL)
                preOrderTraverse(T);
            else
                printf("没有成员");
            printf("\n");
            break;
        default:
            break;
        }
    } while(choice != 0);
    return 0;
}
```

请大家思考以下几个问题。

（1）是否可以选用二叉树的其他方法来表示家谱成员，如何实现？

（2）是否可以选用某种遍历序列输入结点信息，如何实现？

（3）如何体现家谱成员的更多信息，比如姓名、性别及配偶等。

（4）是否可以添加一些功能，比如查找某个结点的父结点，找出任意两个结点之间的关系等，如何实现？

5.10 本章小结

树和二叉树是一类具有层次关系的非线性数据结构，主要内容可以概括如下图所示。

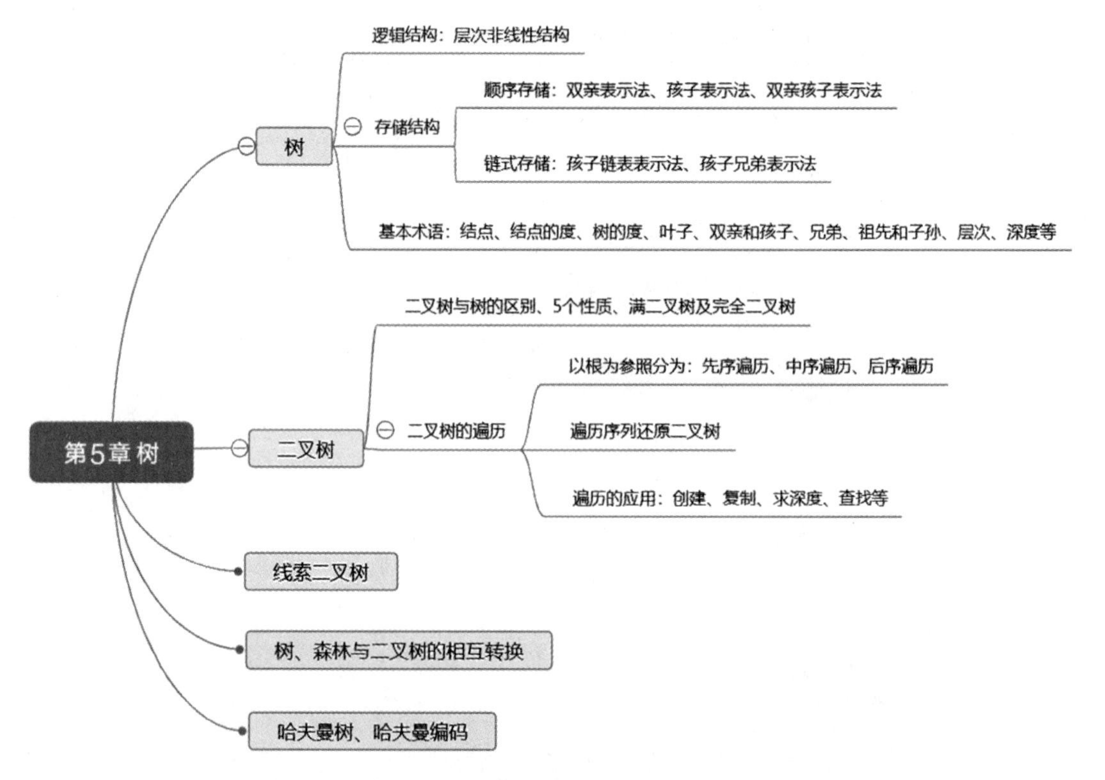

通过本章的学习，要求掌握二叉树的性质和存储结构，熟练掌握二叉树的前序、中序、后序遍历算法，理解线索二叉树的基本概念和构造方法，熟悉哈夫曼树和哈夫曼编码的构造方法，能够利用树的孩子兄弟表示法将一般的树结构转换为二叉树进行存储，掌握森林与二叉树之间的相互转换方法。

习　题

一、选择题

1. 以下关于二叉树的说法正确的是（　　）。

A. 二叉树的度为 2　　B. 一棵二叉树的度可以小于 2

C. 二叉树中至少有一个结点的度为 2　　D. 二叉树中任一结点的度均为 2

2. 设 T 是非空二叉树，若 T 的后序遍历和中序遍历序列相同，则 T 的形态是（　　）。

A. 只有一个根结点　　B. 没有度为 1 的结点

C. 所有结点只有左孩子　　D. 所有结点只有右孩子

3. 由 3 个结点可以构造出（　　）种不同的二叉树。

A. 2　　B. 3　　C. 4　　D. 5

4. 若有一棵二叉树的总结点数为 98，只有一个儿子的结点数为 48，则该树的叶结点数是（　　）

A. 25　　B. 50　　C. 不确定　　D. 这样的树不存在

5. “二叉树为空”意味着二叉树（　　）。

A. 由一些没有赋值的空结点构成　　B. 根结点没有子树

C. 不存在　　D. 没有结点

6. 有关树和二叉树的叙述错误的是（　　）。

A. 树中的最大度数没有限制，而二叉树结点的最大度数为 2

B. 树的结点无左右之分，而二叉树的结点有左右之分

C. 树的每个结点的孩子数为零到多个，而二叉树的每个结点均有两个孩子

D. 树和二叉树均为树形结构

7. 把一棵树转换为二叉树后，这棵二叉树的形态是（　　）。

A. 唯一的　　B. 有多种

C. 有多种，但根结点都没有左孩子　　D. 有多种，但根结点都没有右孩子

8. 一棵完全二叉树上有 1001 个结点，其中叶子结点的个数是（　　）。

A. 250　　B. 254　　C. 500　　D. 501

9. 设哈夫曼树中有 199 个结点，则该哈夫曼树中有（　　）个叶子结点。

A. 99　　B. 100　　C. 101　　D. 102

10. 引入线索二叉树的目的是（　　）。

A. 加快查找结点的前驱或后继的速度

B. 为了能在二叉树中方便进行插入与删除操作

C. 为了能方便找到双亲

D. 使二叉树的遍历结果唯一

二、应用题

1. 如下所示一棵树，请问度为 2 的结点有哪些？度为 3 的结点有哪些？这棵树的度为多少？树的深度是多少?

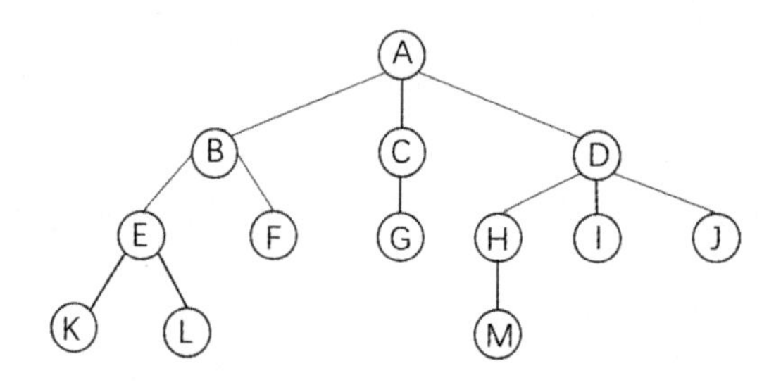

2. 已知一棵二叉树的中序遍历的结果为 ABCEFD，后序遍历的结果为 ABFEDC，试画出此二叉树。

3. 已知一棵二叉树的先序遍历的结果为 ABCDEFG，中序遍历的结果为 CBAGEDF，试画出此二叉树。

4. 试编写一个函数，返回一棵给定二叉树在中序遍历下的最后一个结点。

5. 假设用于通信的电文仅由 8 个字母组成，字母在电文中出现的频率分别为 0.05，0.15，0.01，0.09，0.32，0.06，0.24，0.08。

（1）试为这 8 个字母设计哈夫曼编码。

（2）试设计另一种由二进制表示的等长编码方案。

（3）对于上述实例，比较两种方案的优缺点。

第 6 章　图

6.1　案例引入

在线性表中，数据元素之间是一对一的关系，也就是除第一个元素只有一个直接后继，最后一个元素只有一个直接前驱外，其他每个元素都只有一个直接前驱和一个直接后继；树型结构是一对多的关系，数据元素之间有着明显的层次关系，并且每一层中的数据元素可能和下一层中的多个元素（其孩子结点）相关，但只能和上一层中一个元素（其双亲结点）相关。而在现实世界中，还存在着很多用线性结构和树型结构无法解决的问题，比如多个城市之间旅游线路的规划，城市之间通信线路的铺设等等。

【案例一】　图 6-1 为武汉到周边西安、郑州、合肥、南昌和长沙 5 个城市的直线距离，以及周边 5 个城市间相邻距离示意图，如果要在这 6 个城市之间铺设通信线路，保证每两个城市之间都有且只有一条通路，且最终的花费最少，该如何铺设呢？

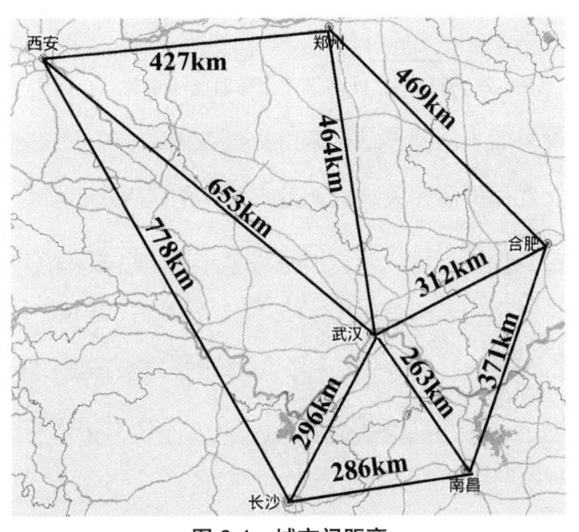

图 6-1　城市间距离

【案例二】 图 6-2 为全国各省会城市和直辖市之间，乘坐高铁或火车所耗时长，从大连到武汉，怎么走最节省时间呢？

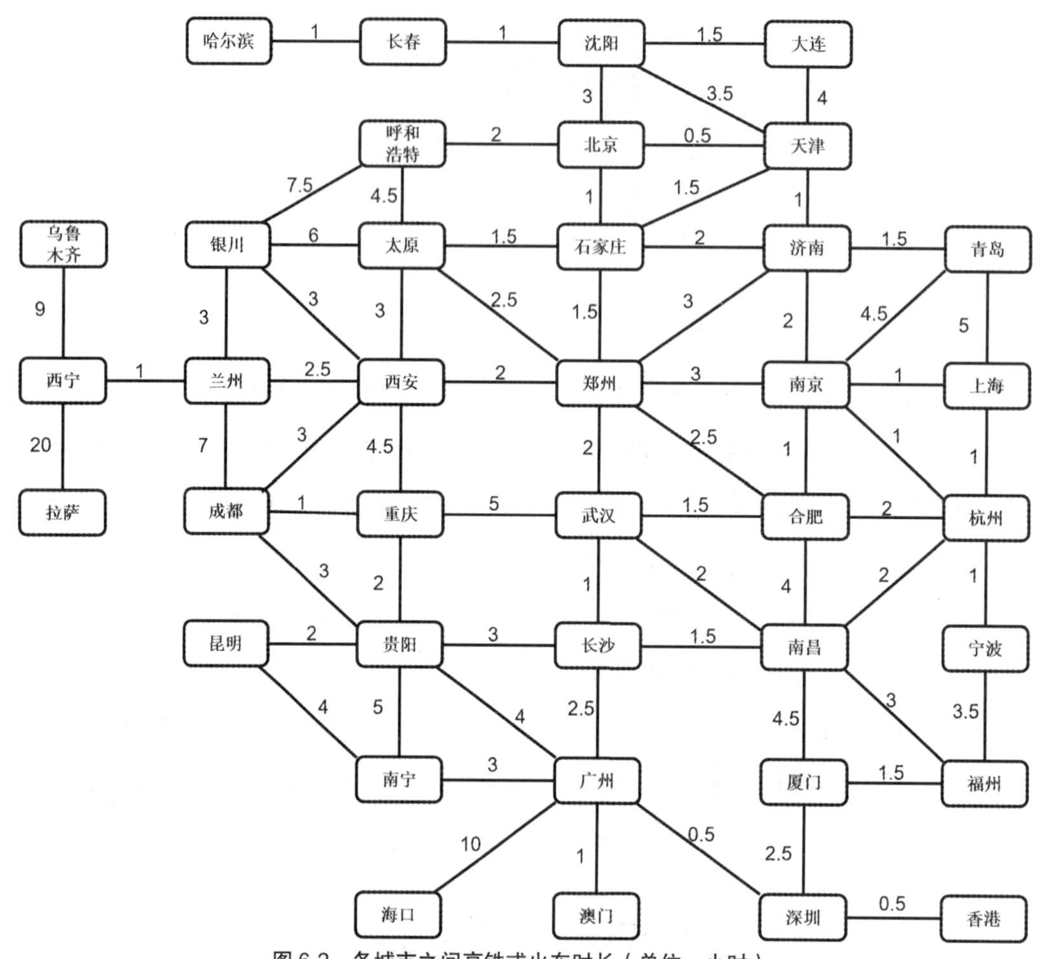

图 6-2 各城市之间高铁或火车时长（单位：小时）

观察发现，以上问题只能采用图形结构来解决。在图结构中，结点之间的关系可以是任意的，图中任意两个数据元素都可能相关，也就是多对多的关系。

图的应用非常广泛，它是计算机科学和信息技术领域中的重要数据结构，也是许多其他领域的基础工具。在计算机网络中，图结构用于表示网络中的设备和连接，帮助网络管理员了解网络拓扑结构、进行路由和故障诊断等；在社交网络中，图被广泛用于表示社交网络中的用户和社交关系，例如 Facebook 的好友关系图；在地图和导航中，图可以用于表示地图的道路和路线，用于导航和路径规划。

6.2　图的定义和基本术语

6.2.1　图的定义

图（graph）是由顶点（vertex）和连接顶点的边（edge）组成的一种非线性数据结构。形式上，图可以表示为 G=（V，E），V（G）表示顶点的有穷非空集合，E（G）表示边集合，若 E（G）为空，则图 G 只有顶点而没有边。

对于图 G，若边集 E（G）为无向边的集合，则称该图为无向图，如图 6-3（a）所示，每条边都是由两个顶点组成的无序对，例如，顶点 V1 和顶点 V2 之间的边，记为（V1，V2）或（V2，V1）；若边集 E（G）为有向边的集合，则称该图为有向图，如图 6-3（b）所示。有向边也称弧，每条弧都是由两个顶点组成的有序对，例如，从顶点 V1 到顶点 V2 的弧，记为<V1，V2>，V1 称为弧尾，V2 称为弧头。

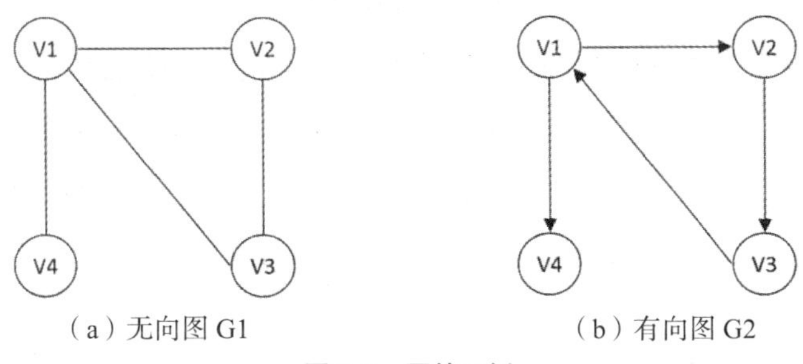

（a）无向图 G1　　（b）有向图 G2

图 6-3　图的示例

图的表示方式有多种，包括邻接矩阵、邻接表等。数据结构中的图算法涉及许多重要的问题，例如最短路径查找、遍历、连通性检测、最小生成树等。图的灵活性和广泛应用使得其在计算机科学领域和其他领域中成为重要的数据结构。

6.2.2　图的基本术语

为了后续表述方便，统一用 n 表示图中的顶点数目， e 表示边的数目，下面介绍图的一些基本术语。

（1）子图：一个子图是一个图的一部分，它由图中的一些顶点和边组成，这些顶点和边形成一个独立的结构。子图可以是一个完整的图，也可以是一个部分图，取决于具体的上下文，示例如图 6-4 所示。

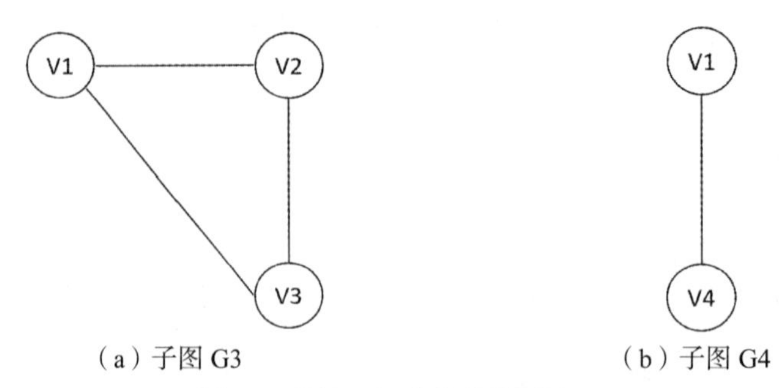

（a）子图 G3　　　（b）子图 G4

图 6-4　图 6-3（a）的部分子图

（2）简单图：简单图是指没有自环（一个顶点指向自己）和重复边的图，如图 6-3（a）、（b）所示。图 6-5（a）、（b）、（c）都不属于简单图。

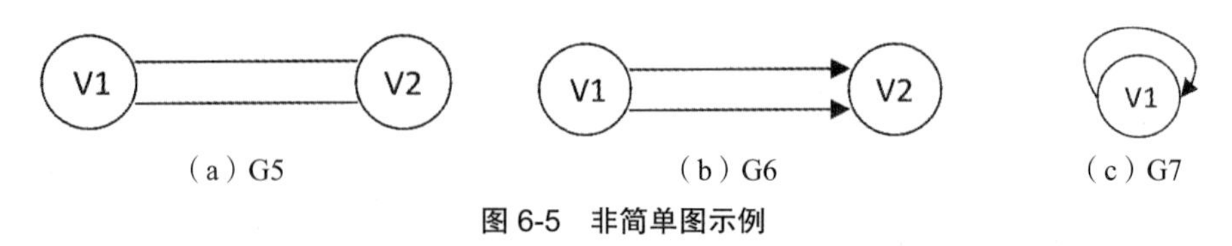

（a）G5　　　（b）G6　　　（c）G7

图 6-5　非简单图示例

（3）完全图：完全图中每对不同的顶点都有一条边相连，即任意两个顶点之间都有一条唯一的边。含有 n 个顶点的无向完全图，每个顶点到其他的 n−1 个顶点都有边，共有 n（n−1）/2 条边，图 6-6（a）为无向完全图。含有 n 个顶点的有向完全图，任意两个顶点之间都有方向相反的两条弧，共有 n（n−1）条边，图 6-6（b）为有向完全图。

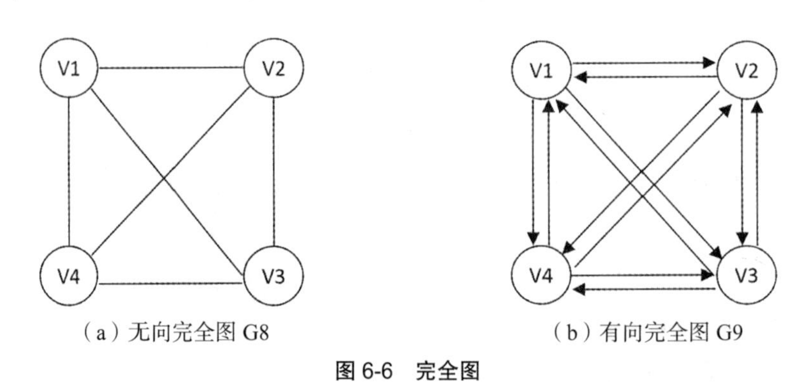

（a）无向完全图 G8　　　（b）有向完全图 G9

图 6-6　完全图

（4）权值和网络：在实际应用中，每条边可以标上具有某种含义的数值，该数值称为该边上的权值。权值通常用来表示连接图中两个顶点之间的成本、距离、优先级等信息。边上带有权值的图通常称为网络。

（5）邻接点：邻接点（adjacent nodes）是指与给定结点直接相连的结点。对于无向图中的一个结点，与之直接相连的结点就是它的邻接点。在有向图中，一个结点的出边所连接的结点是它的邻接点，而与它相连的入边的结点是它的反向邻接点。

（6）度、入度和出度：一个顶点的度是指与该顶点相连的边的数量。无向图 6-3（a）中顶点 V1 的度为 3，记为 TD（V1）=3。对于有向图，顶点的度分为入度和出度。入度（ID）是指指向该结点的边的数量，也就是以该结点为终点的弧的数量。出度是指从该结点发出的边的数量，也就是以该结点为起点的弧的数量。有向图 6-3（b）中顶点 V1 的入度 ID（V1）=1，出度 OD（V1）=2，度 TD（V1）=ID（V1）+OD（V1）=3。对于一个有 n 个顶点、e 条边的图，如果顶点 Vi 的度记为 TD(Vi)，那么存在以下关系：

$$e=\frac{1}{2}\sum_{i=1}^{n}TD(Vi)$$

（7）路径和路径长度：路径是由一系列结点按照边的方向依次连接而成的序列。如果 G 是有向图，则路径也是有向的。路径长度是指路径上边的数量。如图 6-7（a）所示，顶点 V1 到 V5 的路径为 V1→V5，图 6-7（b）中 V1 到 V5 的路径为 V1→V2→V3→V4→V5。

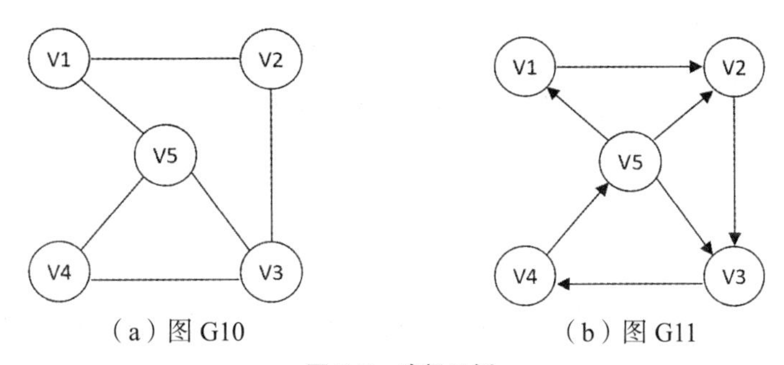

（a）图 G10　　（b）图 G11

图 6-7　路径示例

（8）连通图和连通分量：一个连通图是指图中任意两个结点之间都存在至少一条路径。换句话说，从图中的任意一个结点出发，都能够到达图中的其他所有结点。如果一个图不是连通的，那么它可以被分解为若干个连通的子图，这些子图被称为连通分量。连通分量是指图中的极大连通子图，即无法再加入更多的结点使其保持连通。图 6-7（a）就是一个连通图，而图 6-8（a）是非连通图，但它有两个连通分量，如图 6-8（b）所示。

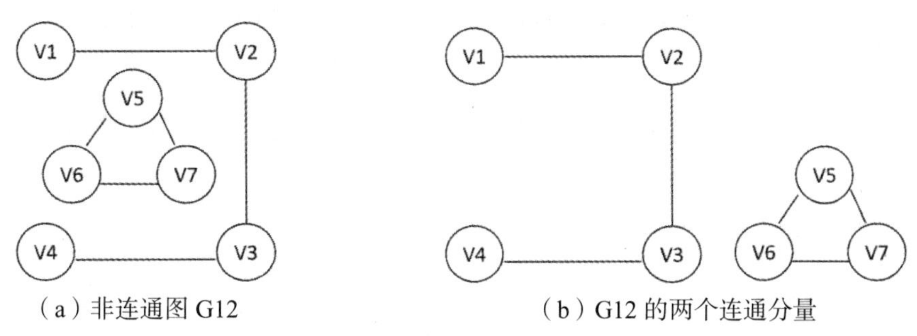

（a）非连通图 G12　　（b）G12 的两个连通分量

图 6-8　非连通图和连通分量示例

（9）强连通图和强连通分量：连通图和连通分量的概念适用于无向图，而强连通图和强连通分量的概念适用于有向图。一个强连通图是指图中的每一对结点都存在一条从一个结点到另外一个结点的有向路径。换句话说，从图中的任意一个结点出发，都能够到达图中的其他所有结点。如果一个有向图不是强连通的，那么它可以被分解为若干个强连通的子图，这些子图被称为强连通分量。强连通分量是图中的极大强连通子图，即无法再加入更多的结点使其保持强连通。图 6-3（b）中的 G2 是非连通图，但它有两个连通分量，如图 6-9 所示。

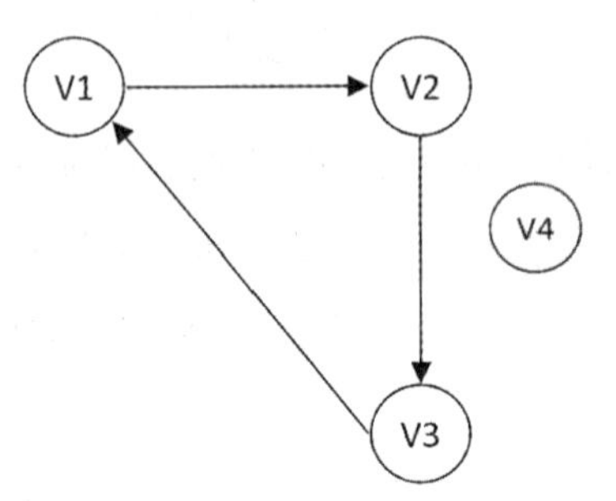

图 6-9　图 G2 的强连通分量

6.3　图的存储结构

由于图的结构比较复杂，任意两个顶点之间都可能存在联系，因此无法用顺序存储结构来表示图，但可以借助二维数组来表示元素之间的关系，即邻接矩阵表示法。另外，由于图的任意两个顶点间都可能存在关系，因此，用链式存储结构表示图比较方便，图的链式存储有多种，有邻接表、十字链表和邻接多重表，应根据实际需要选择不同的存储结构。

6.3.1　邻接矩阵

邻接矩阵是一个二维数组，其中行号和列号分别代表图中的顶点编号，矩阵的元素表示两个顶点之间是否存在边。如果顶点 i 和顶点 j 之间存在边，则矩阵的第 i 行第 j 列的元素为 1（或边的权重），否则为 0（表示没有边）。

邻接矩阵适用于稠密图，即图中边的数量相对较多的情况。但是，对于稀疏图，邻接矩阵会浪费大量的空间，因为大部分元素都是 0。

1. **邻接矩阵表示法**

（1）无向图的邻接矩阵。

在无向图中，如果 v_i 和 v_j 之间有边，则邻接矩阵 **M**[i][j]=**M**[j][i]=1，否则 **M**[i][j]=**M**[j][i]=0。

$$\mathbf{M}[i][j]=\mathbf{M}[j][i]=\begin{cases}1，若(vi，vj)\in E(G)\\0，若i=j或(vi，vj)\notin E(G)\end{cases} \tag{6-1}$$

如图 6-3（a）中无向图 G1 的邻接矩阵为：

$$A1=\begin{bmatrix}0&1&1&1\\1&0&1&0\\1&1&0&0\\1&0&0&0\end{bmatrix}$$

无向图的邻接矩阵具有以下特点。

①基于对角线对称，并且是唯一的。

②第 i 行或第 i 列非零元素的个数正好是第 i 个顶点的度。

（2）有向图的邻接矩阵。

在有向图中，如果 v_i 到 v_j 有边，则邻接矩阵 **M**[i][j]=1，否则 **M**[i][j]=0。

$$\mathbf{M}[i][j]=\begin{cases}1，若\langle vi，vj\rangle\in E(G)\\0，若i=j或\langle vi，vj\rangle\notin E(G)\end{cases} \tag{6-2}$$

如图 6-3（b）中有向图 G2 的邻接矩阵为：

$$A2=\begin{bmatrix}0&1&0&1\\0&0&1&0\\1&0&0&0\\0&0&0&0\end{bmatrix}$$

有向图的邻接矩阵具有以下特点。

①不一定对称。

②第 i 行非零元素的个数正好是第 i 个顶点的出度，第 i 列非零元素的个数正好是第 i 个顶点的入度。

（3）网的邻接矩阵。

在网结构中，如果 v_i 到 v_j 有边，则邻接矩阵 **M**[i][j]=wij（wij 为该条边上的权值），否则 **M**[i][j]= ∞ 。

$$\mathbf{M}[i][j]=\begin{cases}wij，若(vi，vj)\in E(G)或\langle vi，vj\rangle\in E(G)\\0，若i=j\\\infty，若(vi，vj)\notin E(G)或\langle vi，vj\rangle\notin E(G)\end{cases} \tag{6-3}$$

如图 6-10（a）中无向网络 G13 的邻接矩阵为：

$$A3=\begin{bmatrix}0 & 10 & 30 & 40\\10 & 0 & 20 & \infty\\30 & 20 & 0 & \infty\\40 & \infty & \infty & 0\end{bmatrix}$$

如图 6-10（b）中有向网络 G14 的邻接矩阵为：

$$A3=\begin{bmatrix}0 & 11 & \infty & 44\\\infty & 0 & 22 & \infty\\33 & \infty & 0 & \infty\\\infty & \infty & \infty & 0\end{bmatrix}$$

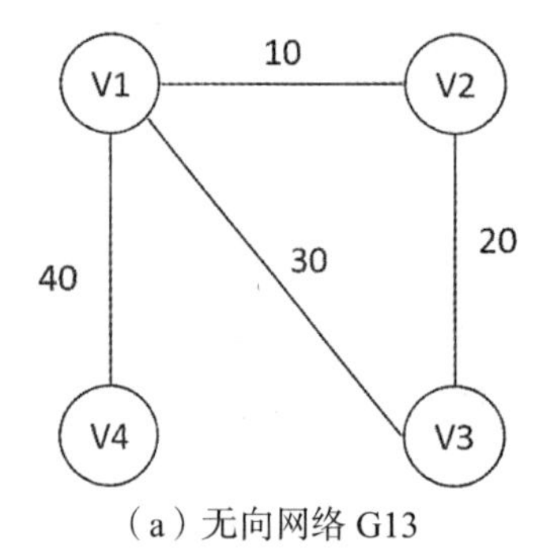

（a）无向网络 G13

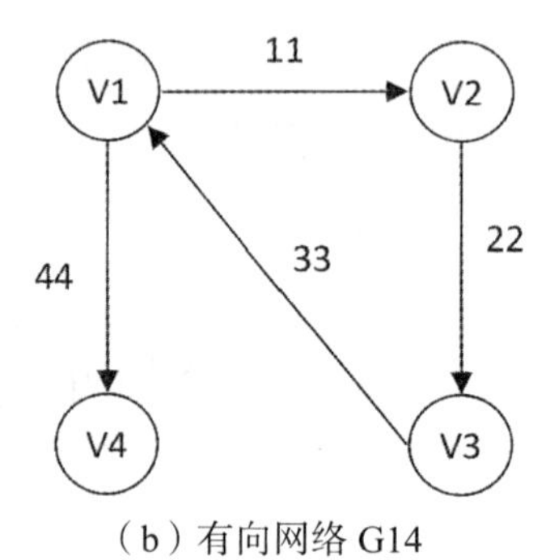

（b）有向网络 G14

图 6-10　网络示例

2. 采用邻接矩阵表示法创建无向网络

邻接矩阵的数据结构定义和建立网络的邻接矩阵的代码实现如算法 6-1 所示。

算法 6-1　建立网络的邻接矩阵算法

```
/*-------------文件 adjmatrix.h---------------*/
/*******************************************/
/*              邻接矩阵类型定义              */
/*******************************************/
#include <stdio.h>
#define INFINITY 5000                    /*此处用 5000 代表无穷大*/
#define MaxVNum 20                       /*最大顶点数*/
typedef char vertextype;                 /*顶点值类型*/
typedef int edgetype;                    /*权值类型*/
typedef struct {
    vertextype vexs[MaxVNum];            /*顶点信息域*/
    edgetype edges[MaxVNum][MaxVNum];    /*邻接矩阵*/
    int n,e;                             /*图中的顶点总数与边数*/
} MatrixGraph;                           /*邻接矩阵表示的图类型*/

/*******************************************/
/*           建立网络的邻接矩阵存储结构           */
```

```
/*******************************************/
void creatadjmatrix(MatrixGraph *g,char *filename,int c) {
/*函数参数中 filename 为存放无向图内容的文件名称，c=0 代表无向图，c=1 代表有向图*/
    int i,j;
    /*初始化邻接矩阵*/
    for (i = 0;i < MaxVNum;i++)
        for (j = 0;j < MaxVNum;j++)
        if (i==j) g->edges[i][j]=0;
        else g->edges[i][j] = INFINITY;
    /*打开文件*/
    FILE *file = fopen(filename,"r");
    if (file == NULL) {
        perror("Error opening file");
    }
    /*从文件中读出顶点数、边数及顶点序列*/
    fscanf(file,"%d %d",&g->n,&g->e);
    for (i = 0;i < g->n;i++) {
        fscanf(file,"%c",&g->vexs[i]);
    }
    /*从文件中读出每条边的权值*/
    for (i = 0;i < g->e;i++) {
        int v1,v2,weight;
        fscanf(file,"%d %d %d",&v1,&v2,&weight);
        g->edges[v1][v2] = weight;
        if (c==0)  g->edges[v2][v1] = weight;
    }
    fclose(file);
}
```

由于图包含的顶点数与边数较大，调试时从键盘输入数据比较烦琐，所以事先把图的全部信息存储在文本文件中，文件内依次存放顶点数、边数、顶点信息和所有的边信息，然后采用C 语言从文本文件读入信息，例如图 6-10（a）中的无向网络 G13，可以用如下代码描述，假设文件名为 G13.txt：

```
4  4
0123
0   1   10
0   2   30
0   3   40
1   2   20
```

“4　4”表示该图包括 4 个顶点 4 条边，字符“0123”分别表示顶点 V1、V2、V3、V4 的结点信息，其他的 4 个三元组代表 4 条边信息。

以上算法在主函数中采用 creatadjmatrix(&g,"G13.txt",0)语句调用，主函数如下代码所示，如果是有向图，则传递参数 c 改为 1 即可。

```
#include "adjmatrix.h"
int main() {
    MatrixGraph g;
    creatadjmatrix(&g,"G13.txt",0);
    /*输出邻接矩阵*/
```

```
    printf("Adjacency Matrix:\n");
    for (int i = 0;i < g.n;i++) {
        for (int j = 0;j < g.n;j++) {
            printf("%d\t",g.edges[i][j]);
            }
        }
        printf("\n");
    }
    return 0;
}
```

3. 邻接矩阵表示法的优缺点

（1）优点。

简单直观：邻接矩阵直接将结点和边的关系映射到矩阵中的元素，因此在某些情况下，它可以更直观地表示图的结构。

快速检查连接性：若在常量时间内（O(1)）检查两个结点之间是否有边相连，则只需查看相应矩阵中的元素。

适用于稠密图：对于稠密图，即结点之间有大量连接的情况下，邻接矩阵的内存占用相对较小。

方便计算：在一些图算法中，如矩阵幂运算、路径计算等，邻接矩阵的表示可以使计算变得更加方便。

（2）缺点。

空间复杂度高：邻接矩阵的空间复杂度为 $O(n^2)$，其中 n 是结点的数量。对于稀疏图（结点之间连接较少）而言，这会导致内存浪费。

不适合稀疏图：对于稀疏图，矩阵中的大部分元素都是 0，因此存储和遍历都会浪费时间和空间。

增删结点复杂：在邻接矩阵中增加或删除结点可能需要重新分配内存并重新构建整个矩阵，导致操作的时间复杂度较高。

不易处理权重：如果图中的边具有权重，邻接矩阵表示法会变得更复杂，需要额外的空间来存储权重信息。

综上所述，邻接矩阵在某些情况下是一种方便且有效的图表示方法，特别适用于稠密图和需要快速检查连接性的场景。然而，在处理稀疏图、结点的增删、权重边等方面可能存在一些限制，需要根据具体应用场景进行选择。

6.3.2　邻接表

1. 邻接表表示法

当一个图含有 n 个顶点，而边数远远小于 n^2 时，采用邻接矩阵来存储就会有很多空元素，浪费存储空间。这时可以采用图的另一种存储结构——邻接表表示法。

图的邻接表表示法一般使用数组和链表来实现，其中使用一个数组来存储每个结点的信息，而数组中的每个元素对应一个结点。每个数组元素（结点）关联一个链表，链表中存储与该结点相邻的其他结点。这样的邻接表由两部分组成：表头结点表和边结点表。

（1）表头结点表：由所有表头结点以顺序结构的形式存储，以便可以随机访问任一顶点的边链表。表头结点包括数据域（vertex）和链域（firstedge）两部分，如图 6-11（a）所示。其中，数据域用于存储顶点 Vi 的名称或其他有关信息；链域用于指向链表中的第一个结点（即与顶点 Vi 邻接的第一个邻接点）。

（2）边表：由表示图中顶点间关系的 2n 个边链表组成。边链表中边结点包括邻接点域（adjvex）和链域（next），如图 6-11（b）所示。其中，邻接点域指示与顶点 Vi 邻接的点在图中的位序，也就是数组下标；链域指示与顶点 Vi 邻接的下一个结点。如果是网络，可以在链表的结点中增加一个数据域用于存储与边（弧）相关的信息，如权值等。

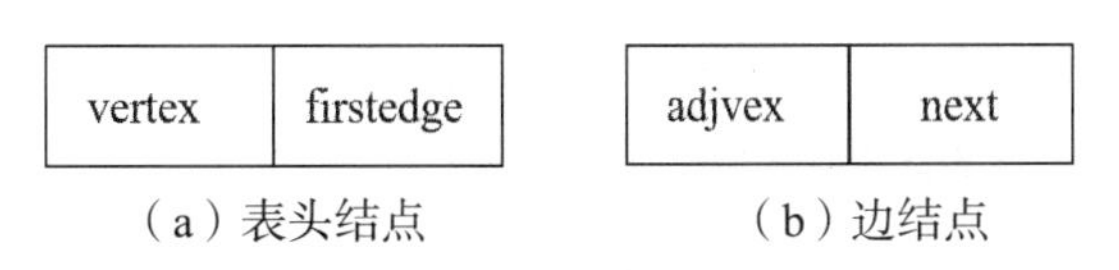

（a）表头结点　　（b）边结点

图 6-11　邻接表的构成

图 6-12 为图 6-3（a）中无向图 G1 的邻接表，4 个表头结点存放在一个结构体数组中，每个数组元素的指针域指向该结点的第一个邻接点，第一个邻接点的指针域指向下一个邻接点，以此类推。最后，表头结点和后面的边结点构成一个带头结点的单链表。注意：边结点的数据域存放的是邻接点的位序，也就是数组下标。

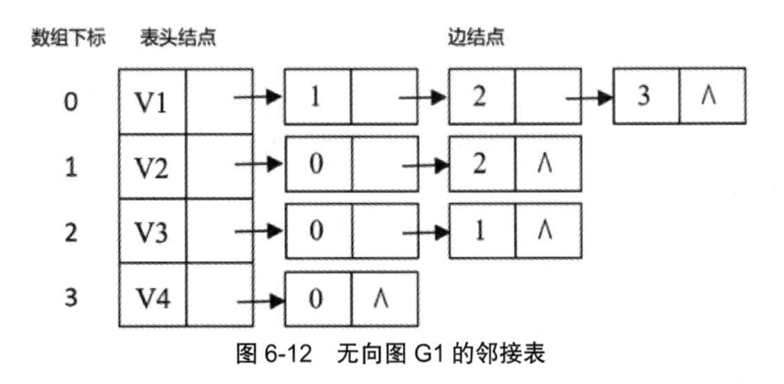

图 6-12　无向图 G1 的邻接表

有向图因为方向不同,需要分为出边表和入边表,一般把有向图的出边表称为它的邻接表,入边表则称为逆邻接表，图 6-13 为图 6-3（b）中有向图 G2 的出边表和入边表。

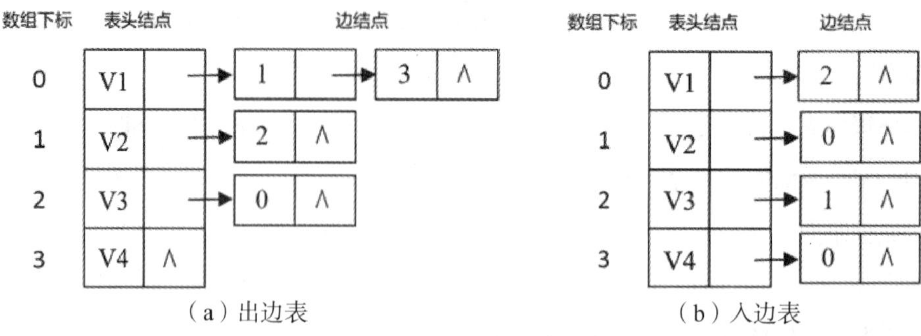

图 6-13 有向图 G2 的邻接表

无向图的邻接表中，顶点的度为该顶点所对应链表中的边结点数量；有向图的邻接表中，出边表中顶点所对应链表中的边结点数量为该顶点的出度，入边表中顶点所对应链表中的边结点数量为该顶点的入度。

由于邻接点的顺序不唯一，所以邻接表也不是唯一的。

2. 采用邻接表表示法创建无向图

根据上述讨论，要定义一个邻接表，需要先定义其存放顶点的头结点和表示边的边结点。采用邻接表表示法创建无向图的算法如下。

算法 6-2 创建无向图的邻接表算法

```
/*-------------文件 adjlist.h-----------------*/
/*******************************************/
/*          邻接矩阵类型定义                  */
/*******************************************/
#include <stdio.h>
#define M 20                /*预定义图的最大顶点数*/
typedef char DataType;      /*顶点信息数据类型*/
/*边结点*/
typedef struct ENode {
    int adjvex;             /*邻接点的标识*/
    struct ENode* next;     /*下一个边结点*/
}EdgeNode;
/*头结点*/
typedef struct {
    DataType vertex;                /*顶点的标识*/
    struct EdgeNode* firstedge;     /*指向第一个边结点的指针*/
}VertexNode;
/*图结构*/
typedef struct {
    VertexNode adjlist[M];          /*存放头结点的顺序表*/
```

```
    int n,e;                                              /*图的顶点数与边数*/
} AdjListGraph;
/*******************************************/
/*          采用邻接表表示法创建无向图               */
/*******************************************/
void creatadjlist(AdjListGraph* g,char* filename,int c) {
/*函数参数中 filename 为存放无向图内容的文件名称，c=0 代表无向图，c=1 代表有向图*/
    int i,u,v;
    FILE* fp = fopen(filename,"r");
    if (fp == NULL) {
        perror("Error opening file");
        return;
    }
    fscanf(fp,"%d %d",&(g->n),&(g->e));                   /*读取顶点数和边数*/
    for (int i = 0;i < g->n;i++) {
        fscanf(fp,"%c",&(g->adjlist[i].vertex));          /*读取顶点信息*/
        g->adjlist[i].firstedge = NULL;                   /*初始化边表头指针*/
    }
    for (i = 0;i < g->e;i++) {
        fscanf(fp,"%d %d",&u,&v);                         /*读取边的两个顶点编号*/
        /*创建边结点并插入邻接表中*/
        EdgeNode* edge1 = (EdgeNode*)malloc(sizeof(EdgeNode));
        edge1->adjvex = v;
        edge1->next = g->adjlist[u].firstedge;
        g->adjlist[u].firstedge = edge1;
        /*如果是无向图，还需要创建反向的边*/
        if (c == 0) {
            EdgeNode* edge2 = (EdgeNode*)malloc(sizeof(EdgeNode));
            edge2->adjvex = u;
            edge2->next = g->adjlist[v].firstedge;
            g->adjlist[v].firstedge = edge2;
        }
    }

    fclose(fp);
}
```

对图 6-3（a）中的无向图 G1，图信息存放在 G1.txt 文件中：

```
4  4
0123
2    1
3    0
2    0
1    0
```

以上算法在主函数中采用 creatadjlist(&g,"G1.txt",0)语句调用，主函数如下：

```
#include "adjlist.h"
int main() {
    AdjListGraph g;
    creatadjlist(&g,"G1.txt",0);          /*创建无向图*/
    /*打印邻接表内容（仅为演示，实际使用时根据需要自行调整）*/
```

```
    for (int i = 0;i < g.n;i++) {
        printf("%c ->",g.adjlist[i].vertex);
        EdgeNode* edge = g.adjlist[i].firstedge;
        while (edge != NULL) {
            printf("%c",g.adjlist[edge->adjvex].vertex);
            edge = edge->next;
        }
        printf("\n");
    }
    return 0;
}
```

如果是有向图，则将传递参数 c 改为 1 即可；若为网络，可在边结点的域中增加一个字段来表示权重。

3. 其他表示方法

图的链式存储结构中，除了邻接表外，十字链表和邻接多重表也是常用于表示图的数据结构。

（1）十字链表（cross-linked list）。

十字链表是一种常用于表示有向图的数据结构。它的基本思想是，使用两个链表来表示图的边，一个链表用于存储出边，另一个链表用于存储入边。每个顶点都有一个出边链表和一个入边链表。对于有向边（u，v），它会在 u 的出边链表中创建一个结点，同时在 v 的入边链表中创建一个结点，这两个结点可以存储额外的信息，如权重或其他属性。这种数据结构使得查找某个顶点的出边或入边非常高效，因为只需要遍历相应的链表。

十字链表的优点是，它在表示有向图时效率较高，特别适用于稀疏图，因为它不需要额外的存储来表示没有边的情况。但在表示无向图时，需要使用两倍的存储空间来存储相同的信息。

（2）邻接多重表（adjacency multilist）。

邻接多重表是一种常用于表示无向图的数据结构。它的基本思想是，使用一个链表数组来表示图的顶点，同时使用一个链表来表示图的边。每个顶点都有一个链表，该链表存储与该顶点相邻的边，而边的链表则存储连接的两个顶点以及可能的额外信息。与十字链表不同，邻接多重表可以表示无向图而无需额外的存储来表示两个相邻顶点之间的边。

邻接多重表的优点是，它在表示无向图时非常高效，并且不会浪费额外的存储空间。然而，对于有向图，它可能不如十字链表那样高效。

总之，十字链表和邻接多重表是两种不同的图表示方法，各自适用于不同类型的图，具体选择哪种取决于你的应用需求和图的性质。如果需要表示有向图，十字链表可能更合适；如果需要表示无向图，邻接多重表可能更合适。

4. 邻接表表示法的优缺点

（1）优点。

节省空间：对于稀疏图（边相对较少）来说，邻接表比邻接矩阵更节省空间，因为它只存储实际存在的边和顶点信息，避免了大量的空间浪费。

灵活性：邻接表更适合表示稀疏图，因为它只需要为实际存在的边分配内存，而不需要为不存在的边分配内存，从而节省了空间。

效率高：在许多图算法中，邻接表的存储方式可以使一些操作的时间复杂度较低。例如，寻找一个顶点的邻居、判断两个顶点是否相邻等操作在邻接表中可以很快实现。

适用于稀疏图：邻接表适用于稀疏图，因为它在存储和遍历稀疏图时效率较高。

支持存储附加信息：在邻接表中，每个顶点可以存储更多的附加信息（例如顶点的属性、权重等），因为每个顶点的结构体可以包含更多的字段。

（2）缺点。

不适用于稠密图：对于稠密图（边非常多）来说，邻接表的内存消耗会比较大，因为每条边都需要分配内存来存储边结点。

查询相邻性可能较慢：在邻接表中，要判断两个顶点是否相邻，需要遍历链表，可能会比较慢，特别是在稠密图中。

不适合某些算法：在某些图算法中，邻接表可能不是最优的选择。例如，对于一些需要频繁地判断两个顶点之间是否存在边的算法，使用邻接矩阵可能更为高效。

总的来说，邻接表适用于大多数实际应用中的稀疏图，它在节省空间、提供灵活性以及支持附加信息等方面具有优势。但在处理稠密图或需要频繁判断顶点之间是否相邻的情况下，邻接矩阵可能更合适。选择图的表示方法要根据具体应用需求来权衡各种因素。

6.4　图的遍历

图的遍历是指访问图中所有顶点和边的过程。图的遍历有两种主要方式：深度优先遍历（depth-first search，DFS）和广度优先遍历（breadth-first search，BFS）。这两种遍历方法分别以不同的方式访问图中的顶点，并且在不同的应用场景下具有不同的用途。

6.4.1　广度优先遍历

1. 广度优先遍历的过程

广度优先搜索遍历（breadth first search，BFS）是一种类似于树的层次遍历方式，用于在图中按照层级逐步扩展地访问顶点。下面是广度优先搜索遍历的过程。

（1）从图中某个起始顶点 V 开始，进行访问。

（2）访问顶点 V 的所有尚未被访问过的邻接顶点，依次逐个进行访问。

（3）对每个邻接顶点，依次访问它们尚未被访问的邻接顶点，确保“先被访问的顶点的邻接顶点”优先于“后被访问的顶点的邻接顶点”被访问。

（4）重复步骤（3），直到图中所有已被访问的顶点的邻接点都被访问为止。

这一过程逐层扩展，保证了从起始顶点开始，先访问更近的邻接顶点，然后逐渐向外扩展至较远的邻接顶点。这类似于水波扩散的效果，由此广度优先搜索遍历适用于查找最短路径、寻找连通性以及其他需要按照距离逐步拓展的情况。

以图 6-14 所示的结构为例，从顶点 0 开始的遍历过程如下。

（1）从顶点 0 出发，访问顶点 0。

（2）访问顶点 0 的邻接点 1 和 3。

（3）从邻接点 1 出发，访问它的邻接点 2 和 4。

（4）从邻接点 3 出发，访问它的邻接点 4 和 6。

（5）从邻接点 2 出发，访问它的邻接点 5。

（6）从邻接点 4 出发，访问它的邻接点 5 和 7。

（7）从邻接点 6 出发，访问它的邻接点 7。

（8）从邻接点 5 出发，访问它的邻接点 8。

（9）从邻接点 7 出发，访问它的邻接点 8。

（10）从邻接点 8 出发，没有访问的邻接点。

按照以上步骤，最后的遍历结果为：0→1→3→2→4→6→5→7→8。因为邻接表中邻接点的顺序没有固定，所以访问的顺序也会不同，遍历序列也不是唯一的。

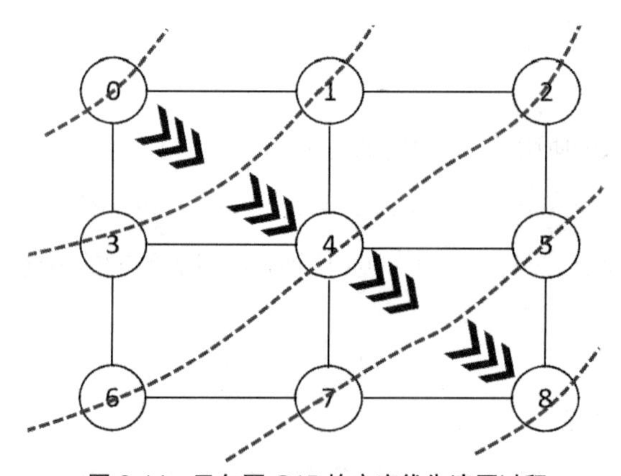

图 6-14　无向图 G15 的广度优先遍历过程

2. 广度优先搜索遍历的算法实现

图 6-15 为图 6-14 所示图结构的邻接表，根据广度优先遍历的特点，从 0 开始，先访问 0 的所有邻接点 1 和 3，接着访问 1 的邻接点 0、2、4，因为 0 和 0 的邻接点都已经访问过，所以再访问 2 的邻接点，以此类推，从左往右，从上往下，先访问的顶点其邻接点亦先被访问。因此，算法实现时需引进队列来维护待访问的顶点，保证已访问过的顶点按照遍历的顺序留在队列中，以便后续访问它们的邻接点。队列的先进先出特性确保了每次从队列中取出的顶点都是最早入队的，这样就能保证按照层次遍历图。

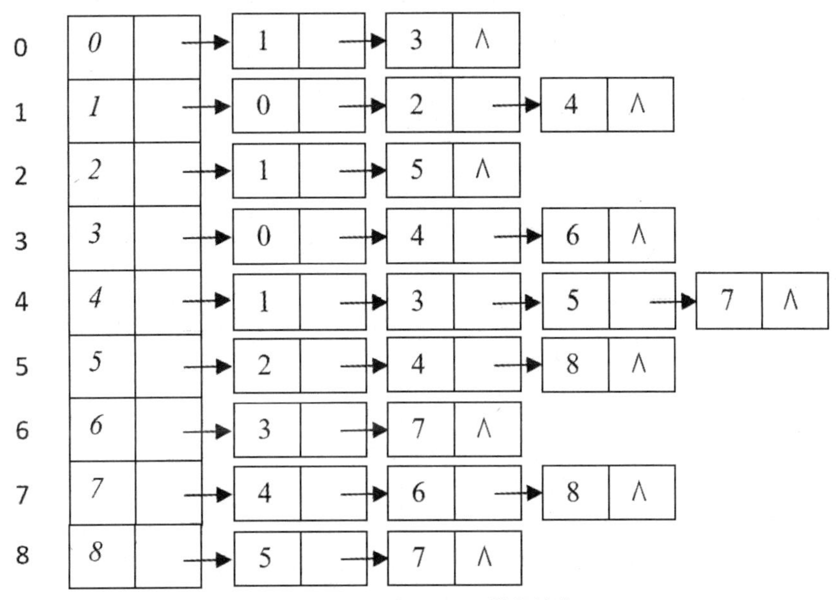

图 6-15　无向图 G15 的邻接表

另外，为了在遍历过程中便于区分顶点是否已被访问，以避免重复访问同一顶点，需附设访问标志数组 visited[n]，其初值为“false”，一旦某个顶点被访问，则其相应的分量置为“true”。

具体代码实现如算法 6-3 所示。

算法 6-3　广度优先遍历算法

```
#include <stdbool.h>
#include <string.h>
#include "adjlist.h"
void bfs(AdjListGraph g,int startNode) {
    bool visited[M] = {false};      /*用于标记顶点是否已经访问过*/
    int queue[M];                   /*队列，用于存储待访问的顶点*/
    int front = 0,rear = 0;         /*队列的前后指针，用于出队和入队操作*/
    /*输出起始顶点*/
    printf("%c",g.adjlist[startNode].vertex);
    visited[startNode] = true;      /*标记起始顶点为已访问*/
    queue[rear++] = startNode;      /*将起始顶点入队*/
```

```
    while (front < rear) {          /*当队列不为空时，继续循环*/
        int currentNodeIndex = queue[front++];      /*出队一个顶点*/
        EdgeNode* currentEdge = g.adjlist[currentNodeIndex].firstedge;
        /*获取当前顶点的边链表头指针*/

        while (currentEdge != NULL) {                   /*遍历当前顶点的邻接顶点*/
            int neighborIndex = currentEdge->adjvex;    /*获取邻接顶点的索引*/
            if (!visited[neighborIndex]) {              /*如果邻接顶点未被访问过*/
                /*输出邻接顶点*/
                printf("%c",g.adjlist[neighborIndex].vertex);
                queue[rear++] = neighborIndex;          /*将邻接顶点入队*/
                visited[neighborIndex] = true;          /*标记邻接顶点为已访问*/
            }
            currentEdge = currentEdge->next;            /*移动到下一条邻接边*/
        }
    }
}
int main() {
    AdjListGraph graph;
    for (int i = 0;i < M;i++) {
        graph.adjlist[i].firstedge = NULL;
    }
    /*调用创建图的邻接表表示函数*/
    creatadjlist(&graph,"G15.txt",0);
     printf("The adjacency list:\n");
    for (int i = 0;i < graph.n;i++) {
        printf("%c ->",graph.adjlist[i].vertex);
        EdgeNode* edge = graph.adjlist[i].firstedge;
        while (edge != NULL) {
            printf("%c",graph.adjlist[edge->adjvex].vertex);
            edge = edge->next;
        }
        printf("\n");
    }
    printf("Breadth First Search (starting from node 0):\n");
    bfs(graph,0);
    return 0;
}
```

图 6-14 的信息存放在“G15.txt”文件中，内容如下：

```
9  12
012345678
7  8
5  8
6  7
4  7
3  6
4  5
3  4
2  5
1  4
```

```
1 2
0 3
0 1
```

主函数通过 creatadjlist(&graph,"G15.txt",0)语句建立该图的邻接表，然后通过 bfs(graph,0)进行广度优先遍历，运行结果为：

```
The adjacency list:
0 -> 1 3
1 -> 0 2 4
2 -> 1 5
3 -> 0 4 6
4 -> 1 3 5 7
5 -> 2 4 8
6 -> 3 7
7 -> 4 6 8
8 -> 5 7
Breadth First Search (starting from node 0):
0 1 3 2 4 6 5 7 8
```

图 6-14 由邻接表表示法创建之后，邻接表确定了，广度优先遍历序列也就确定了。

【算法性能分析】

对于使用邻接表表示的图，每个结点会有一个关联的邻接链表，链表的长度取决于结点的度数。在这种情况下，广度优先遍历会访问每个结点一次，每条边也会被考虑一次。因此，时间复杂度可以表示为 O(n+e)，其中 n 是结点数量，e 是边的数量。

6.4.2　深度优先遍历

1. 深度优先遍历的过程

深度优先遍历（depth-first search，DFS）是一种递归的遍历方法，它的基本思想是从起始结点开始，尽可能深入到树的最底层，然后回溯，继续向未被访问的分支探索。下面是深度优先遍历的一般过程。

（1）访问结点并标记：访问起始结点，并将其标记为已访问，可以将结点的值输出，以表示已访问。

（2）探索邻接结点：对于当前结点，找到它的一个未被访问的邻接结点（如果有的话）。选择一个邻接结点，然后前往这个结点。

（3）递归深入：一旦找到邻接结点，就递归地重复步骤（2）和步骤（3），即访问该邻接结点并探索其未被访问的邻接结点。这就是“深度优先”的原因，因为我们会尽可能地深入到树或图的最底层。

（4）回溯：当无法再深入时，也就是当前结点没有被访问的邻接结点时，我们会回溯到上一个结点，继续查找那个结点的其他邻接结点。

（5）重复步骤（2）~（4）：我们会不断地重复步骤（2）~（4），直到所有结点都被访问过为止。

这个过程会不断地探索一个分支，直到底部，然后回溯到上一个结点，继续探索其他分支，直到所有结点都被访问过。

以图 6-14 所示的图结构为例，其邻接表如图 6-15 所示，从顶点 0 开始的遍历过程如图 6-16 所示。

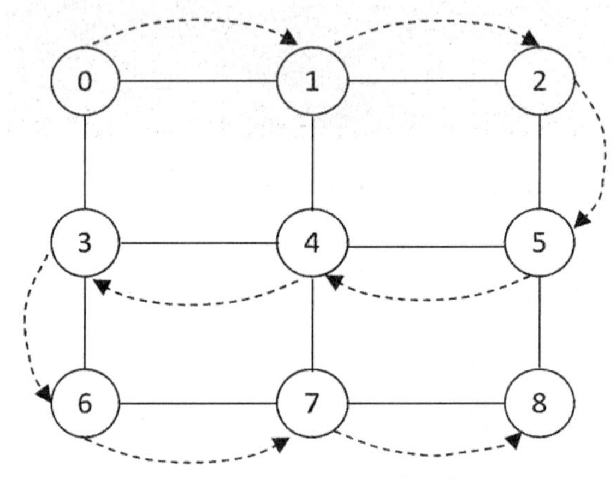

图 6-16　无向图 G15 的深度优先遍历过程

最后的遍历结果为：0→1→2→5→4→3→6→7→8。

2. 深度优先遍历的算法实现

深度优先遍历是一种“不撞南墙不回头”的搜索策略，最常见的例子就是“走迷宫”，当我们站在迷宫的岔路口不知道如何走的时候，随意选择一个岔路口走下去，最后发现走不通的时候，就回退到上一个路口，重新选择一条路继续走，只到最终找到出口为止。这种回溯算法解决问题的过程适合用递归来实现，如算法 6-4 所示。

算法 6-4　深度优先遍历算法

```
#include "adjlist.h"
/*深度优先搜索函数，用于遍历图*/
void dfs(AdjListGraph g,int v,int visited[]) {
    printf("%c ",g.adjlist[v].vertex);      /*打印当前结点的字符*/
    visited[v] = 1;                          /*标记当前结点为已访问*/
    EdgeNode* p = g.adjlist[v].firstedge; /*获取当前结点的第一个邻接结点*/
    while (p != NULL) {
        if (!visited[p->adjvex]) {           /*如果邻接结点未访问过*/
            dfs(g,p->adjvex,visited);        /*递归访问邻接结点*/
```

```
        }
        p = p->next;                                    /*移动到下一个邻接结点*/
    }
}
int main() {
    AdjListGraph g;
    creatadjlist(&g,"G15.txt",0);                      /*创建邻接表表示的图，0 表示无向图*/
    printf("The adjacency list:\n");
    for (int i = 0;i < g.n; i++) {
        printf("%c -> ",g.adjlist[i].vertex);  /*打印当前结点的字符*/
        EdgeNode* edge = g.adjlist[i].firstedge;
        while (edge != NULL) {
            printf("%c",g.adjlist[edge->adjvex].vertex); /*打印邻接结点的字符*/
            edge = edge->next;                          /*移动到下一个邻接结点*/
        }
        printf("\n");
    }
    printf("Depth First Search (starting from node 0):\n");
    int visited[M] = {0};                               /*初始化访问数组*/
    for (int i = 0;i < g.n;i++) {
        if (!visited[i]) {                              /*如果结点未被访问过*/
            dfs(g,i,visited);                           /*调用深度优先搜索函数*/
        }
    }
    printf("\n");
    return 0;
}
```

主函数通过 creatadjlist(&graph,"G15.txt",0)语句建立该图的邻接表，然后通过 dfs(g,i,visited)进行深度优先遍历，运行结果为：

```
The adjacency list:
0 -> 1 3
1 -> 0 2 4
2 -> 1 5
3 -> 0 4 6
4 -> 1 3 5 7
5 -> 2 4 8
6 -> 3 7
7 -> 4 6 8
8 -> 5 7
Depth First Search (starting from node 0):
0 1 2 5 4 3 6 7 8
```

【算法性能分析】

在遍历的过程中，每个顶点只会被访问一次，每条边也只会被访问一次。在最坏的情况下，算法会访问图中的所有顶点和边一次，因此时间复杂度是 O(n+e)，其中 n 是结点数量，e 是边的数量。

6.5 图的应用

现实生活中的许多问题都可以转化成图来解决。举例来说，可以考虑如何用最少的开销建立一个通信网络，或者怎样计算地图上两个地点之间的最短路线，又或者如何为复杂项目中的各个子任务找到最优的完成顺序。本节将结合这些常见的实际问题介绍几种常用的图论算法，包括最小生成树算法和最短路径算法。

6.5.1 最小生成树

假设有一个城市的道路网络，其中有多个交叉路口需要连接起来，而连接这些交叉路口的道路建设都需要一定的成本。我们的目标是以最低的总成本将所有交叉路口连接起来，并确保任意两个交叉路口之间都有可达的道路，但又不产生闭环。这个问题可以抽象为一个图问题，其中交叉路口是图中的结点，道路是图中的边，每条边有一个对应的建设成本。

最小生成树就是在这个背景下产生的一个概念。它是一个连接图中所有结点的子图，同时能保证这个子图是一棵树（没有闭环），并且所有边的成本之和最小。换句话说，最小生成树是一个保持连通性的、具有最低总成本的子图，其中包含原图中的所有结点，但是只选择了部分边，且这些边的权重之和最小。

在上述城市道路网络的例子中，最小生成树就是一种最经济的方法，将所有交叉路口通过道路连接起来，而且不会形成闭环，以保持交通的畅通，同时最小化了道路建设的总成本。

构造最小生成树有多种算法，其中大多数算法利用了最小生成树的一种简称为 MST 的性质：假设 G=（V，E）是一个连通网，U 是顶点集 V 的一个非空子集。若（u，v）满足 u∈U，v∈V-U 的边（这种两个顶点分属于两个不同边集合的边称为两栖边），且（u，v）在所有的两栖边中具有最小的权值，此时，（u，v）称为最小两栖边，则必存在一棵包含边（u，v）的最小生成树。

可以用反证法来证明以上的 MST 性质，假设 G 中任何一棵最小生成树都不含最小两栖边（u，v）。设 T 是 G 的一棵最小生成树，根据假设，它不含此最小两栖边。根据最小生成树的定义，T 一定是包含 G 中所有顶点的连通图，所以 T 中必有一条从 u 到 v 的路径 P，且 P 上必有一条两栖边（u′，v′）连接 U 和 V-U，否则 u 和 v 不连通。当把最小两栖边（u，v）加入树 T 时，该边和 P 必构成一个回路，如图 6-17 所示，删去两栖边（u′，v′）后，回路消除得到另一生成树 T′。T′和 T 相比，相当于 T′在 T 的基础上用最小两栖边（u，v）取代了权值更大的两栖边（u′，v′）。显然，T′比 T 具有更小的权值，这与 T 是 G 的最小生成树的假设相矛盾。所以，MST 性质得证。

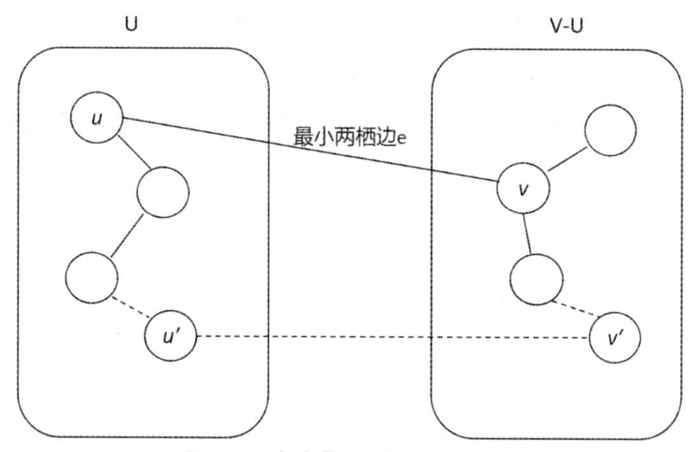

图 6-17 包含最小两栖边 e 的回路

Prim（普里姆）算法和 Kruskal（克鲁斯卡尔）算法是两个利用 MST 性质构造最小生成树的算法。下面先介绍 Prim 算法。

1. 最小生成树的 Prim 算法

（1）Prim 算法的构造过程如下。

Prim 算法的规则是每一次都在两栖边中寻找权值最小的边加入最小生成树，直到所有顶点都加入完成。以下是 Prim 算法的构造过程。

输入：一个连通的无向图 G=（V，E），其中 V 表示顶点集合，E 表示边集合，每条边都有一个权重。

输出：最小生成树，表示边的集合 T。

① 初始化。选择任意一个顶点作为起始顶点（可以是图中的第一个顶点）；初始化一个空的边集合 T，表示最小生成树。

② 创建集合 X 和集合 Y，其中集合 X 包含已经加入最小生成树的顶点；集合 Y 包含尚未加入最小生成树的顶点。

③ 将起始顶点加入集合 X。

④ 对于集合 Y 中的每个顶点，找到与集合 X 里顶点相连的边中权重最小的边。

⑤ 从步骤④选择的边中找到权重最小的边（称为 e），并将其加入边集合 T。

⑥ 将边 e 的另一端顶点加入集合 X，从集合 Y 中移除这个顶点。

⑦ 重复步骤④到步骤⑥，直到集合 Y 中的顶点全部被加入集合 X。

⑧ 当集合 Y 中没有顶点时，算法结束，最小生成树 T 就被构建完成。

Prim 算法的关键在于每一步都选择当前最小的两栖边（也就是边的一端的顶点在最小生成树中，另外一端的顶点不在），并将其连接到已经构建的最小生成树中，逐步扩展最小生成树的规模，直到包含所有的顶点。Prim 算法能保证在每一步都选择一个连接集合 X 和集合 Y 的边中权重最小的边，从而确保生成的最小生成树是全局最优解。

图 6-18 所示为无向网络 G16，从 A 点开始，通过 Prim 算法构造最小生成树的过程如图 6-19（a）~（g）所示。

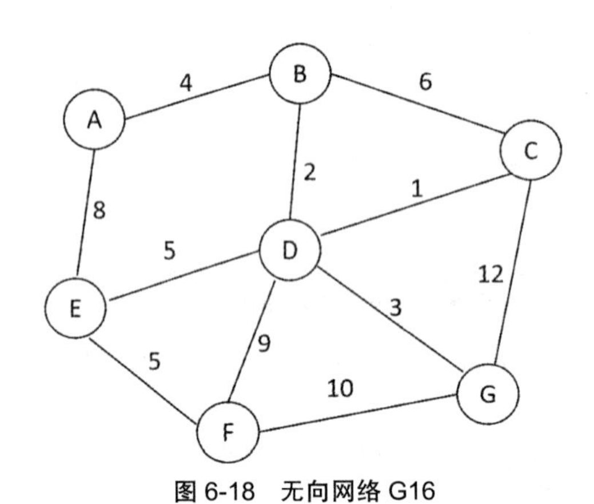

图 6-18　无向网络 G16

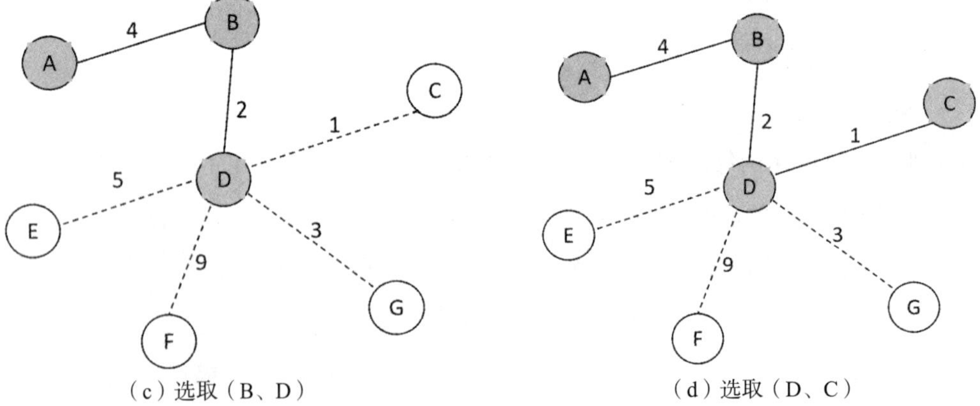

图 6-19　Prim 算法构造最小生成树的过程

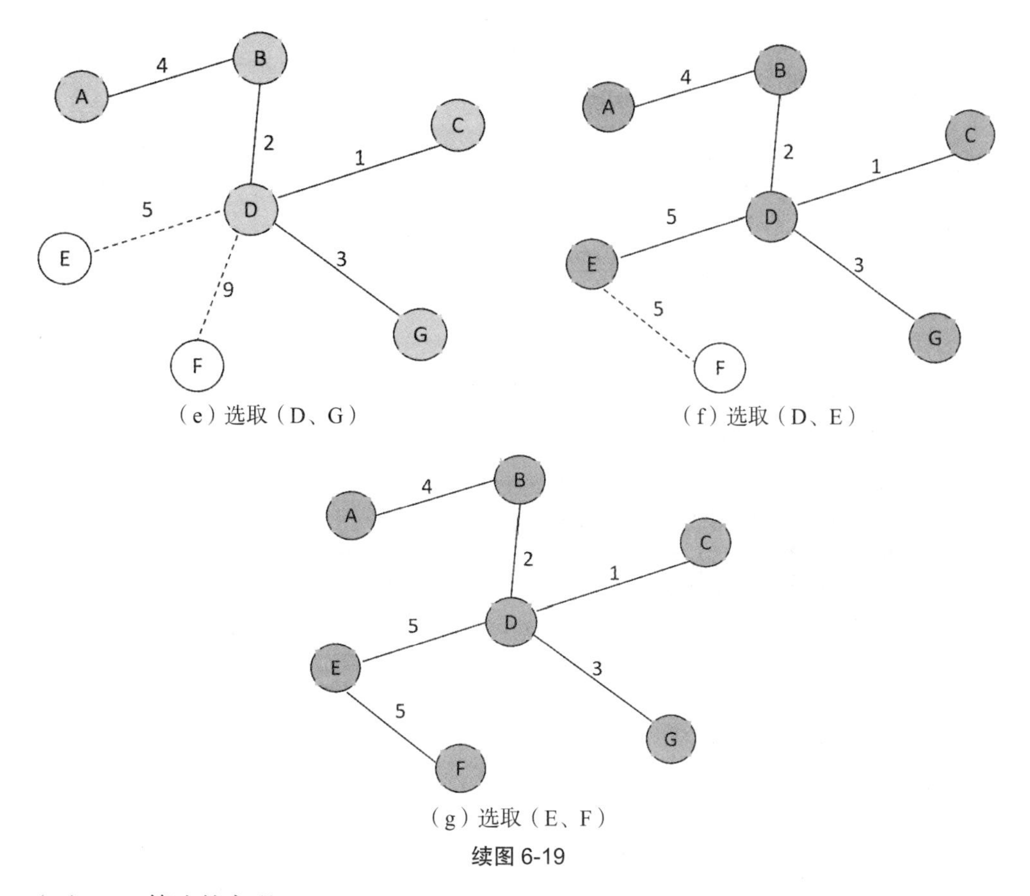

（e）选取（D、G）　　（f）选取（D、E）

（g）选取（E、F）

续图 6-19

（2）Prim 算法的实现。

根据以上最小生成树的构造过程，Prim 算法的实现代码如算法 6-5 所示。

算法 6-5　Prim 算法

```
#include "adjmatrix.h"
typedef struct edgedata         /*用于保存最小生成树的边信息*/
{
   int beg,en;                  /*beg、en 是边顶点序号*/
   int length;                  /*权值*/
} MSTEdge;
/******************************************/
/*   用 Prim 算法求解最小生成树   文件名：prim.c  */
/******************************************/
void prim(MatrixGraph g,MSTEdge tree[]) {
   MSTEdge x;
   int d,min,j,k,s,v;
   /*初始化生成树的每条边*/
   for (v = 1;v <= g.n - 1;v++) {
      tree[v - 1].beg = 0;      /*起始顶点*/
      tree[v - 1].en = v;       /*终止顶点*/
      tree[v - 1].length = g.edges[0][v]; /*边的权重，初始为从顶点 0 到 v 的权重*/
```

```
    }
    /*迭代构建最小生成树*/
    for (k = 0;k <= g.n - 3;k++) {
        min = tree[k].length;
        s = k;
        /*寻找候选边集合中的最小边*/
        for (j = k + 1;j <= g.n - 2;j++) {
            if (tree[j].length < min) {
                min = tree[j].length;
                s = j;
            }
        }
        v = tree[s].en;     /*选择最小边的终止顶点*/
        x = tree[s];        /*交换最小边与当前位置的边*/
        tree[s] = tree[k];
        tree[k] = x;
        /*更新候选边集合中其他边的信息*/
        for (j = k + 1;j <= g.n - 2;j++) {
            d = g.edges[v][tree[j].en];      /*从顶点 v 到 tree[j].en 的权重*/
            if (d < tree[j].length) {
                tree[j].length = d;
                tree[j].beg = v;
            }
        }
    }
    /*打印最小生成树*/
    printf("\nThe minimum cost spanning tree is:\n");
    for (j = 0;j <= g.n - 2;j++) {
        printf("\n%c---%c %d\n",g.vexs[tree[j].beg],
            g.vexs[tree[j].en],tree[j].length);
    }
    printf("\nThe root of it is %c\n",g.vexs[0]);
}
int main() {
    MatrixGraph g;
    char filename[20];
    printf("Please input filename of Graph:\n");
    gets(filename);
    creatadjmatrix(&g,filename,0);
    /*打印邻接矩阵*/
    printf("Adjacency Matrix:\n");
    for (int i = 0;i < g.n;i++) {
        for (int j = 0;j < g.n;j++) {
            printf("%d\t",g.edges[i][j]);
        }
        printf("\n");
    }
    MSTEdge tree[MaxVNum - 1];
    prim(g,tree);
    return 0;
}
```

无向网络G16的信息存储在文件名为“G16.txt”的文件中，代码如下：

```
7  11
0123456
0 1 4
0 4 8
1 2 6
1 3 2
2 3 1
2 6 12
3 4 5
3 5 9
3 6 3
4 5 5
5 6 10
```

输出结果为：

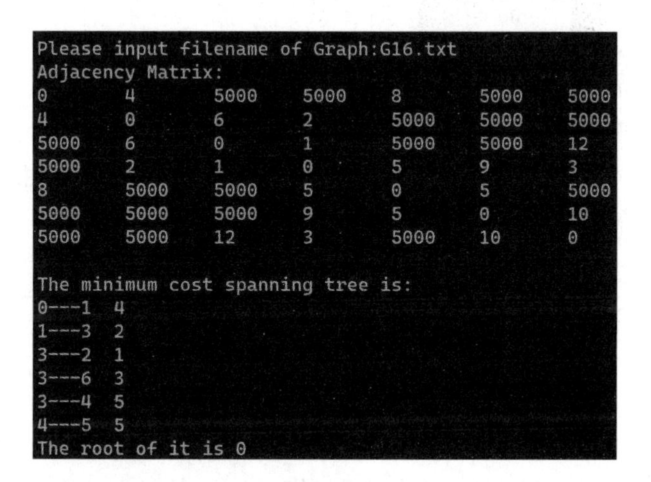

```
Please input filename of Graph:G16.txt
Adjacency Matrix:
0       4       5000    5000    8       5000    5000
4       0       6       2       5000    5000    5000
5000    6       0       1       5000    5000    12
5000    2       1       0       5       9       3
8       5000    5000    5       0       5       5000
5000    5000    5000    9       5       0       10
5000    5000    12      3       5000    10      0

The minimum cost spanning tree is:
0---1  4
1---3  2
3---2  1
3---6  3
3---4  5
4---5  5
The root of it is 0
```

算法执行过程中，用来保存最小生成树边的数组tree的内容变化如下，表中第一行代表tree数组的下标，第二行为已在最小生成树中的顶点，第三行为与最小生成树中的顶点之间有边的对端顶点，最后一行为当前的两栖边的权值。

针对无向网络G16，以上算法的执行过程如下，步骤（a）~（g）依次对应图6-19中的（a）~（g）。

（a）初始态。

从A点出发，初始态时只有（A，B）和（A，E）之间的两条两栖边，权值为4和8。

tree	0	1	2	3	4	5
beg	0	0	0	0	0	0
en	1	2	3	4	5	6
length	4	∞	∞	8	∞	∞

（b）选取（A，B）。

寻找候选边集合中权值最小的边tree[0]，即选取边（A，B）加入最小生成树，最小生成树中的顶点更新为 A 和 B，B 点加进来后，需要更新候选边集合中其他边的信息。上表中 en 为 2~6（即端点为 C~G）的边 tree[1]~tree[5]，依次与从 B 点到 C~G 点之间的边的权值比较，如果 B 点出发的边权值更小，就替换掉原来的边信息，如边（B，C）的权值 6 比目前的∞小，就替换掉目前的 tree[1]信息，如下图中的虚线框所示。

tree	0	1	2	3	4	5
beg	0	1	0	0	0	0
en	1	2	3	4	5	6
length	4	6	∞	8	∞	∞

同理，边（B，D）的权值 2 比目前的∞小，就替换掉目前的 tree[2]信息，如下图中的虚线框所示。

tree	0	1	2	3	4	5
beg	0	1	1	0	0	0
en	1	2	3	4	5	6
length	4	6	2	8	∞	∞

B 点和 E、F、G 点之间没有边，经过比较，目前的边信息已经是权值最小的了，所以 tree[3]~tree[5]不需要更新。候选边集合更新如下：

tree	0	1	2	3	4	5
beg	0	1	1	0	0	0
en	1	2	3	4	5	6
length	4	6	2	8	∞	∞

（c）选取（B，D）。

更新完成后，第 2 次在候选边信息中寻找权值最小的边加入最小生成树中，这次选中的是 tree[2]，即边（B，D），tree[2]和 tree[1]交换。

tree	0	1	2	3	4	5
beg	0	1	1	0	0	0
en	1	3	2	4	5	6
length	4	2	6	8	∞	∞

D 点加入最小生成树中，第 2 次更新候选边集合中其他边的信息。下表中的 en 为 2、4、5、6（即端点为 C、E、F、G）的边 tree[2]~tree[5]，依次与从 D 点到 C、E、F、G 点之间的边的权值比较。

tree	0	1	2	3	4	5
beg	0	1	1	0	0	0
en	1	3	2	4	5	6
length	4	2	6	8	∞	∞

如下图所示，D 和 C 之间的边比原来的 B 和 C 之间的边的权值小，所以 tree[2]更新如下。

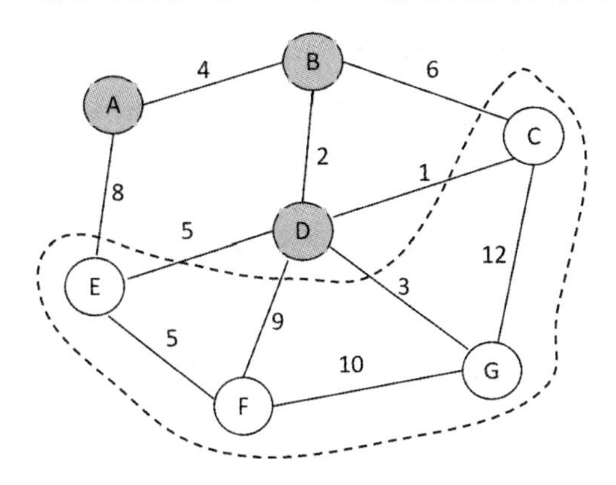

tree	0	1	2	3	4	5
beg	0	1	3	0	0	0
en	1	3	2	4	5	6
length	4	2	1	8	∞	∞

D 和 E 之间的边比原来的 A 和 E 之间的边的权值小，所以 tree[3]更新如下。

tree	0	1	2	3	4	5
beg	0	1	3	3	0	0
en	1	3	2	4	5	6
length	4	2	1	5	∞	∞

D 和 F 之间的边比原来的 A 和 F 之间的边的权值小，所以 tree[4]更新如下。

tree	0	1	2	3	4	5
beg	0	1	3	3	3	0
en	1	3	2	4	5	6
length	4	2	1	5	9	∞

D 和 G 之间的边比原来的 A 和 G 之间的边的权值小，所以 tree[5]更新如下。

tree	0	1	2	3	4	5
beg	0	1	3	3	3	3
en	1	3	2	4	5	6
length	4	2	1	5	9	3

（d）选取（D，C）。

更新完成后，第 3 次在候选边信息中寻找权值最小的边加入最小生成树中，这次选中的是 tree[2]，即边（D，C），不需要交换。

tree	0	1	2	3	4	5
beg	0	1	3	3	3	3
en	1	3	2	4	5	6
length	4	2	1	5	9	3

C 点加入最小生成树中，第 3 次更新候选边集合中其他边的信息。下表中 en 为 4、5、6（即端点为 E、F、G）的边 tree[3]~tree[5]依次与从 C 点到 E、F、G 点之间的边的权值比较。

如下图所示，C 点只与 G 点之间有边，并且边的权值大于从 D 点到 G 点边的权值，因此 tree[3]~tree[5]保持原值，不需要更新。

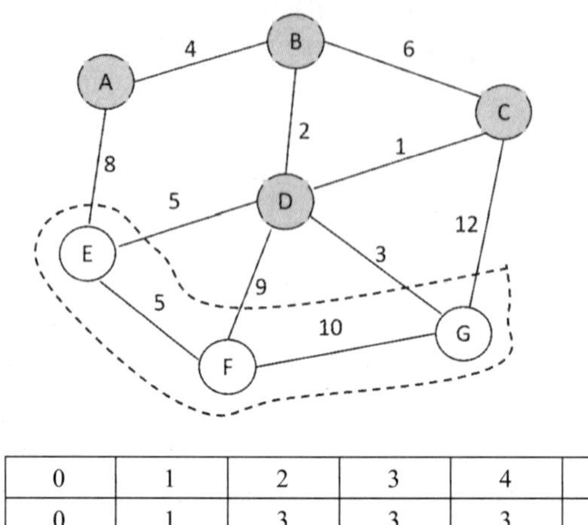

tree	0	1	2	3	4	5
beg	0	1	3	3	3	3
en	1	3	2	4	5	6
length	4	2	1	5	9	3

（e）选取（D，G）。

第 4 次在候选边信息中寻找权值最小的边加入最小生成树中，这次选中的是 tree[5]，即边（D，G），tree[5]和 tree[3]交换。

tree	0	1	2	3	4	5
beg	0	1	3	3	3	3
en	1	3	2	6	5	4
length	4	2	1	3	9	5

G 点加入最小生成树中，第 4 次更新候选边集合中其他边的信息。下表中 en 为 4、5（即端点为 E、F）的边 tree[4]~tree[5]依次与从 G 点到 E、F 点之间的边的权值比较。

tree	0	1	2	3	4	5
beg	0	1	3	3	3	3
en	1	3	2	6	5	4
length	4	2	1	3	9	5

如下图所示，G 点和 E 点之间没有边，与 F 点之间的边的权值比 D 和 F 之间的边的权值大，因此 tree[4]~tree[5]保持原值，不需要更新。

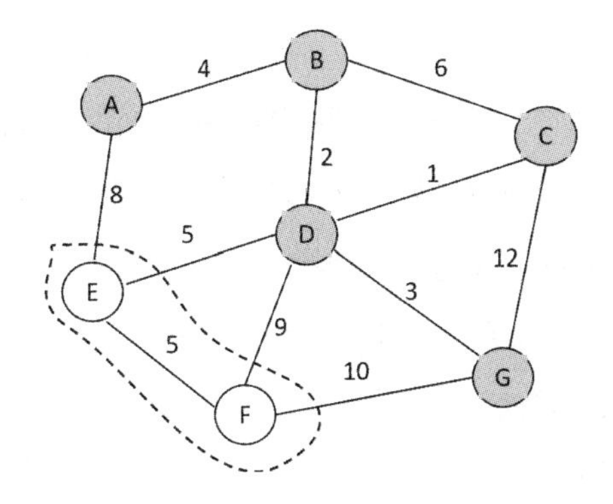

（f）选取（D，E）。

第 5 次在候选边信息中寻找权值最小的边加入最小生成树中，这次选中的是 tree[5]，即边（D，E），tree[5]和 tree[4]交换。

tree	0	1	2	3	4	5
beg	0	1	3	3	3	3
en	1	3	2	6	4	5
length	4	2	1	3	5	9

如下图所示，E 和 F 点之间的边的权值比 D 和 F 之间的边的权值小，更新 tree[5]的信息。

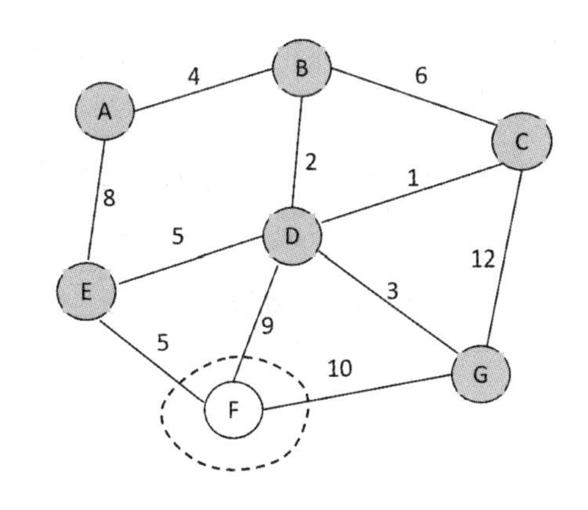

tree	0	1	2	3	4	5
beg	0	1	3	3	3	4
en	1	3	2	6	4	5
length	4	2	1	3	5	5

（g）选取（E，F）。

最小生成树最后的边集合信息如下。

tree	0	1	2	3	4	5
beg	0	1	3	3	3	4
en	1	3	2	6	4	5
length	4	2	1	3	5	5

【算法性能分析】

Prim 算法实现采用邻接矩阵作为数据结构，其时间复杂度主要取决于如何查找与当前 MST 集合相连的最小权值边。假设图的顶点数为 n，对于每个顶点，我们都要检查它与 MST 中的所有顶点是否相连，需要 n 次循环，并在每次循环中遍历 n 个顶点。因此，Prim 算法的时间复杂度为 $O(n^2)$，当 n 比较大时，这个算法是不够理想的。

2. 最小生成树的 Kruskal 算法

（1）Kruskal 算法的构造过程。

Kruskal 算法的基本思想是，从图中的所有待选边中选择权值最小的边，并且保证所选边不会构成环，然后重复这个过程，直到生成一棵包含所有结点的生成树为止。这个算法的过程可以概括为如下。

① 将图中的所有边按照权值从小到大进行排序。

② 初始化一棵空的生成树。

③ 依次考虑排序后的边，如果加入某条边不会形成环（即不与已经加入生成树的边构成环），就将这条边加入生成树中。否则，舍弃这条边。

④ 重复步骤③，直到生成树中的边数达到 n-1（n 为图中结点的数量），此时生成树构建完成。

Kruskal 算法的优点是，它是一种贪心算法，每一步都选择当前情况下最优的边，因此它能够得到全局最优解。此外，它适用于稀疏图和稠密图，并且容易实现。

对图 6-18 所示的无向网络 G16，通过 Kruskal 算法构造最小生成树的过程如图 6-20（a）～（g）所示。

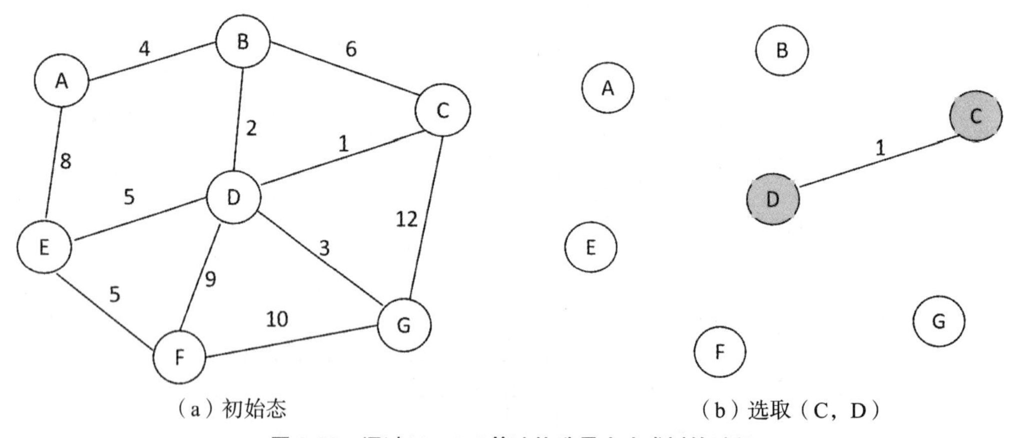

图 6-20　通过 Kruskal 算法构造最小生成树的过程

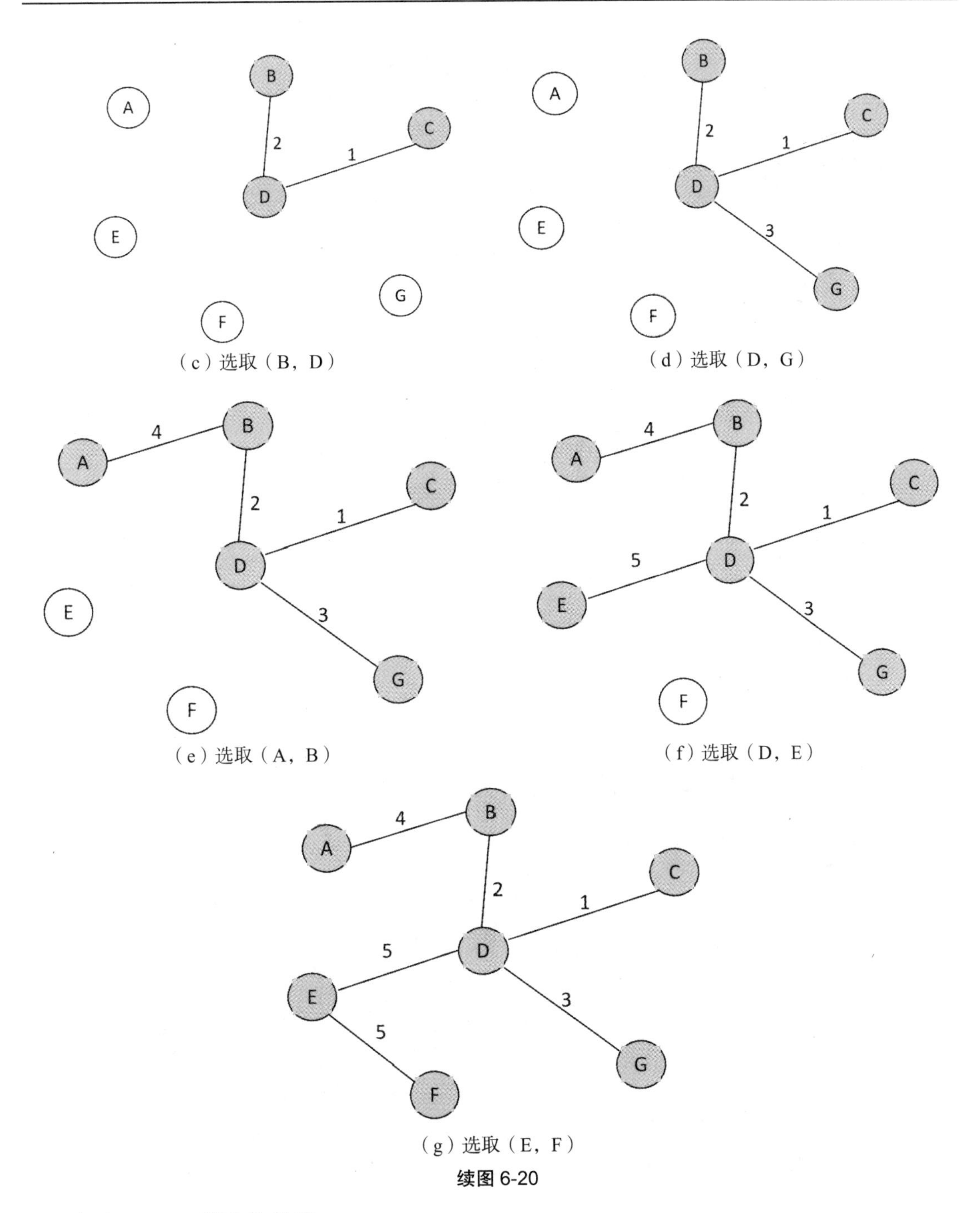

（c）选取（B，D）　（d）选取（D，G）

（e）选取（A，B）　（f）选取（D，E）

（g）选取（E，F）

续图 6-20

（2）Kruskal 算法的实现。

根据以上最小生成树的构造过程，Kruskal 算法实现如算法 6-6 所示。

算法 6-6　Kruskal 算法

```
#include "adjmatrix.h"          /*包含邻接矩阵的头文件*/
/*用于保存最小生成树的边类型定义*/
```

```
typedef struct edge {
    int beg,en;         /*边的起点和终点顶点编号*/
    int length;         /*边的权值*/
} edge;
/*快速排序算法*/
void QuickSort(edge edges[],int left,int right) {
    edge x;
    int i,j;
    if (left < right) {
        i = left;
        j = right;
        x = edges[i];
        while (i < j) {
            while (i < j && x.length < edges[j].length)
                j--;
            if (i < j)
                edges[i++] = edges[j];
            while (i < j && x.length > edges[i].length)
                i++;
            if (i < j)
                edges[j--] = edges[i];
        }
        edges[i] = x;
        QuickSort(edges,left,i - 1);
        QuickSort(edges,i + 1,right);
    }
}
/*获取图中的所有边*/
void GetEdge(MatrixGraph g,edge edges[]) {
    int i,j,k = 0;
    for (i = 0;i < g.n;i++) {
        for (j = 0;j < i;j++) {
            if (g.edges[i][j] != 0 && g.edges[i][j] < INFINITY) {
                edges[k].beg = i;
                edges[k].en = j;
                edges[k++].length = g.edges[i][j];
            }
        }
    }
}
/*使用Kruskal算法求解最小生成树*/
void kruskal(MatrixGraph g) {
    int i,j,k = 0,ltfl;
    int cnvx[MaxVNum];
    edge edges[MaxVNum * MaxVNum];      /*用于存放图的所有边*/
    edge tree[MaxVNum];                 /*用于存放最小生成树的边信息*/
    GetEdge(g,edges);                   /*读取所有的边*/
    QuickSort(edges,0,g.e - 1);         /*对边进行升序排列*/

    for (i = 0;i < g.n;i++)
```

```
        cnvx[i] = i;                        /*设置每个顶点的连通分量为其顶点编号*/

    for (i = 0;i < g.n - 1;i++) {
        while (cnvx[edges[k].beg] == cnvx[edges[k].en])
            k++;
            /*找到属于两个连通分量权最小的边*/
        tree[i] = edges[k];                 /*将边 k 加入生成树中*/
        ltfl = cnvx[edges[k].en];
        for (j = 0;j < g.n;j++) {
            /*将两个连通分量合并为一个连通分量*/
            if (cnvx[j] == ltfl)
                cnvx[j] = cnvx[edges[k].beg];
        }
        k++;
    }
    printf("最小生成树是: \n");
    for (j = 0;j < g.n - 1;j++) {
        printf("%c--%c%6d\n",g.vexs[tree[j].beg],g.vexs[tree[j].en],tree[j].length);
    }
}
int main() {
    MatrixGraph g;
    char filename[20];
    printf("请输入图的文件名:\n");
    gets(filename);
    creatadjmatrix(&g,filename,0);      /*创建邻接矩阵表示的图*/
    kruskal(g);                         /*使用 Kruskal 算法求解最小生成树*/
    return 0;
}
```

输入存储图 G16 信息在文件名“G16.txt”中，输出结果为：

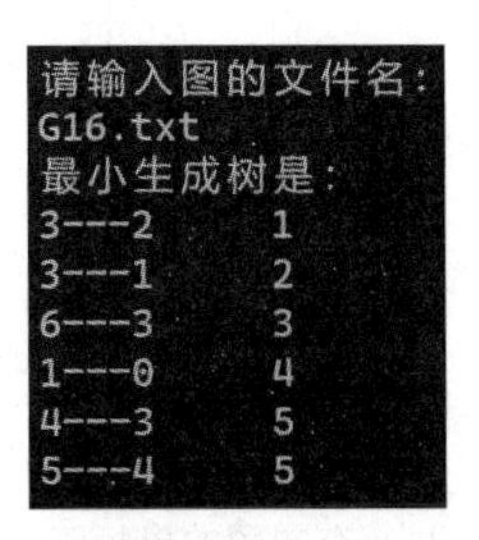

```
请输入图的文件名:
G16.txt
最小生成树是:
3---2     1
3---1     2
6---3     3
1---0     4
4---3     5
5---4     5
```

kruskal()函数中的 cnvx()向量用于保存每一个顶点所在连通分量的编号，向量 tree[]用于存储最小生成树的所有边。tree[]首先获取所有的边并按权值排序。然后为每个顶点初始化一个连通分量，开始迭代选择最小权值的边。如果该边的两个顶点属于不同的连通分量，就将这两个分量合并，并将该边加入最小生成树的边集合中。最终，当最小生成树的边数达到图的顶点数减一时，算法结束。

【算法性能分析】

由于 Kruskal 算法要求对图中的边值按非递减序列排列，所以整个算法的时间复杂度取决于排序的时间性能，当采用快速排序算法对边进行排序时，该算法的时间复杂度是 $O(e\log_2 e)$。

6.5.2 最短路径

最短路径算法在各种应用中都有广泛的用途，其可以用来解决寻找两个点之间最短路径的问题。导航系统中的导航应用程序使用最短路径算法来计算最快到达目的地的路线，这种算法可以考虑交通状况、道路类型和其他因素，以提供最佳的驾驶方向；计算机网络中的路由器使用最短路径算法来确定数据包在网络中的最佳路径，这有助于提高数据传输的效率和可靠性；电信公司使用最短路径算法来规划电话线路、光纤网络和无线网络的布局，以确保数据传输的最短延迟。这些算法在解决各种实际问题中发挥着重要作用，有助于优化资源利用、提高效率和降低成本。

1. 单源最短路径

求单源最短路径的目标是找到从图中的一个特定源结点（或称起始结点）到图中的所有其他结点的最短路径，以及这些最短路径的长度。

在图 6-21（a）所示的带权有向图 G17 中，从 V0 点到其他各顶点的最短路径如图 6-21（b）所示。

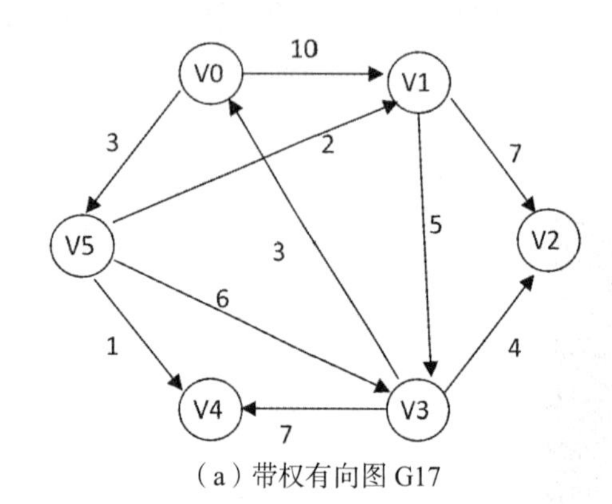

（a）带权有向图 G17

源点	终点	最短路径	路径长度
V0	V1	V0-->V5-->V1	5
	V2	V0-->V5-->V1-->V2	12
	V3	V0-->V5-->V3	9
	V4	V0-->V5-->V4	4
	V5	V0-->V5	3

（b）有向图 G17 中从 A 到其余各点的最短路径

图 6-21　有向网的最短路径示例

由图 6-21 可见，从 V0 到 V1 的最短路径是 V0→V5→V1，路径长度为 5，V0 到 V2 的最短路径是 V0→V5→V1→V2，路径长度为 12。那么这些最短路径用算法是如何求出来的呢？

Dijkstra 算法是一种逐步生成最短路径的方法，它按照路径长度递增的顺序逐个确定最短路径的顶点。该算法的核心思想是将图中的顶点分成两组：第一组包含已确定最短路径的顶点（初始时只包括源点），记为集合 S；第二组包含尚未确定最短路径的顶点，记为集合 V-S。然后，按照最短路径长度递增的顺序，逐个将 V-S 中的顶点加入 S 中，直到从源点出发可以到达的所有顶点都包含在 S 中。

在这个过程中，确保从源点到集合 S 中的任何顶点的最短路径长度都不大于从源点到集合 V-S 中的任何顶点的最短路径长度。对于集合 S 中的任何顶点，它的最短路径长度都小于集合 V-S 中的任何顶点的最短路径长度。最终，集合 S 包含了所有顶点，并且每个顶点的最短路径长度都已确定。

采用邻接矩阵来存储有向网络 G，Dijkstra 算法实现代码如算法 6-7 所示。

算法 6-7　求有向网络 G 中从一个顶点到其他顶点的最短路径

```
#include "adjmatrix.h"
#define MAX_PATH_LENGTH 100               /*定义最大路径长度*/
typedef enum{FALSE, TRUE} boolean;      /*false 为 0, true 为 1*/
typedef int dist[MaxVNum];              /*距离向量类型*/
typedef int path[MaxVNum];              /*路径类型*/
void print(MatrixGraph g)
{
   /*辅助函数，输出邻接矩阵表示的图 g*/
   int i,j;
   printf("图的顶点信息为: ");
   for (i = 0;i < g.n;i++)
      printf("%c",g.vexs[i]);
   printf("\n");
   printf("图的邻接矩阵为: \n");
   for (i = 0;i < g.n;i++)
   {
      for (j = 0; < g.n;j++)
         printf("%6d",g.edges[i][j]);
      printf("\n");
   }
}
/*Dijkstra 算法实现*/
void dijkstra(MatrixGraph g,int v0,path p,dist d)
{
   boolean final[MaxVNum];          /*表示当前元素是否已求出最短路径*/
   int i,k,j,v,min,x;
   /*第 1 步  初始化集合 S 与距离向量 d*/
   for (v = 0;v < g.n;v++)
   {
      final[v] = FALSE;
      d[v] = g.edges[v0][v];
      if (d[v] < INFINITY && d[v] != 0)
         p[v] = v0;
      else
         p[v] = -1;                 /*v 无前驱*/
   }
   final[v0] = TRUE;
   d[v0] = 0;                       /*初始时 S 中只有 v0 一个结点*/
   for (i = 1;i < g.n;i++)
   {
      min = INFINITY;
```

```
        for (k = 0;k < g.n;++k)                     /*寻找最小边入结点*/
            if (!final[k] && d[k] < min)            /*!final[k]表示 k 还在 V-S 中*/
            {
                v = k;
                min = d[k];
            }
        printf("\n%c---%d\n",g.vexs[v],min);        /*输出本次入选的顶点距离*/
        if (min == INFINITY)
            return;
        final[v] = TRUE;                            /*V 加入 S*/
        /*第 2 步  修改 S 与 V-S 中各结点的距离*/
        for (k = 0;k < g.n;++k)
            if (!final[k] && (min + g.edges[v][k] < d[k]))
            {
                d[k] = min + g.edges[v][k];
                p[k] = v;
            }
        printf("[%d]",i);
        for (k = 0;k < g.n; ++k)
            printf("%5d",d[k]);
        for (k = 0;k < g.n;++k)
            printf("%5d",p[k]);
        printf("\n");
    }
}
/*输出单源最短路径信息*/
void printAllShortestPaths(MatrixGraph g,path p,dist d,int v0)
{
    int i,j;
    for (i = 0;i < g.n;i++)
    {
        if (i != v0)
        {
            printf("从顶点%c 到顶点%c 的最短路径长度为%d\n",g.vexs[v0],g.vexs[i],d[i]);
            /*输出具体路径*/
            int path_stack[MAX_PATH_LENGTH];
            int path_length = 0;
            int current_vertex = i;
            while (current_vertex != v0)
            {
                path_stack[path_length++] = current_vertex;
                current_vertex = p[current_vertex];
            }
            printf("具体路径为: %c",g.vexs[v0]);

            for (j = path_length - 1;j >= 0;j--)
            {
                printf("-> %c",g.vexs[path_stack[j]]);
            }
            printf("\n");
        }
    }
}
int main()
{
    MatrixGraph g;    /*有向图*/
    path p;           /*路径向量*/
```

```
    dist d;                      /*最短路径向量*/
    int v0;
    creatadjmatrix(&g,"g17.txt",1);
    /*假设图 8.24 所示的有向网络 G13 的输入文件为 g13.txt*/
    print(g);                    /*输出图的邻接矩阵*/
    printf("\n");
    printf("请输入起始源点:");
    scanf("%d",&v0);             /*输入源点*/
    dijkstra(g,v0,p,d);          /*求 v0 到其他各点的最短距离*/
    /*输出 V0 到其他各点的路径信息及距离*/
    printAllShortestPaths(g,p,d,v0);
    return 0;
}
```

图 6-21（a）所示的图信息存储在 G17.txt 文件中，代码如下：

```
6  10
012345
0 1 10
0 5 3
1 2 7
1 3 5
3 0 3
3 2 4
3 4 7
5 1 2
5 3 6
5 4 1
```

代码运行结果为：

```
请输入图的文件名:G17.txt
图的顶点信息为: 0 1 2 3 4 5
图的邻接矩阵为:
     0    10  5000  5000  5000     3
  5000     0     7     5  5000  5000
  5000  5000     0  5000  5000  5000
     3  5000     4     0     7  5000
  5000  5000  5000  5000     0  5000
  5000     2  5000     6     1     0

请输入起始源点:0

    入选顶点 距离    ---------距离向量d--------    --------路径向量p----------
[i=1]   5-----3     0    5 5000    9    4    3   -1    5   -1    5    5    0
[i=2]   4-----4     0    5 5000    9    4    3   -1    5   -1    5    5    0
[i=3]   1-----5     0    5   12    9    4    3   -1    5    1    5    5    0
[i=4]   3-----9     0    5   12    9    4    3   -1    5    1    5    5    0
[i=5]   2-----12    0    5   12    9    4    3   -1    5    1    5    5    0

从顶点 0 到顶点 1 的最短路径长度为 5
具体路径为:  0 -> 5 -> 1
从顶点 0 到顶点 2 的最短路径长度为 12
具体路径为:  0 -> 5 -> 1 -> 2
从顶点 0 到顶点 3 的最短路径长度为 9
具体路径为:  0 -> 5 -> 3
从顶点 0 到顶点 4 的最短路径长度为 4
具体路径为:  0 -> 5 -> 4
从顶点 0 到顶点 5 的最短路径长度为 3
具体路径为:  0 -> 5
```

以上算法执行时，距离向量 d 中存储的是已在最短路径集合 S 中的顶点，不在最短路径集合中的顶点的边的权值，路径向量 p 中存储的是不在最短路径集合中的顶点，在最短路径集合内 S 中能找到的直接前驱顶点下标，在集合 S 中找不到直接前驱顶点就用-1 表示。

设定最短路径集合为 S，图中不在 S 中的顶点集合为 V-S。

① 初始态，只有指定的源结点 V0 在已确定最短路径的顶点集合 S 中，V0 和 V1 之间有一条边，权值为 10，V0 和 V5 之间有一条边，权值为 3，因此，距离向量初始化时 d[1]=10，d[5]=3。

距离向量 d

下标	0	1	2	3	4	5
距离	0	10	∞	∞	∞	3

初始化时，因为源结点 V0 只有到 V1 与 V5 的边，也就是说，只有 V1 与 V5 有在最短路径集合 S 中的直接前驱顶点，就是 V0，所以路径向量中 p[1]=0，p[5]=0。

路径向量 p

下标	0	1	2	3	4	5
前驱	−1	0	−1	−1	−1	0

② 当 i=1 时，在距离向量中选取值最小的 d[5]，即选取从 V5 到 S 中，V0 通过 V5 可以到达 V1、V3 和 V4，在距离向量中更新 d[1]、d[3]、d[4]。

距离向量 d

下标	0	1	2	3	4	5
距离	0	5	∞	9	4	3

这时顶点 V1、V3 和 V4 的前驱也变为顶点 V5。

路径向量 p

下标	0	1	2	3	4	5
前驱	−1	5	−1	5	5	0

③ 当 i=2 时，在距离向量中选取值最小的 d[4]，即选取从 V4 到 S 中，V0 通过 V5→V4 没有其他顶点可到达，距离向量无更新。

距离向量 d

下标	0	1	2	3	4	5
距离	0	5	∞	9	4	3

路径向量 p 也无更新。

路径向量 p

下标	0	1	2	3	4	5
前驱	-1	5	-1	5	5	0

④ 当 i=3 时，在距离向量中选取值最小的 d[1]，即选取从 V1 到 S 中，V0 可通过 V1 到达 V3，但因 V0→V1→V3 的路径长度为 15，大于 V0→V5→V3 的路径长度 9，所以 d[3]保持原来的 9 不变；V0 可通过 V5→V1 到达 V2，更新 d[2]。

距离向量 d

下标	0	1	2	3	4	5
距离	0	5	12	9	4	3

因为 V2 的前驱顶点变为 V1，所以路径向量 p 中 p[1]更新为 1。

路径向量 p

下标	0	1	2	3	4	5
前驱	-1	5	1	5	5	0

⑤ 当 i=4 时，在距离向量中选取值最小的 d[3]，即选取从 V3 到 S 中，此时 V0 可通过 V5→V3 到达 V2，路径长度为 13，大于原来的 12，所以 d[2]不需要更新。

距离向量 d

下标	0	1	2	3	4	5
距离	0	5	12	9	4	3

路径向量 p 也不需要更新。

路径向量 p

下标	0	1	2	3	4	5
前驱	-1	5	1	5	5	0

⑥ 当 i=5 时，在距离向量中选取 d[2]。

距离向量 d

下标	0	1	2	3	4	5
距离	0	5	12	9	4	3

路径向量 p 也不需要更新。

路径向量 p

下标	0	1	2	3	4	5
前驱	-1	5	1	5	5	0

综上所述，Dijkstra 算法中各变量的动态执行情况如下。

循环	集合 S	v	距离向量 d						路径向量 p					
			0	1	2	3	4	5	0	1	2	3	4	5
初始化	{V0}	–	0	10	∞	∞	∞	3	−1	0	−1	−1	−1	0
1	{V0V5}	5	0	5	∞	9	4	3	−1	5	−1	5	5	0
2	{V0V5V4}	4	0	5	∞	9	4	3	−1	5	−1	5	5	0
3	{V0V5V4V1}	1	0	5	12	9	4	3	−1	5	1	5	5	0
4	{V0V5V4V1V3}	3	0	5	12	9	4	3	−1	5	1	5	5	0
5	{V0V5V4V1V3V2}	2	0	5	12	9	4	3	−1	5	1	5	5	0

【算法性能分析】

对于一个有 n 个顶点和 e 条边的带权有向图，采用邻接矩阵存储结构时，Dijkstra 单源最短路径算法的时间复杂度为 $O\left(n^2\right)$。

2. 所有顶点对的最短路径

所有顶点对的最短路径问题是指：对于给定的有向网络 G=（V，E），求图中任意一对顶点的最短路径。

解决这个问题显然可以利用单源最短路径算法，具体做法是依次把有向网络 G 中的每个顶点作为源点，重复执行 Dijkstra 算法 n 次，即执行循环体：

```
for(v=0;v<g.n;v++)
{
    dijkstra(g,v,p,d);
    print_gpd(g,p,d);
}
```

就可求出每一对顶点之间的最短路径及其长度，该方法的执行时间为 $O(n^3)$。

本节介绍 Floyd 提出的另一种求所有顶点对最短路径的算法，虽然该算法的执行时间仍为 $0(n^3)$，但该算法在解决这个问题的形式上更简单。

Floyd 算法采用动态规划的方法，其基本原理如下。

（1）初始化距离矩阵：创建一个二维矩阵，通常称为距离矩阵，用于存储每对结点之间的最短距离。如果两个结点之间有直接边相连，则矩阵中对应的元素是这条边的权重；如果两个结点之间没有直接边相连，则矩阵中对应的元素初始化为无穷大。同时，对角线上的元素初始化为零，表示每个结点到自身的距离为零。

（2）逐步更新距离矩阵：Floyd 算法使用三重循环来逐步更新距离矩阵。外层循环迭代所有结点，中间循环迭代所有结点对作为可能的中间结点，内层循环用来比较通过中间结点的路径是否比当前已知的最短路径更短。如果是的话，就更新距离矩阵中的值。具体步骤是采用插点法：对于每一对结点 i 和 j，检查是否存在一个结点 k，使得从结点 i 到结点 k 再到结点 j 的路径距离比当前已知的最短路径距离更短。如果是的话，就更新距离矩阵中的值：distance[i][j] = min(distance[i][j], distance[i][k] + distance[k][j])。

（3）重复步骤（2）直到距离矩阵不再发生改变或者所有结点对的最短路径都被找到。一旦距离矩阵不再改变，算法结束。

（4）解决问题：一旦 Floyd 算法执行完毕，距离矩阵中的值就包含了所有结点对之间的最短路径长度。

采用邻接矩阵来存储有向网络 G，Floyd 算法实现代码如算法 6-8 所示。

算法 6-8 求有向网络 G 中每一对顶点之间的最短路径

```
#include "adjmatrix.h"
#define M MaxVNum
typedef int dist[M][M];         /*距离矩阵类型*/
typedef int path[M][M];         /*路径矩阵类型*/
/*函数：Floyd 算法实现，计算所有顶点对的最短路径和距离*/
void floyd(MatrixGraph g,path p,dist d) {
    int i,j,k;
    /*初始化*/
    for (i=0;i<g.n;i++)
        for (j=0;j<g.n;j++)
            {d[i][j]=g.edges[i][j];
                if (i!=j && d[i][j]<INFINITY ) p[i][j]=i;else p[i][j]=-1;
            }
    for (k=0;k<g.n;k++)          /*递推求解每一对顶点间的最短距离*/
        { for (i=0;i<g.n;i++)
        for (j=0;j<g.n;j++)
        if (d[i][j]>(d[i][k]+d[k][j]))
        { d[i][j]=d[i][k]+d[k][j];
            p[i][j]=k;
        }
    }
  }
/*函数：输出最短路径和距离信息*/
void output_pd(MatrixGraph g,path p,dist d)
    { /*输出有向图的最短路径*/
    int i,j;
    printf("Short distance:\n");
    for (i=0;i<g.n;i++)
        { for (j=0;j<g.n;j++)
            printf("%7d",d[i][j]);
            printf("\n");
        }
    printf("Path:\n");
    for (i=0;i<g.n;i++)
       { for (j=0;j<g.n;j++)
            printf("%7d",p[i][j]);
            printf("\n");
        }
    }
int main() {
    MatrixGraph g;
```

```
    path p;
    dist d;
    char filename[20];
    printf("Enter the filename for the directed graph:");
    scanf("%s",filename);
    /*创建邻接矩阵表示的有向图*/
    creatadjmatrix(&g,filename,1);
    /*使用 Floyd 算法计算最短路径*/
    floyd(g,p,d);
    /*输出最短路径和距离信息*/
    output_pd(g,p,d);
    return 0;
}
```

针对图 6-21 所示的有向图 G17，算法运行结果如下：

```
Enter the filename for the directed graph: G17.txt
Short distance:
      0      5     12      9      4      3
      8      0      7      5     12     11
   5000   5000      0   5000   5000   5000
      3      8      4      0      7      6
   5000   5000   5000   5000      0   5000
      9      2      9      6      1      0
Path:
     -1      5      5      5      5      0
      3     -1      1      1      3      3
     -1     -1     -1     -1     -1     -1
      3      5      3     -1      3      0
     -1     -1     -1     -1     -1     -1
      3      5      1      5      5     -1
```

以上算法定义了一个最短距离数组 dist[M][M]，dist[i][j]表示从当前顶点 i 到顶点 j 的最短距离；还定义了一个前驱数组 path[M][M]，path[i][j]表示从顶点 i 到顶点 j 的路径上顶点 j 的前驱顶点下标。算法执行过程中，两个数组的更新情况如下。

（1）初始化。

对图 G17，V0 到 V1 有边，V0 到 V5 有边，权值分别为 10 和 3，弧<V0,V1>上 V1 的前驱是 V0，弧<V0,V5>上 V5 的前驱也是 V0，其他顶点以此类推，因此 dist[M][M]和 path[M][M]初始化如下。

	dist						path					
	0	1	2	3	4	5	0	1	2	3	4	5
0	0	10	5000	5000	5000	3	−1	0	−1	−1	−1	0
1	5000	0	7	5	5000	5000	−1	−1	1	1	−1	−1
2	5000	5000	0	5000	5000	5000	−1	−1	−1	−1	−1	−1
3	3	5000	4	0	7	5000	3	−1	3	−1	3	−1
4	5000	5000	5000	5000	0	5000	−1	−1	−1	−1	−1	−1
5	5000	2	5000	6	1	0	−1	5	−1	5	5	−1

（2）k=0。

将 V0 作为中间结点插入以上路径中，如果插入之后的路径长度小于当前路径长度，就把 dist 数组中的路径值更新为插入之后的路径长度，同时更新 path，如图 6-22 所示。

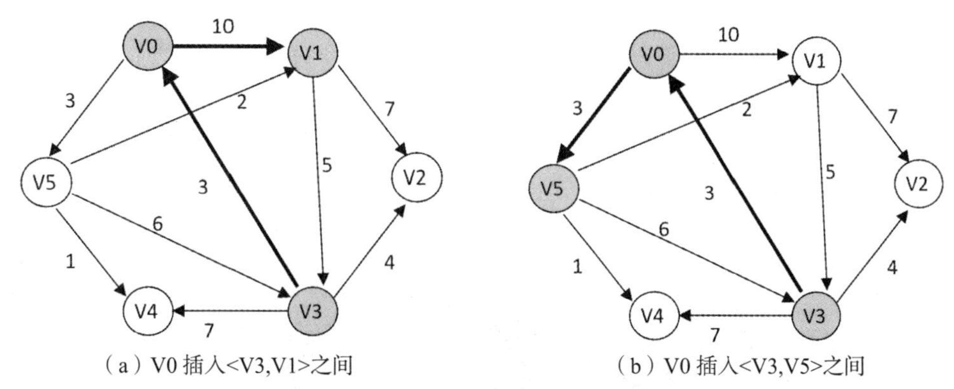

（a）V0 插入<V3,V1>之间　　（b）V0 插入<V3,V5>之间

图 6-22　当 k=0 时路径更新示意图

如图 6-22 所示，顶点 V3 到 V1 原本没有路径，插入 V0 之后，V3 可以通过 V0 到达 V1，路径长度为 13；顶点 V3 到 V5 原本没有路径，插入 V0 之后，V3 可以通过 V0 到达 V5，路径长度为 6；其他顶点的路径长度不变。因此，dist[M][M]中 dist[3][1]和 dist[3][5]更新为 13 和 6，path[M][M]中 path[3][1]和 path[3][5]更新为 0。

	dist						path					
	0	1	2	3	4	5	0	1	2	3	4	5
0	0	10	5000	5000	5000	3	−1	0	−1	−1	−1	0
1	5000	0	7	5	5000	5000	−1	−1	1	1	−1	−1
2	5000	5000	0	5000	5000	5000	−1	−1	−1	−1	−1	−1
3	3	13	4	0	7	6	3	0	3	−1	3	0
4	5000	5000	5000	5000	0	5000	−1	−1	−1	−1	−1	−1
5	5000	2	5000	6	1	0	−1	5	−1	5	5	−1

（3）k=1。

把 V1 作为中间结点插入以上路径中。如图 6-23 所示，顶点 V0 到 V2 原本没有路径，插入 V1 之后，V0 可以通过 V1 到达 V2，路径长度为 17；顶点 V0 到 V3 原本没有路径，插入 V1 之后，V0 可以通过 V1 到达 V3，路径长度为 15；顶点 V5 到 V2 原本没有路径，插入 V1 之后，V5 可以通过 V1 到达 V2，路径长度为 9；其他顶点的路径长度不变。

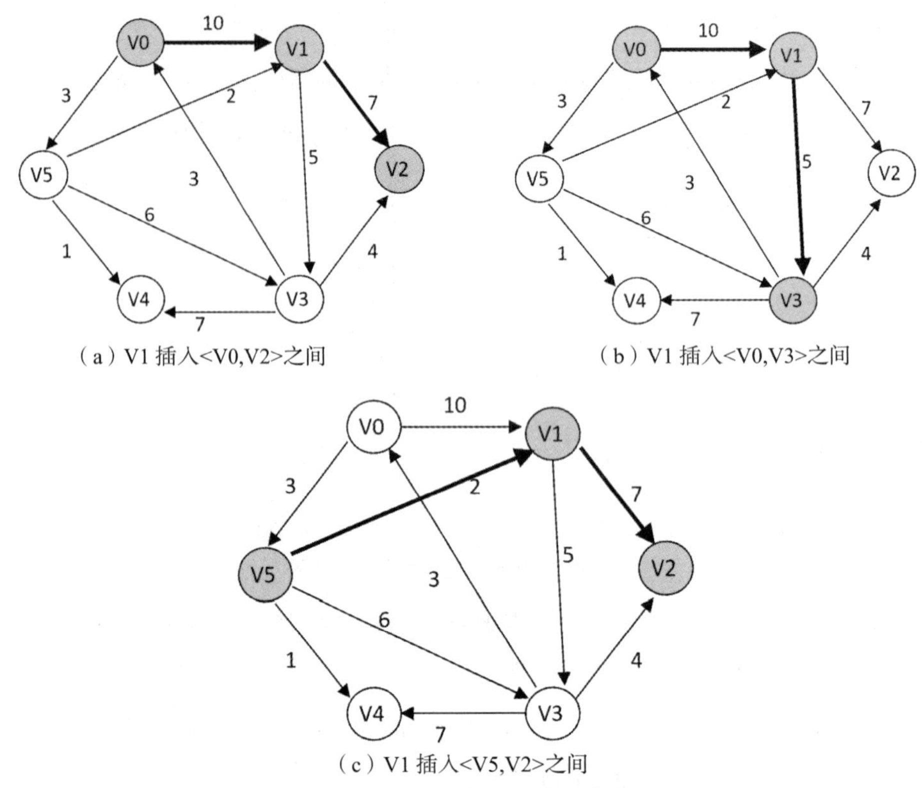

（a）V1 插入<V0,V2>之间

（b）V1 插入<V0,V3>之间

（c）V1 插入<V5,V2>之间

图 6-23　当 k=1 时路径更新示意图

因此 dist[M][M]中 dist[0][2]更新为 17、dist[0][3]更新为 15、dist[5][2]更新为 9、path[M][M]中 path[0][2]、path[0][3]和 path[5][2]都更新为 1。

	dist						path					
	0	1	2	3	4	5	0	1	2	3	4	5
0	0	10	17	15	5000	3	−1	0	1	1	−1	0
1	5000	0	7	5	5000	5000	−1	−1	1	1	−1	−1
2	5000	5000	0	5000	5000	5000	−1	−1	−1	−1	−1	−1
3	3	13	4	0	7	6	3	0	3	−1	3	0
4	5000	5000	5000	5000	0	5000	−1	−1	−1	−1	−1	−1
5	5000	2	9	6	1	0	−1	5	1	5	5	−1

（4）k=2。

将 V2 作为中间结点插入以上路径中，因为没有从 V2 出发到达其他顶点的弧，所以所有顶点的路径长度不变，数组 dist[M][M]和 path[M][M]不进行更新。

（5）k=3。

将 V3 作为中间结点插入以上路径中。如图 6-24 所示，顶点 V0 到 V4 原本没有路径，插入 V3 之后，结合 V0 到 V1 原有的路径<V0,V1>，V0 可以通过 V1 到达 V3 再到达 V4，路径长度为22；顶点V1到V0原本没有路径，插入V3之后，V1可以通过V3到达V0，路径长度为8；顶点V1到V4原本没有路径，插入V3之后，V1可以通过V3到达V4，路径长度为12；顶点V1到V5原本没有路径，插入V3之后，V1可以通过V3到达V0再到达V5，路径长度为11；顶点V5到V0原本没有路径，插入V3之后，V5可以通过V3到达V0，路径长度为9；其他顶点的路径长度不变。

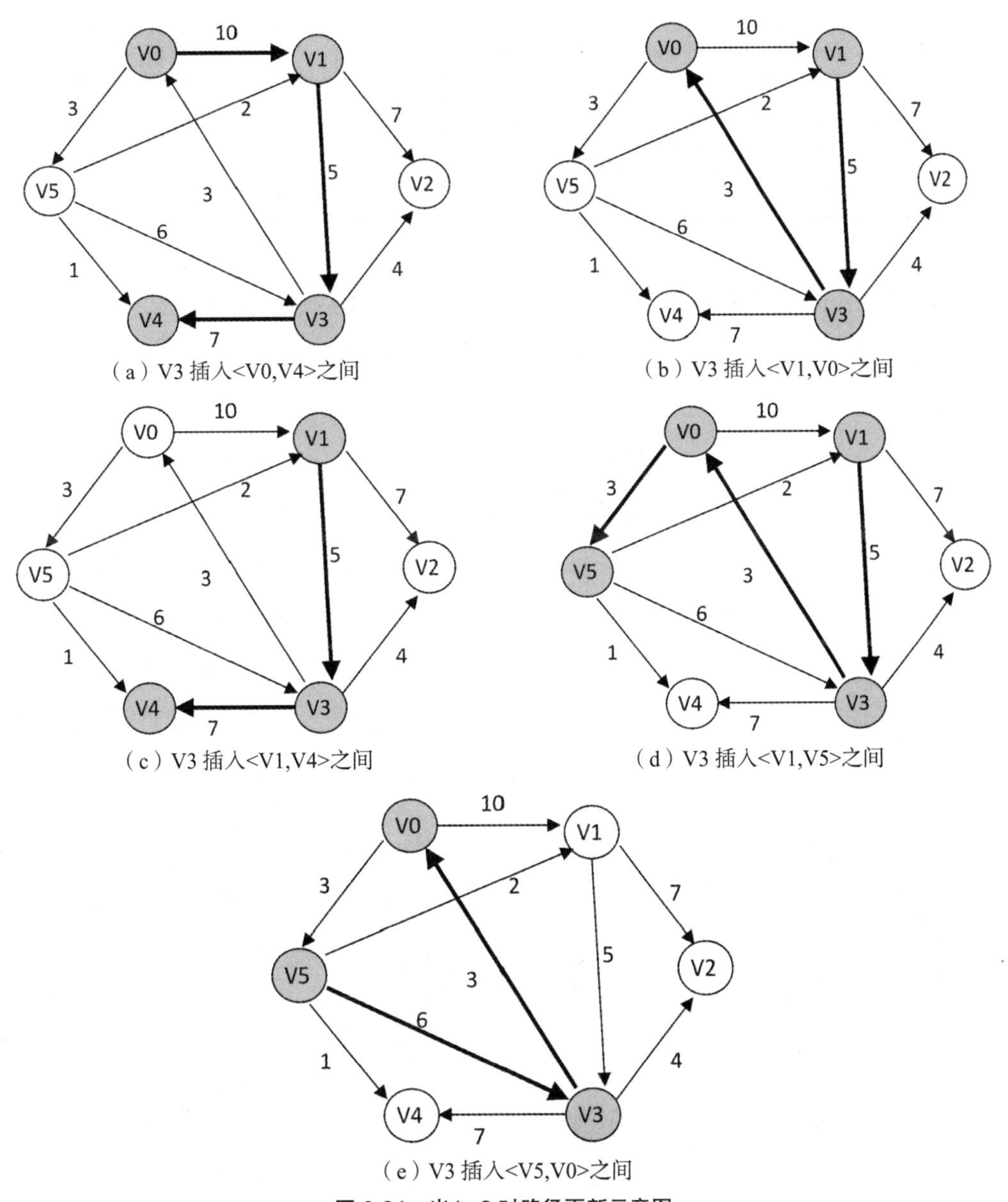

（a）V3插入<V0,V4>之间

（b）V3插入<V1,V0>之间

（c）V3插入<V1,V4>之间

（d）V3插入<V1,V5>之间

（e）V3插入<V5,V0>之间

图6-24　当k=3时路径更新示意图

因此dist[M][M]中dist[0][4]更新为22、dist[1][0]更新为8、dist[1][4]更新为12、dist[1][5]

更新为 11、dist[5][0]更新为 9，path[M][M]中 path[0][4]、path[1][0]、path[1][4]、path[1][5]和 path[5][0]都更新为 3。

	dist						path					
	0	1	2	3	4	5	0	1	2	3	4	5
0	0	10	17	15	22	3	−1	0	1	1	3	0
1	8	0	7	5	12	11	3	−1	1	1	3	3
2	5000	5000	0	5000	5000	5000	−1	−1	−1	−1	−1	−1
3	3	13	4	0	7	6	3	0	3	−1	3	0
4	5000	5000	5000	5000	0	5000	−1	−1	−1	−1	−1	−1
5	9	2	9	6	1	0	3	5	1	5	5	−1

（6）k=4。

将 V4 作为中间结点插入以上路径中，因为没有从 V2 出发到达其他顶点的弧，所以所有顶点的路径长度不变，数组 dist[M][M]和 path[M][M]不进行更新。

（7）k=5。

将 V5 作为中间结点插入以上路径中。如图 6-25 所示，顶点 V0 到 V1 原本路径的长度为 10，插入 V5 之后，V0 可以通过 V5 到达 V1，路径长度为 5，小于 10；顶点 V0 到 V2 原本路径的长度为 17，插入 V5 之后，V0 可以通过 V5 到达 V1 再到达 V2，路径长度为 12，小于 17；顶点 V0 到 V3 原本路径的长度为 15，插入 V5 之后，V0 可以通过 V5 到达 V3，路径长度为 9，小于 15；顶点 V0 到 V4 原本路径的长度为 22，插入 V5 之后，V0 可以通过 V5 到达 V4，路径长度为 4，小于 22；顶点 V3 到 V1 原本路径的长度为 13，插入 V5 之后，V3 可以通过 V0 到达 V5 再到达 V1，路径长度为 8，小于 13；其他顶点的路径长度不变。

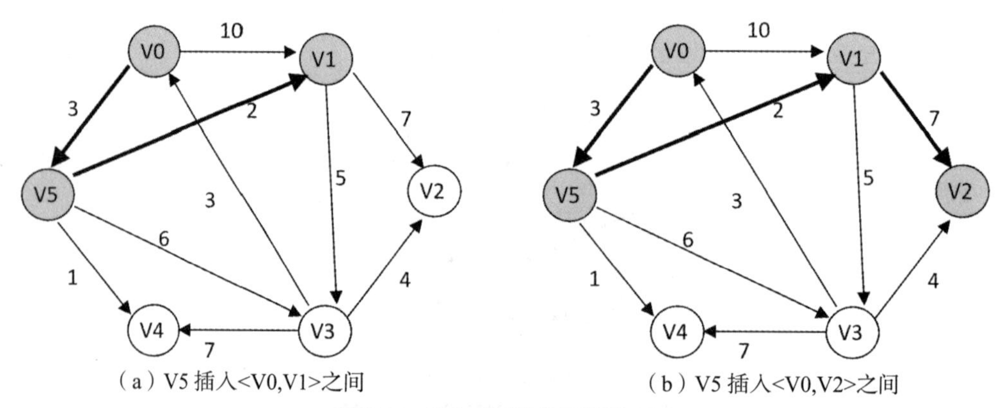

（a）V5 插入<V0,V1>之间　　（b）V5 插入<V0,V2>之间

图 6-25　当 k=5 时路径更新示意图

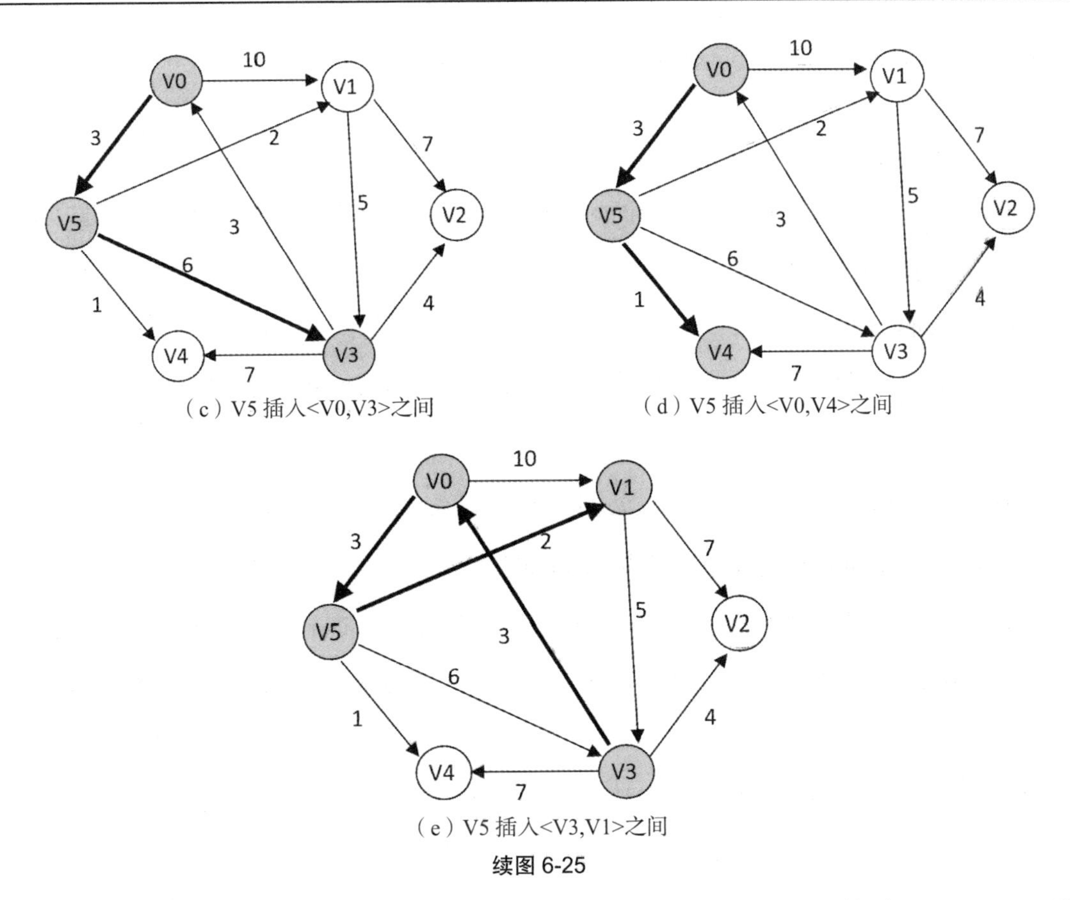

（c）V5 插入<V0,V3>之间

（d）V5 插入<V0,V4>之间

（e）V5 插入<V3,V1>之间

续图 6-25

因此 dist[M][M]中 dist[0][1]更新为 5、dist[0][2]更新为 12、dist[0][3]更新为 9、dist[0][4]更新为 4、dist[3][1]更新为 8、path[M][M]中 path[0][1]、path[0][2]、path[0][3]、path[0][4]和 dist[3][1]都更新为 5。

	dist						path					
	0	1	2	3	4	5	0	1	2	3	4	5
0	0	5	12	9	4	3	−1	5	5	5	5	0
1	8	0	7	5	12	11	3	−1	1	1	3	3
2	5000	5000	0	5000	5000	5000	−1	−1	−1	−1	−1	−1
3	3	8	4	0	7	6	3	5	3	−1	3	0
4	5000	5000	5000	5000	0	5000	−1	−1	−1	−1	−1	−1
5	9	2	9	6	1	0	3	5	1	5	5	−1

（8）插点结束。

dist[M][M]数组即为各顶点之间的最短距离，如果想寻找顶点 i 到顶点 j 的最短路径，可以根据前驱数组 path[M][M]获得。例如，求 V3 到 V1 的最短路径，首先读取 path[3][1]=5，说明 V1 的前驱为 V5，再向前找，读取 path[3][5]=0，说明 V5 的前驱为 V0，再读取 path[3][0]=3，说明 V0 的前驱为 V3，因此 V3 到 V1 的最短路径为 V3→V0→V5→V1。

【算法性能分析】

（1）时间复杂度。

Floyd 算法中递推求解每一对顶点间的最短距离时，用到了 3 层 for 语句循环，因此时间复杂度为 $O(n^3)$。

（2）空间复杂度。

采用两个辅助数组——最短距离数组 dist[i][j]和前驱数组 pathdist[i][j]，因此空间复杂度为 $O(n^2)$。

尽管 Floyd 算法的时间复杂度为 $O(n^3)$，但其代码简单，对于中等输入规模来说，仍然很有效。如果用 Dijkstra 算法求解各个顶点之间的最短路径，则需要以每个顶点为源点调用一次，一共调用 n 次，其总的时间复杂度也为 $O(n^3)$。值得注意的是，Dijkstra 算法无法处理带负权值边的图，Floyd 算法可以处理带负权值边的图，但是不允许图中包含负圈（权值为负的圈）。

6.6 案例分析与实现

6.6.1 案例一

【案例分析】

该案例主要实现使用通信线路将所有城市连通，并且每两个城市间有且只有一条通路，可简化为求解最小生成树问题。

【解决思路】

（1）将各城市简化为图形结构顶点。

序号	城市	对应顶点
1	西安	V0
2	郑州	V1
3	合肥	V2
4	南昌	V3
5	长沙	V4
6	武汉	V5

（2）将各城市间距离简化为图形结构的边，如图 6-26 所示。

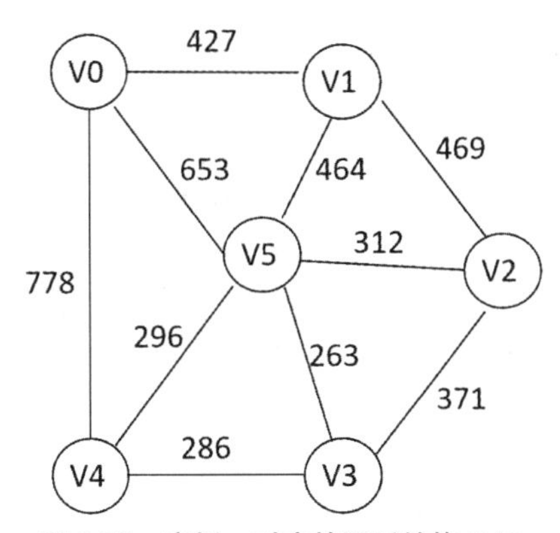

图 6-26 案例一对应的图形结构 G18

G18 结构可用“G18.txt”文件保存，代码如下：

```
6 10
012345
0 1 427
0 4 778
0 5 653
1 2 469
1 5 464
2 3 371
2 5 312
3 4 286
3 5 263
4 5 296
```

（3）调用 prim 或 Kruskal 算法来求出图形的最小生成树即可。

【代码实现】

代码实现参见算法 6-5，运行时图形文件名输入“G18.txt”。

运行结果如下。

```
Please input filename of Graph:G18.txt
Adjacency Matrix:
0       427     5000    5000    778     653
427     0       469     5000    5000    464
5000    469     0       371     5000    312
5000    5000    371     0       286     263
778     5000    5000    286     0       296
653     464     312     263     296     0

The minimum cost spanning tree is:
0---1  427
1---5  464
5---3  263
3---4  286
5---2  312
The root of it is 0
```

由此可见，花费最少的通信线路铺设方案如下。

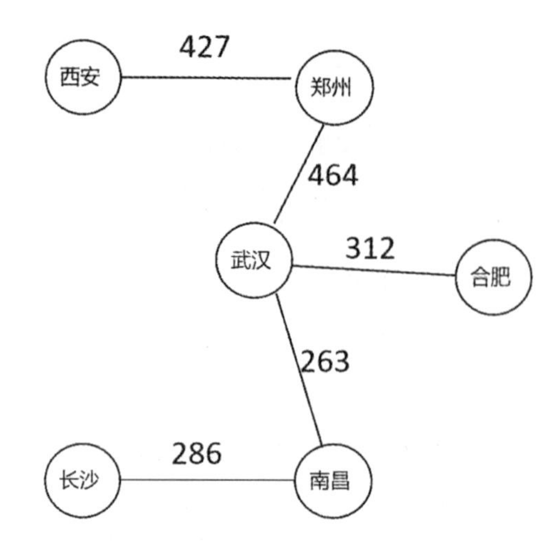

6.6.2 案例二

【案例分析】

该案例求解从大连到武汉时间最短的走法，实际为求单源最短路径问题。

【解决思路】

将各城市间距离简化为图形结构的边，如图 6-27 所示。

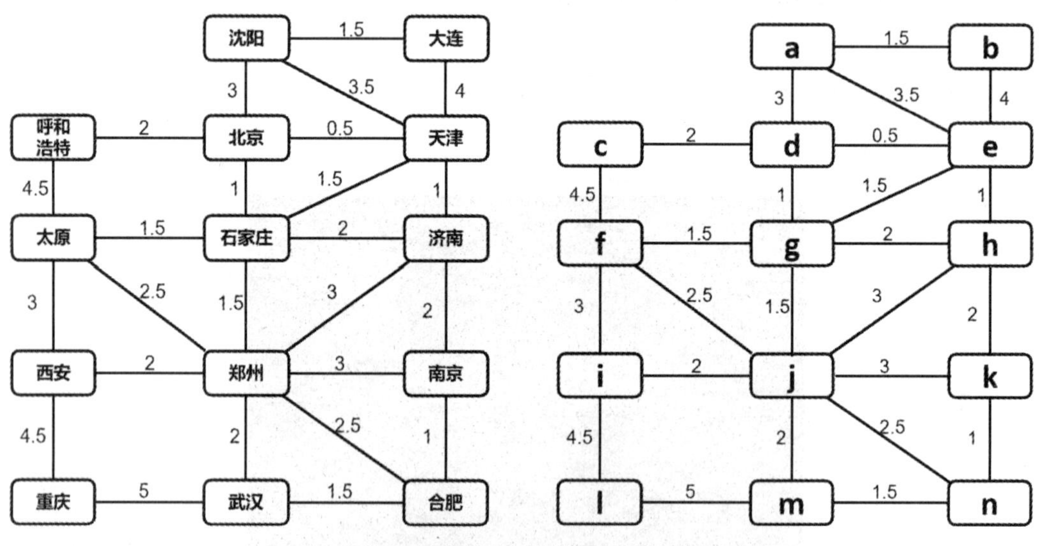

图 6-27　案例二对应的图形结构 G19

选取图 6-27 中与大连和武汉相关联的部分图形，并将各顶点简化如下。

序号	城市	顶点名称
1	沈阳	a
2	大连	b
3	呼和浩特	c
4	北京	d
5	天津	e
6	太原	f
7	石家庄	g
8	济南	h
9	西安	i
10	郑州	j
11	南京	k
12	重庆	l
13	武汉	m
14	合肥	n

G19 结构可用“G19.txt”文件保存，代码如下：

```
14   24
abcdefghijklmn
0 1 1.5
0 3 3
0 4 3.5
1 4 4
2 3 2
2 5 4.5
3 4 0.5
3 6 1
4 6 1.5
4 7 1
5 6 1.5
5 8 3
5 9 2.5
6 7 2
6 9 1.5
7 9 3
7 10 2
8 9 2
8 11 4.5
9 10 3
9 12 2
9 13 2.5
11 12 5
12 13 1.5
```

调用 Dijkstra 算法求解顶点 V1 到 V12 的最短路径。

【代码实现】

（1）图 6-27 中边的权值带有小数，在建立邻接矩阵时要用 float 类型来保存权重，所以需要对头文件“adjmatrix.h”进行修改，代码如下：

```
/*-------------文件 adjmatrix.h---------------*/
/******************************************/
/*               邻接矩阵类型定义                */
/******************************************/
#include <stdio.h>
#define INFINITY 5000                   /*此处用 5000 代表无穷大*/
#define MaxVNum 20                      /*最大顶点数*/
typedef char vertextype;                /*顶点值类型*/
typedef float edgetype;                 /*权值类型*/
typedef struct {
   vertextype vexs[MaxVNum];            /*顶点信息域*/
   edgetype edges[MaxVNum][MaxVNum]; /*邻接矩阵*/
   int n,e;                             /*图中的顶点总数与边数*/
} MatrixGraph;                          /*邻接矩阵表示的图类型*/
/******************************************/
/*            建立网络的邻接矩阵存储结构          */
/******************************************/
void creatadjmatrix(MatrixGraph *g,char *filename,int c) {
/*函数参数中 filename 为存放无向图内容的文件名称，c=0 代表无向图，c=1 代表有向图*/
   int i,j;
   /*初始化邻接矩阵*/
   for (i = 0;i < MaxVNum;i++)
      for (j = 0;j < MaxVNum;j++)
        if (i==j) g->edges[i][j] = 0;
        else g->edges[i][j] = INFINITY;
   /*打开文件*/
   FILE *file = fopen(filename,"r");
   if (file == NULL) {
      perror("Error opening file");
   }
   /*从文件读取顶点数、边数及顶点序列*/
   fscanf(file,"%d %d",&g->n,&g->e);
   for (i = 0;i < g->n;i++) {
      fscanf(file,"%c",&g->vexs[i]);
   }
   /*从文件读取每条边的权值*/
   for (i = 0;i < g->e;i++) {
      int v1,v2;
      float weight;
      fscanf(file,"%d %d %f",&v1,&v2,&weight);
      g->edges[v1][v2] = weight;
      if (c==0)
      g->edges[v2][v1] = weight;
   }
   fclose(file);
}
```

（2）调用 Dijkstra 算法，并输出最短路径，代码如下：

```
#include "adjmatrix.h"
#define MAX_PATH_LENGTH 100                     /*定义最大路径长度*/
typedef enum{FALSE,TRUE} boolean;               /*false 为 0，true 为 1*/
typedef float dist[MaxVNum];                    /*距离向量类型*/
typedef int path[MaxVNum];                      /*路径类型*/
/*Dijkstra 算法实现*/
void dijkstra(MatrixGraph g,int v0,path p,dist d)
{
   boolean final[MaxVNum];                      /*表示当前元素是否已求出最短路径*/
   int i,k,j,v,x;
      float min;
   /*第 1 步  初始化集合 S 与距离向量 d*/
   for (v = 0;v < g.n;v++)
   {
      final[v] = FALSE;
      d[v] = g.edges[v0][v];
      if (d[v] < INFINITY && d[v] != 0)
         p[v] = v0;
      else
         p[v] = -1;                             /*v 无前驱*/
   }
   final[v0] = TRUE;
   d[v0] = 0;                                   /*初始时 s 中只有 v0 一个结点*/
   for (i = 1;i < g.n;i++)
   {
      min = INFINITY;
      for (k = 0;k < g.n;++k)                   /*找最小边入结点*/
         if (!final[k] && d[k] < min)           /*!final[k]表示 k 还在 V-S 中*/
         {
            v = k;
            min = d[k];
         }
      if (min == INFINITY)
         return;
      final[v] = TRUE;                          /*V 加入 S*/
      /*第 3 步  修改 S 与 V-S 中各结点的距离*/
      for (k = 0;k < g.n;++k)
         if (!final[k] && (min + g.edges[v][k] < d[k]))
         {
            d[k] = min + g.edges[v][k];
            p[k] = v;
         }
   }
   printf("\n");
}
```

```
/*输出单源最短路径信息*/
void printAllShortestPaths(MatrixGraph g,path p,dist d,int v0,int v1)
{
    int j;
    printf("从顶点%c 到顶点%c 的最短路径长度为%5.1f\n",g.vexs[v0],g.vexs[v1],d[v1]);
    /*输出具体路径*/
    int path_stack[MAX_PATH_LENGTH];
    int path_length = 0;
    path_stack[path_length++] = v1;
    v1 = p[v1];
    printf("具体路径为: %c",g.vexs[v0]);
    for (j = path_length - 1;j >= 0;j--)
            {
                printf("-> %c",g.vexs[path_stack[j]]);
            }
            printf("\n");
}
int main()
{
    MatrixGraph g;                          /*有向图*/
    path p;                                 /*路径向量*/
    dist d;                                 /*最短路径向量*/
    int v0,v1;
    char filename[20];
    printf("请输入图的文件名:");
    gets(filename);
    creatadjmatrix(&g,filename,0);          /*创建邻接矩阵表示的图*/
    printf("请输入起始源点下标:");
    scanf("%d",&v0);                        /*输入源点*/
    printf("请输入终点下标:");
    scanf("%d",&v1);                        /*输入源点*/
    dijkstra(g,v0,p,d);                     /*求 v0 到其他各点的最短距离*/
    printAllShortestPaths(g,p,d,v0,v1);
    return 0;
}
```

运行结果为:

```
请输入图的文件名:G19.txt
请输入起始源点下标:1
请输入终点下标:12

从顶点 b 到顶点 m 的最短路径长度为   9.0
具体路径为:  b -> e -> g -> j -> m
```

由上可见，从大连，经过天津、石家庄、郑州到武汉花费时间最短。

6.7　本章小结

本章主要介绍图的基本概念和存储方式，重点讲解图的遍历及应用。

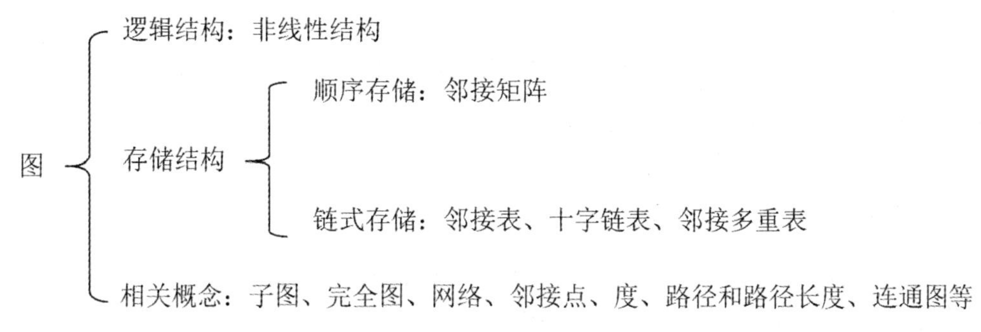

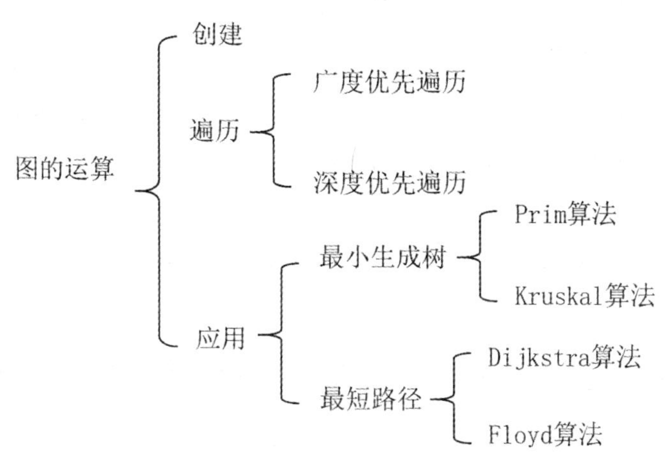

1. 图的存储结构

（1）邻接矩阵。

① 在无向图中，如果 v_i 到 v_j 有边，则邻接矩阵 M[i][j]=M[j][i]=1，否则 M[i][j]=0。

$$\mathbf{M}[i][j]=\mathbf{M}[j][i]=\begin{cases}1,\ 若(vi,\ vj)\in E(G)\\0,\ 若i=j或(vi,\ vj)\notin E(G)\end{cases}$$

② 在有向图中，如果 v_i 到 v_j 有边，则邻接矩阵 **M**[i][j]=1，否则 **M**[i][j]=0。

$$\mathbf{M}[i][j]=\begin{cases}1,\ 若\langle vi,\ vj\rangle\in E(G)\\0,\ 若i=j或\langle vi,\ vj\rangle\notin E(G)\end{cases}$$

注意：尖括号 $<v_i,v_j>$ 表示有序对，圆括号（v_i,v_j）表示无序对。

③ 在网结构中，如果 v_i 到 v_j 有边，则邻接矩阵 **M**[i][j]=w_{ij}（w_{ij} 为该条边上的权值），否则 **M**[i][j]=∞。

$$\mathbf{M}[i][j]=\begin{cases}\text{wij},\text{若}(\text{vi},\text{vj})\in E(G)\text{或}\langle \text{vi},\text{vj}\rangle\in E(G)\\ 0,\text{若}(\text{vi},\text{vj})\in E(G)\text{或}\langle \text{vi},\text{vj}\rangle\notin E(G)\text{且}i=j\\ \infty,\text{若}(\text{vi},\text{vj})\in E(G)\text{或}\langle \text{vi},\text{vj}\rangle\notin E(G)\text{且}i\neq j\end{cases}$$

（2）邻接表。

邻接表是图的一种链式存储方法。邻接表包含顶点和邻接点两部分。顶点包括顶点信息和指向第一个邻接点的指针，邻接点包括邻接点的存储下标和指向下一个邻接点的指针。顶点 v 的所有邻接点构成一个单链表。

① 无向图邻接表的特点如下。

- 如果无向图有 n 个顶点、e 条边，则顶点表有 n 个结点，邻接点表有 2e 个结点。
- 顶点的度为该顶点后面单链表中的结点数。

② 有向图邻接表的特点如下。

- 如果有向图有 n 个顶点、e 条边，则顶点表有 n 个结点，邻接点表有 e 个结点。
- 顶点的出度为该顶点后面单链表中的结点数。

2. 图的遍历

（1）广度优先遍历（BFS）：从某个顶点（源点）出发，一次性访问所有未被访问的邻接点，再依次从这些访问过的邻接点出发。

（2）深度优先遍历（DFS）：沿着一条路径一直走下去，无法行进时，回退到刚刚访问的结点。

3. 图的应用

（1）最小生成树。

① Prim 算法：选取连接 U 和 V-U 的所有边中的最短边，即满足条件 i∈U，j∈V-U，且边（i，j）是连接 U 和 V-U 的所有边中的最短边，即该边的权值最小。然后，将顶点 j 加入集合 U、边（i，j）加入 TE。继续上面的贪心选择，一直进行到 U=V 为止，此时，选取到的 n-1 条边恰好构成图 G 的一棵最小生成树 T。

② Kruskal 算法：将这 n 个顶点看成是 n 个孤立的连通分支。它首先将所有的边按权值从小到大排序，然后只要 T 中选中的边数不到 n−1，就进行如下的贪心选择：在边集 E 中选取权值最小的边（i，j），如果将边（i，j）加入集合 TE 中不产生回路（圈），则将边（i，j）加入边集 TE 中，即用边（i，j）将这两个连通分支合并连接成一个连通分支；否则继续选择下一条最短边。把边（i，j）从集合 E 中删去。继续上面的贪心选择，直到 T 中所有顶点都在同一个连通分支上为止。此时，选取到的 n-1 条边恰好构成 G 的一棵最小生成树 T。

（2）最短路径。

① Dijkstra算法：该算法用于解决单源最短路径问题的贪心算法，先求出长度最短的一条路径，再参照该最短路径求出长度次短的一条路径，直到求出从源点到其他各个顶点的最短路径。

② Floyd算法：又称插点法。其算法核心是在顶点i到顶点j之间插入顶点k，看是否能够缩短i和j之间的距离。

习　题

一、选择题

1. 在一个无向图中如果有5个顶点，每个顶点的度数都是3，那么这个图有（　　）条边。

A. 5　　B. 10　　C. 15　　D. 20

2. 有n个顶点的有向完全图有（　　）条弧边。

A. n（n−1）/2　　B. n（n−1）　　C. n（n+1）/2　　D. n（n+1）

3. 在一个无向图中，所有顶点的度等于所有边数的（　　）倍。

A. 1/2　　B. 2　　C. 1　　D. 4

4. 在一个有向图中，所有顶点的入度之和等于所有顶点出度之和的（　　）倍。

A. 1/2　　B. 2　　C. 1　　D. 4

5. 一个有28条边的非连通无向图至少有（　　）个顶点。

A. 7　　B. 8　　C. 9　　D. 10

6. 若从无向图的任意顶点出发进行一次深度优先搜索即可访问所有的顶点，则该图一定是（　　）。

A. 强连通图　　B. 连通图　　C. 有回路　　D. 完全图

7. 无向图G=（V，E），其中：V={a，b，c，d，e，f}，E={（a，b），（a，c），（a，e），（b，e），（c，f），（f，d），（e，d）}，以顶点a为源点对该图进行深度优先遍历，得到的顶点序列正确的是（　　）。

A. a，b，e，c，d，f　　B. a，c，f，e，b，d

C. a，e，b，c，f，d　　D. a，e，d，f，c，b

8. 如下图所示，从顶点1开始的广度优先搜索遍历，可得到的顶点访问序列为（　　）。

A. 1，3，2，4，5，6，7　　B. 1，2，4，3，5，6，7

C. 1，2，3，4，5，7，6　　D. 2，5，1，4，7，3，6

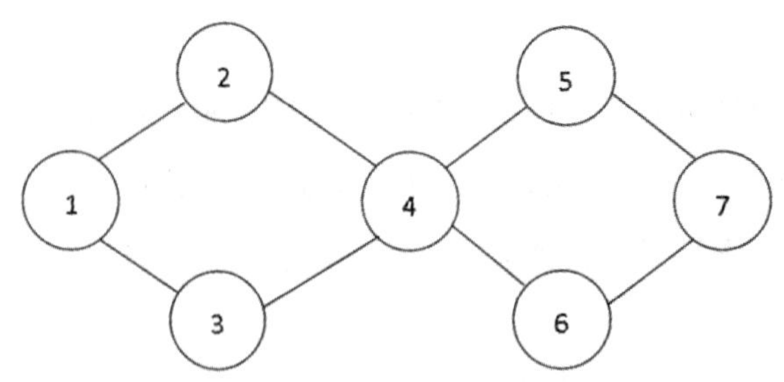

9. 在一个有 n 个顶点、e 条边的无向图的邻接矩阵中，零元素的个数为（　　）。

A. n^2　　B. n^2-2e　　C. n+2e　　D. e

10. 下面（　　）适合构造一个稠密图 G 的最小生成树。

A. Prim 算法　　B. Kruskal 算法　　C. Floyd 算法　　D. Dijkstra 算法

二、应用题

1. 画出下面带权无向图的邻接矩阵。

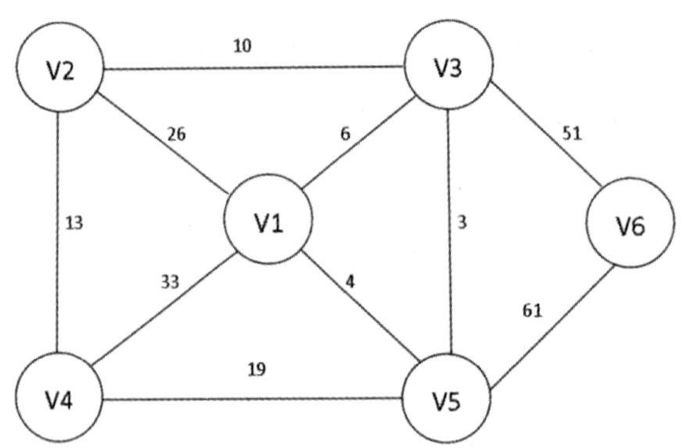

2. 已知带权有向图 G=（V，E），其中 V（G）={A，B，C，D，E}，用<U，V，W>表示弧<U，V>及权值 W，E（G）={<A，B，10>，<A，C，100>，<A，E，30>，<B，D，50>，<B，E，5>，<D，C，15>，<E，C，25>，<E，D，20>}，画出其邻接表。

三、编程题

1. 新建一个无向图，完成以下功能。

（1）判断两个结点之间是否有边存在。

（2）输入任意一个结点，输出这个结点的度。

（3）统计图中边的数目。

2. 编写一个程序，接收一个无向图和两个顶点作为输入，然后找到这两个顶点之间的最短路径。你可以使用适当的数据结构来表示图，并使用适当的算法来寻找最短路径。程序应该输出最短路径上的所有顶点。

第 7 章　查找

7.1　案例引入

前面我们介绍了多种线性数据结构和非线性数据结构，并深入探讨了它们的相应运算。在实际应用中，查找操作是一种常见的需求，尤其是对于数据量庞大的实时系统，比如，订票系统、互联网信息检索系统等，查找效率显得尤为关键。本章将介绍查找运算，探讨其在不同的情境下应如何选择数据结构，以及应采用哪种查找方法，并通过对其效率的深入分析，比较各种查找算法的优劣。

【案例一】　在有序序列（5，8，15，17，25，30，34，39，45，52，60）中查找元素 17。请给出查找元素 17 的折半查找过程。

【案例二】　书店的库存管理员如何管理图书的库存。每本书都有一个唯一的图书编号（类似于用户 ID），并且根据这个编号来构建二叉排序树（binary search tree，BST）。每个结点代表一本书的信息，包括图书编号、书名和库存数量。如何通过 BST 实现高效的查找、插入、创建和删除操作呢？

表 7-1 展示了一个书店的图书信息。

表 7-1　图书信息

图书 ID	书名	价格/元
25	Data Structures	100
69	Algorithm Design	80
18	Database Management	120
5	Computer Networks	90
32	Artificial Intelligence	70
45	Operating Systems	110
20	Software Engineering	60

7.2 查找的基本概念

为了方便后面各节比较各种查找算法，下面先介绍查找的定义和术语。

7.2.1 查找的定义

在数据结构中，查找（search）是指在一个数据集合（如数组、列表、字典等）中寻找特定目标元素的过程。查找操作通常用于确定某个元素是否存在于数据集合中，并且在找到目标元素后可能还会返回该元素的位置或其他相关信息。

在查找操作中，有一些基本的术语被广泛用来描述不同的概念。以下是一些常见的查找术语。

（1）目标元素（target element）：要在数据集合中查找的特定元素，也称查找目标。

（2）数据集合（data collection）：被搜索的数据的集合，可以是数组、列表、字典等各种数据结构。

（3）查找操作（search operation）：在数据集合中寻找目标元素的过程，以确定其存在与否。

（4）索引（index）：在有序数据集合中，元素的位置通常由索引表示，索引可以是整数或其他唯一的标识符。

（5）查找结果（search result）：查找操作的结果，通常是找到的目标元素的位置、状态或其他相关信息。

（6）查找算法（search algorithm）：用于执行查找操作的具体方法或策略，如顺序查找、二分查找、散列查找等。

（7）查找时间复杂度（search time complexity）：表示查找操作所需的计算资源（通常是时间）与数据集合大小的关系，用来衡量查找算法的效率。

不同的查找场景和数据结构可能会使用不同的术语，但这些概念在大多数情况下都是通用的。

7.2.2 查找方法的分类

在数据结构中，查找可以根据查找的方式和算法进行分类。以下是一些常见的查找方法的分类，如图 7-1 所示。

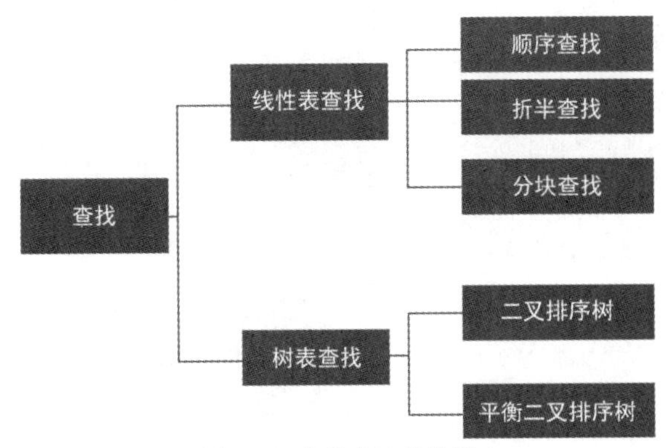

图 7-1　查找方法的分类

（1）顺序查找（sequential search）：逐个检查数据结构中的元素，直到找到目标元素或遍历完整个数据结构。顺序查找适用于无序列表或小规模数据集。

（2）二分查找（binary search）：也称折半查找，通过比较中间元素，将搜索范围缩小一半，直到找到目标元素。

（3）分块查找（block search）：将数据结构分成块，每个块有序，然后在块内顺序查找或使用其他查找算法。数据集有序，但整体无序，适用于大规模数据集。

（4）二叉排序树（binary search tree，BST）：是一种二叉树，其中每个结点的值大于其左子树中的所有结点的值，小于右子树中的所有结点的值。

（5）平衡二叉排序树（balanced binary search tree）：是一种二叉排序树，可确保其高度较小，从而提高了查找、插入和删除操作的效率。

这些方法的选择取决于数据结构的特性以及查找操作的需求。不同的查找算法具有不同的时间复杂度和空间复杂度，因此在选择时需要考虑数据的特性和性能需求。

7.2.3　查找用到的结构和函数

1. 线性表

在后面讨论的大部分算法中，查找算法的数据类型定义如下：

```
#include <stdio.h>
#define MAXSIZE 100                /*定义常量MAXSIZE为100*/
typedef int datatype;              /*定义datatype为int类型*/
typedef struct                     /*顺序表的存储结构*/
{
   datatype data[MAXSIZE];         /*使用数组存储顺序表，最大可容纳数据元素个数为MAXSIZE*/
   int length;                     /*顺序表长度，即顺序表当前数据元素个数*/
} SeqList;
```

2. 树表查找的数据类型定义

树表查找的数据类型定义如下：

```
/* 二叉树的二叉链表结点结构定义 */
typedef char datatype;
typedef struct node
{
    datatype data;                          /*结点数据域*/
    struct node* lchild,* rchild;           /*左、右孩子指针*/
} bintnode;
typedef bintnode* bintree;
bintree root = NULL;                        /*指向二叉树根结点的指针*/
```

7.3 线性表的查找

线性表的查找是在一个线性结构（如数组、链表等）中寻找特定元素的操作。线性表中的查找操作是常见的基本操作之一，它允许根据某种条件或关键字来找到所需的元素。

7.3.1 顺序查找

顺序查找（sequential search），也称线性查找，是一种基本的查找算法，用于在一个未排序或有序的数据集合中寻找特定的元素。

顺序查找是一种简单的查找算法，其基本思想是逐个遍历数据集合中的元素，直到找到目标元素或遍历完整个集合为止。它从数据集合的第一个元素开始，逐个与目标元素进行比较，如果找到匹配的元素，则返回其位置（索引），否则继续遍历直到末尾。如果遍历完整个集合仍未找到目标元素，则返回一个指示未找到的值（如-1）。

顺序查找适用于小型数据集合或者在数据集合没有明显的有序性时。但是，对于大型数据集合或需要频繁查找的情况，顺序查找的效率相对较低，因为它的时间复杂度为 O(n)，其中 n 是数据集合的元素个数。顺序查找是一种最简单的查找方式，以暴力穷举的方式依次将表中的关键字与待查找关键字进行比较。

【算法步骤】

顺序查找的算法步骤如下。

（1）将记录存储在数组 r[0..n−1]中，待查找关键字存储在 x 中。

（2）依次将 r[i]（i=0,⋯,n−1）与 x 比较，若比较成功，则返回 i，否则返回 0。

【过程图解】

例如序列{8,12,5,16,55,24,20,18,36,6,50}，用顺序查找法查找55。

（1）初始状态，将序列存储在数组r[0..10]中，x=55。

（2）将x与r[0]比较，若x≠r[0]，则继续比较下一个，如图7-2（a）所示。

（3）将x与r[1]比较，若x≠r[1]，则继续比较下一个，如图7-2（b）所示。

（4）将x与r[2]比较，若x≠r[2]，则继续比较下一个，如图7-2（c）所示。

（5）将x与r[3]比较，若x≠r[3]，则继续比较下一个，如图7-2（d）所示。

（6）将x与r[4]比较，若x=r[4]，则表示查找成功，返回位置下标4，如图7-2（e）所示。

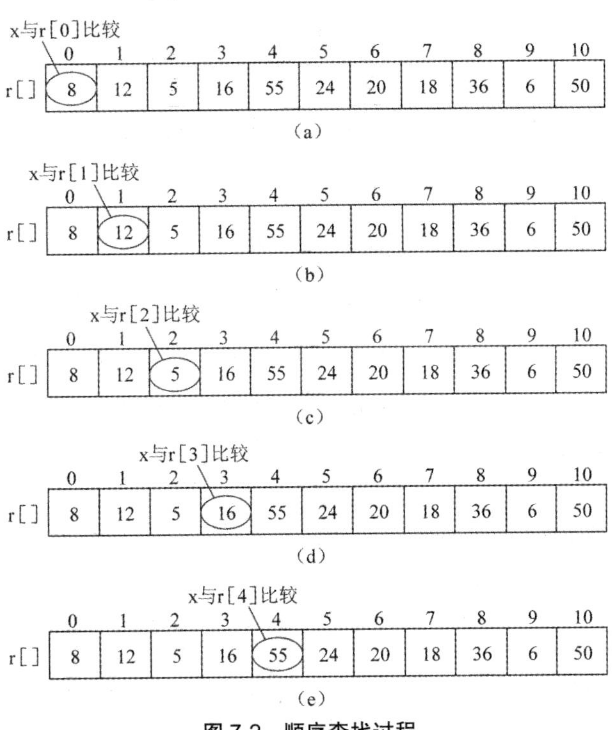

图7-2　顺序查找过程

【代码实现】

代码实现如算法7-1所示。

算法7-1　顺序查找算法

```
/*顺序查找算法*/
int sequentialSearch(SeqList *list,datatype target) {
    for (int i = 0;i < list->length;i++) {
        if (list->data[i] == target) {
            return i;        /*找到目标元素，返回位置*/
        }
```

```
    }
    return -1;                /*未找到目标元素*/
}
```

【算法性能分析】

（1）时间复杂度。

顺序查找最好的情况是一次查找成功，最坏的情况是 n 次查找成功。

假设查找每个关键字的概率均等，即查找概率 $p_i=1/n$，查找第 i 个关键字需要比较 i 次，则查找成功的平均查找长度如下。

$$ASL = \sum_{i=1}^{n} p_i c_i = \sum_{i=1}^{n} \frac{i}{n} = \frac{1}{n}\sum_{i=1}^{n} i = \frac{n+1}{2} \tag{7-1}$$

如果查找的关键字不存在，则每次都会比较 n 次，时间复杂度也为 O(n)。

（2）空间复杂度。

算法只使用了一个辅助变量 i，空间复杂度为 O(1)。

从上述算法可以看出，每次除了比较关键字外，还要判断是否超过表长，这样可以设置哨兵优化该算法。将记录存储在数组 r[1..n]中，r[0]空间不使用，将待查找关键字 x 放入 r[0]中，从最后一个关键字开始向前比较，循环结束返回 i 即可。当返回值 i=0 时，说明查找失败。顺序查找优化代码实现如算法 7-2 所示。

算法 7-2　顺序查找优化算法

```
/*顺序查找算法，使用哨兵优化*/
int optimizedSequentialSearch(SeqList* list,datatype target) {
    if (list->length == 0) {
        return -1;                                  /*空列表直接返回-1*/
    }
    int last = list->data[list->length - 1];    /*保存最后一个元素的值*/
    list->data[list->length - 1] = target;      /*设置哨兵*/
    int i = 0;
    while (list->data[i] != target) {
        i++;
    }
    list->data[list->length - 1] = last;        /*恢复最后一个元素的值*/
    if (i < list->length - 1 || target == last) {
        return i;                                   /*找到目标元素，返回位置*/
    }
    else {
```

```
        return -1;                                    /*未找到目标元素*/
    }
}
```

优化后的算法虽然在时间复杂度数量级上没有改变，仍然是 O(n)，但是比较次数减少了一半，不需要每次判断 i 是否超过范围。

顺序查找就是暴力穷举，当数据量很大时，查找效率很低。

7.3.2　折半查找

折半查找，也称二分查找或二分搜索技术，是一种常见的查找算法，适用于已排序的数组或列表。折半查找算法的基本思想是通过比较中间元素的值与目标值的大小，缩小查找范围，直到找到目标元素或确定目标元素不存在。在介绍折半查找前，先回顾一下一个游戏。

猜数字游戏：一天晚上，电视里的某大型娱乐节目在玩猜数字游戏。主持人在女嘉宾的手心写上一个 10 以内的整数，让女嘉宾的老公猜是多少，而女嘉宾只能提示是大了还是小了，并且只有 3 次机会。

主持人悄悄地在美女手心写了一个 8。

老公："2。"

老婆："小了。"

老公："3。"

老婆："小了。"

老公："10。"

老婆："天啊，怎么还有这么笨的人。"

那么，除了上面的顺序查找，你有没有办法以最快的速度猜出来呢？

从问题描述来看，如果是 n 个数，那么最坏的情况是要猜 n 次才能成功。其实完全没有必要一个一个地猜，因为这些数是有序的，可以使用折半查找的方法，每次与中间的元素比较。如果比中间元素小，则在前半部分查找；如果比中间元素大，则去后半部分查找。这种方法就是二分查找或折半查找。

例如，给定 n 个元素序列，且这些元素是有序的（假定为升序），从序列中查找元素 x。

使用一维数组 S[]存储该有序序列，设变量 low 和 high 表示查找范围的下界和上界，middle 表示查找范围的中间位置，x 为特定的查找元素。

【算法步骤】

折半查找的算法步骤如下。

（1）初始化。令 low=0，即指向有序数组 S[]的第一个元素；high=n−1，即指向有序数组 S[]的最后一个元素。

（2）判定 low≤high 是否成立，如果成立，则转向第（3）步，否则，算法结束。

（3）若 middle=(low+high)/2，则指向查找范围的中间元素。

（4）判断 x 与 S[middle]的关系。如果 x=S[middle]，则表示搜索成功，算法结束；如果 x>S[middle]，则令 low=middle+1；否则令 high=middle−1，转向第（2）步。

使用 BinarySearch（int n,int s[],int x）函数实现折半查找算法，其中 n 为元素个数，s[]为有序数组，x 为待查找元素。low 指向数组的第一个元素，high 指向数组的最后一个元素。如果 low≤high，middle=(low+high)/2，则指向查找范围的中间元素。如果 x=S[middle]，则表示搜索成功，算法结束；如果 x>S[middle]，则令 low=middle+1，去后半部分搜索；否则令 high=middle−1，去前半部分搜索。

【过程图解】

在有序序列（5,8,15,17,25,30,34,39,45,52,60）中查找元素 17。请给出查找元素 17 的折半查找过程。

（1）用一维数组 S[]存储该有序序列，x=17，如图 7-3（a）所示。

（2）初始化。Low=0，high=10，计算 middle=(low+high)/2=5，如图 7-3（b）所示。

（3）将 x 与 S[middle]进行比较。x=17<S[middle]=30，在序列的前半部分查找，令 high=middle−1，搜索的范围缩小到子问题 S[0..middle−1]，如图 7-3（c）所示。

（4）计算 middle=(low+high)/2=2，如图 7-3（d）所示。

（5）将 x 与 S[middle]进行比较。x=17>S[middle]=15，在序列的后半部分查找，令 low=middle+1，搜索的范围缩小到子问题 S[middle+1..high]，如图 7-3（e）所示。

（6）计算 middle=(low+high)/2=3，如图 7-3（f）所示。

（7）将 x 与 S[middle]进行比较。x=S[middle]=17，表示查找成功，算法结束。

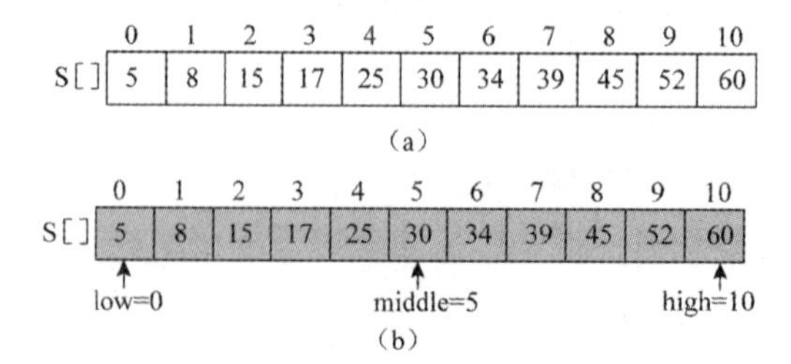

图 7-3　折半查找搜索过程

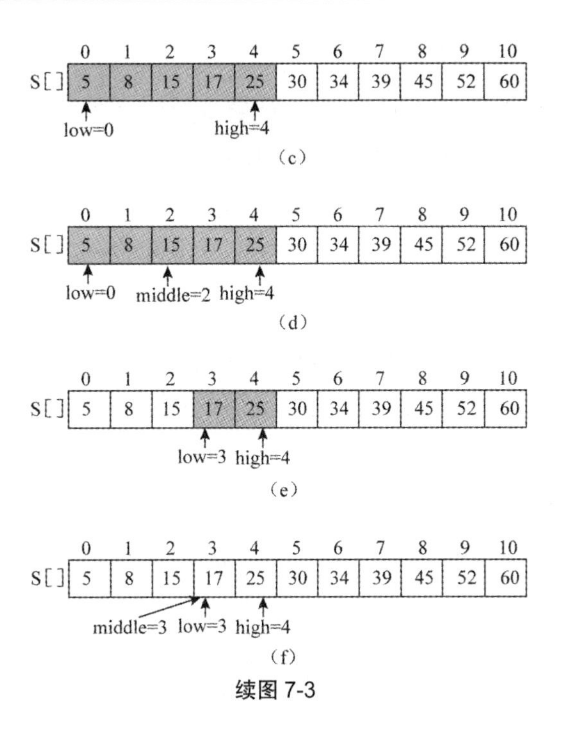

续图 7-3

【代码实现】

折半查找代码实现如算法 7-3 所示。

算法 7-3　折半查找算法

```
/*折半查找算法*/
int binarySearch(SeqList *list,int target) {
    int low = 0;
    int high = list->length - 1;
    while (low <= high) {
        int mid = low + (high - low) / 2;
        if (list->data[mid] == target) {
            return mid;            /*找到目标元素，返回位置*/
        } else if (list->data[mid] < target) {
            low = mid + 1;         /*目标在右侧*/
        } else {
            high = mid - 1;        /*目标在左侧*/
        }
    }
    return - 1;                    /*未找到目标元素*/
}
```

【算法性能分析】

（1）时间复杂度。

对于二分查找算法，怎么计算时间复杂度呢？如果用 T(n)来表示 n 个有序元素的二分查找算法的时间复杂度，那么：

- 当 n=1 时，需要 1 次比较，T(n)=O(1)。
- 当 n>1 时，待查找元素和中间位置元素比较，需要 O(1)时间。如果比较不成功，那么需要在前半部分或后半部分搜索，问题的规模缩小了一半，时间复杂度变为 T(n/2)。

$$T(n)=\begin{cases}O(1), & n=1\\ T(n/2)+O(1), & n>1\end{cases} \tag{7-2}$$

- 当 n>1 时，可以递推求解如下。

$$\begin{aligned}T(n)&=T(n/2)+O(1)\\&=T\left(n/2^2\right)+2O(1)\\&=T\left(n/2^3\right)+3O(1)\\&\cdots\cdots\\&=T\left(n/2^x\right)+xO(1)\end{aligned} \tag{7-3}$$

递推最终的规模为 1，令 $n=2^x$，则 x=logn。

$$\begin{aligned}T(n)&=T(1)+\log nO(1)\\&=O(1)+\log nO(1)\\&=O(\log n)\end{aligned} \tag{7-4}$$

二分查找的非递归算法与递归算法的方法是一样的，时间复杂度相同，均为 O(logn)。

（2）空间复杂度。

二分查找的非递归算法中，变量占用了一些辅助空间，这些辅助空间都是常数阶的，因此空间复杂度为 O(1)。

对于二分查找的递归算法，除了使用一些变量外，递归调用还需要使用栈来实现。那么空间复杂度怎么计算呢?

在递归算法中，每一次递归调用都需要一个栈空间存储，这样只需要看有多少次调用。假设原问题的规模为 n，那么第一次递归就可分为两个规模为 n/2 的子问题，这两个子问题并不是每个都执行，只会执行其中之一。因为与中间值比较后，要么去前半部分查找，要么去后半部分查找；再把规模为 n/2 的子问题划分为两个规模为 n/4 的子问题，选择其一；继续划分下去，最坏的情况会划分到只剩下一个数值，那么算法执行的结点数就是从树根到叶子所经过的结点，每层执行一个，直到最后一层，如图 7-12 所示。

递归调用最终的规模为 1，即 $n/2^x=1$，则 x=logn。假设阴影部分是搜索经过的路径，则一共经过了 logn 个结点，也就是说，递归调用了 logn 次。递归算法使用的栈空间为递归树的深度，因此二分查找递归算法的空间复杂度为 O(logn)。

7.3.3　分块查找

分块查找，也称索引顺序查找，这是一种性能介于顺序查找和折半查找之间的查找方法。分块查找主要用于对一组数据（通常是线性表）进行查找操作。这种查找方法将数据分成若干块，每一块中的元素可以是无序的，但是块与块之间需要有序排列。通常，每一块中包含相邻的若干元素，而这些块按照关键字的大小进行排序。其基本思想是通过二次查找，先在块内进行查找，确定目标元素在哪一个块中，然后在该块内进行线性查找。这样，就缩小了查找的范围，提高了查找效率。分块查找适用于对分布在不同块内的数据进行查找，特别是当数据量很大且内存受限的情况下。

【算法步骤】

分块查找的步骤如下。

（1）将数据分块，并在每一块内进行排序。

（2）对块内进行二分查找，确定目标元素所在的块。

（3）在目标块内进行线性查找，找到目标元素。这样的设计既兼顾了块内的有序性，又通过二分查找降低了查找的复杂度。

【过程图解】

分块查找的一个常见例子是在图书馆中查找图书。图书馆通常会将图书按照一定的分类系统进行分块，比如按照主题、作者、出版年份等进行分类。下面用一个简单的例子来说明，在一个按主题分类的图书馆中使用分块查找来查找特定主题的图书。

当你在一个按主题分类的图书馆中查找特定主题的图书时，分块查找可以帮助你更高效地找到所需的图书。这种方法通过将图书按照主题分组，每个分组中包含了相似主题的图书，从而缩小了查找范围，提高了查找效率。

假设你正在一家图书馆中查找关于历史学的图书。图书馆根据不同的主题将图书分成几个分区，其中之一是"历史学"分区。这个分区可能包含关于不同历史时期、事件、地区的图书。

表7-2所示为一个用分块查找图书分区的例子。

表7-2　图书分区

分区	图书
文学	小说、诗歌、戏剧等
历史学	古代历史、现代历史、地区历史等
科学与技术	物理、化学、计算机科学等
艺术	绘画、音乐、雕塑等
自然科学	生物学、地质学、天文学等

在使用分块查找的过程中，你可以按照以下步骤进行。

（1）查找分区：首先，你需要找到包含历史学图书的分区，也就是“历史学”分区。这一步类似于确定在哪个块内进行查找。

（2）在分区内查找：一旦找到“历史学”分区，你就可以在该分区内查找特定的图书。这个分区内的图书通常是按照一定的顺序排列的，比如按照时间顺序或者其他方式。

（3）定位目标图书：在“历史学”分区内，你可以逐本查找图书，直到找到你需要的特定主题的图书。

这个分块查找的过程类似于在图书馆中查找图书的实际操作。通过将图书按照主题分块，你可以更快速地定位到所需的图书，而不必逐个查找整个图书馆的图书。在实际的图书馆中，图书分类可能更加复杂，因此应使用更高效的数据结构和算法来管理与查找图书。

注意，这个例子只是为了说明分块查找的概念，实际的图书馆可能使用更复杂的分类系统和数据库来管理图书。

【代码实现】

分块查找代码实现如算法 7-4 所示。

算法 7-4　分块查找算法

```
#include <stdio.h>
#include <stdbool.h>
#include <string.h>
/*图书结构*/
struct Book {
    char title[100];
    char author[100];
    int year;
};
/*分块查找函数*/
bool blockSearch(struct Book books[],int size,const char *targetTitle,int *index)
{
    for (int i = 0;i < size;i++) {
        if (strcmp(books[i].title,targetTitle) == 0) {
            *index = i;
            return true;        /*找到了目标图书*/
        }
    }
    return false;               /*未找到目标图书*/
}
int main() {
    /*假设图书馆按主题分成几个区域*/
    struct Book computerScienceBooks[] = {
        {"Introduction to Algorithms","Cormen et al.",2009},
        {"The C Programming Language","Kernighan and Ritchie",1988},
        {"Clean Code","Robert C. Martin",2008},
        // ...
```

```
    };
    int numComputerScienceBooks = sizeof(computerScienceBooks) /
sizeof(computerScienceBooks[0]);
    const char *targetBook = "Clean Code";
    int bookIndex = -1;
    bool found = blockSearch(computerScienceBooks,numComputerScienceBooks,
targetBook,&bookIndex);
    if (found) {
        printf("找到了图书\"%s\", 作者是%s, 出版年份是%d\n",targetBook,
            computerScienceBooks[bookIndex].author,
                computerScienceBooks[bookIndex].year);
    } else {
        printf("未找到图书\"%s\"\n",targetBook);
    }
    return 0;
}
```

【算法性能分析】

分块查找是数据结构中的一种查找算法，通常用于处理大量有序数据。该算法将数据分成块，并为每个块建立索引。以下是分块查找的算法性能分析。

（1）分块查找算法的优点。

分块查找算法的优点包含以下几方面。

①有序数据集：分块查找适用于有序数据集，这是因为它依赖于对块内数据的顺序性。

②适用于大规模数据：对于大规模数据，分块查找可以将数据集分割为多个块，每个块进行顺序查找，从而提高效率。

③节省空间：与一次性建立全局索引相比，分块查找的索引结构更加简单，节省空间。

（2）分块查找算法的缺点。

分块查找算法的缺点包含以下几方面。

① 非常规律的数据：如果数据不是均匀分布的，那么某些块可能包含大量数据，而其他块可能包含很少的数据，这可能导致查找性能不稳定。

② 块内顺序性：分块查找依赖于块内数据的有序性，如果块内数据无序，则查找效率可能下降。

③ 块大小的选择：对于不同的数据分布，需要合理选择块的大小，以平衡索引结构和块内查找的效率。

（3）分块查找算法的时间复杂度。

① 块内查找：每个块内进行顺序查找，时间复杂度为 O(m)，其中 m 为块内元素个数。

② 索引查找：对索引进行二分查找，时间复杂度为 O(log(n))，其中 n 为块的个数。

③ 总体时间复杂度为 O(log(n)) + O(m)。

（4）分块查找算法的空间复杂度。

索引结构：存储索引结构的空间复杂度为 O(n)，其中 n 为块的个数。

（5）分块查找算法的适用场景。

① 有序数据：适用于有序数据集。

② 大规模数据：适用于大规模数据，尤其是当内存无法容纳整个数据集时。

③ 空间有限：适用于空间有限的情况，因为它不需要一次性建立全局索引。

（6）分块查找算法的性能优化。

① 块的选择：合理选择块的大小，让每个块内的数据量适中，不至于太大或太小。

② 块内数据有序：确保块内数据的有序性，可以通过排序等方式进行优化。

分块查找适用于一些特定的场景，特别是对于有序的大规模数据集。然而，在实际应用中，需要根据具体的数据分布和性能需求选择合适的查找算法。

7.4 树表查找

前面介绍了两种线性表查找中的顺序查找和折半查找，其中折半查找比顺序查找效率更高。但是顺序查找和二分查找适合静态查找，即在数据集不经常变动的情况下使用。如果在查找过程中存在插入、删除等修改操作，无论是顺序查找还是二分查找，在最坏和平均情况下都需要 O(n)的时间，因为修改操作可能导致整个数据集重新排序或移动。

然而，存在一种数据结构和算法可以同时高效地进行查找和动态修改操作的方法。这是通过使用二叉排序树（binary search tree，BST）实现的。将二分查找策略与二叉树结构相结合，实现二叉排序树，使得在最坏的情况下，单次修改和查找操作都可以在 O(logn)的时间内完成，这使得 BST 成为一种同时适用于高效查找和动态修改的数据结构。接下来将介绍在这些树表上进行查找和修改的操作方法。

7.4.1 二叉排序树

二叉排序树（binary search tree，BST），又称二叉搜索树、二叉查找树，是一种对查找和排序都有用的特殊二叉树。

1. 二叉排序树的定义

二叉排序树或是空树，或是满足如下性质的二叉树。

（1）若其左子树非空，则左子树上所有结点的值均小于根结点的值。

（2）若其右子树非空，则右子树上所有结点的值均大于根结点的值。

（3）其左右子树本身又各是一棵二叉排序树。

二叉排序树的特性：左子树<根<右子树，即二叉排序树的中序遍历是一个递增序列。例如，二叉排序树的中序遍历投影序列如图 7-4 所示。

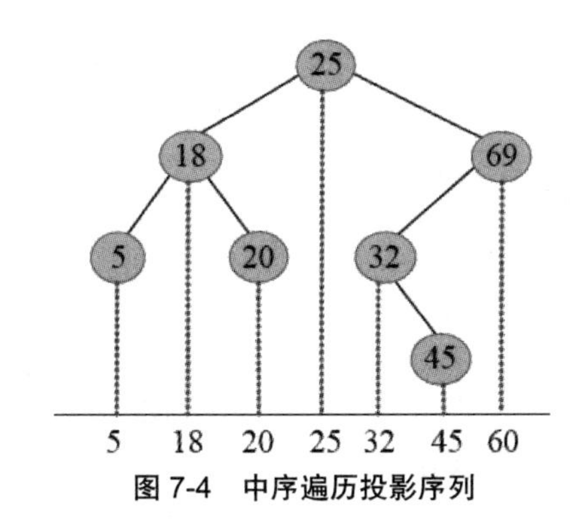

图 7-4　中序遍历投影序列

2. 二叉排序树的查找

因为二叉排序树的中序遍历为有序性，所以查找与二分查找类似，每次缩小查找范围，查找的效率较高。

【算法步骤】

二叉排序树的查找算法步骤如下。

（1）若二叉排序树为空，则表示查找失败，返回空指针。

（2）若二叉排序树非空，则将待查找关键字 x 与根结点的关键字 T->data 进行比较：

- 若 x==T->data，则表示查找成功，返回根结点指针。
- 若 T->data 且 T->x，则递归查找左子树。
- 若 x>T->data，则递归查找右子树。

【过程图解】

在一棵二叉排序树中查找关键字 32，如图 7-5（a）所示。

（1）32 与二叉排序树的树根 25 比较，32>25，则在右子树中查找，如图 7-5（b）所示。

（2）32 与右子树的树根 69 比较，32<69，则在左子树中查找，如图 7-5（c）所示。

（3）32 与左子树的树根 32 比较，相等，表示查找成功，返回该结点指针，如图 7-5（d）所示。

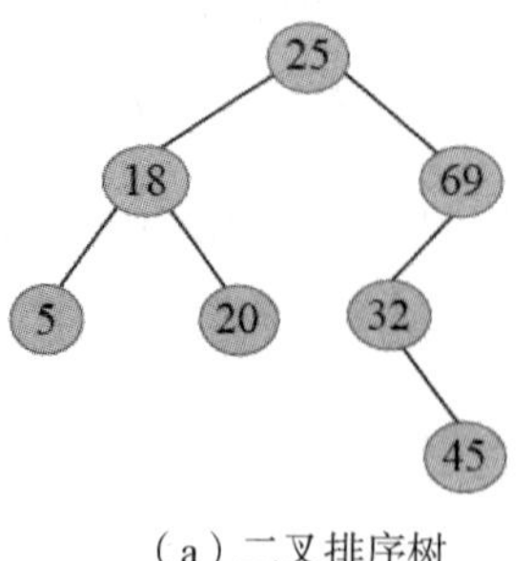

（a）二叉排序树

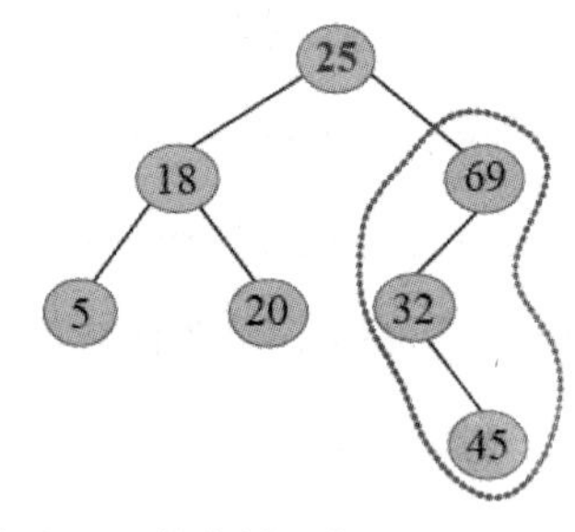

（b）二叉排序树查找过程 1

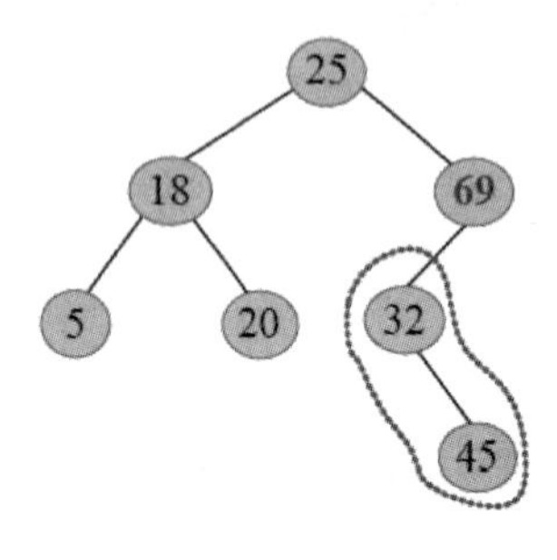

（c）二叉排序树查找过程 2

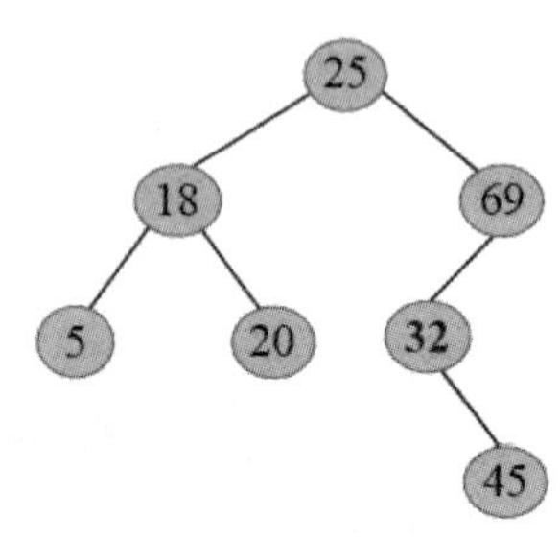

（d）二叉排序树查找过程 3

图 7-5　二叉排序树的查找过程

【代码实现】

二叉排序树查找的代码实现如算法 7-5 所示。

算法 7-5　二叉排序树的查找算法

```
/*查找算法*/
bintree search(bintree root,datatype key)
{
    if (root == NULL || root->data == key)
    {
        return root;
    }
    if (key < root->data)
    {
        return search(root->lchild,key);
    }
    else
    {
        return search(root->rchild,key);
    }
}
```

【算法性能分析】

（1）时间复杂度。

二叉排序树的查找时间复杂度与树的形态有关，可分为最好情况、最坏情况和平均情况。

- 最好情况下，二叉排序树的形态与二分查找的判定树相似，如图 7-18 所示。每次查找可以缩小一半的搜索范围，查找路径最多从根到叶子，比较次数最多为树的高度 logn，最好情况的平均查找长度为 O(logn)。

- 最坏情况下，二叉排序树的形态为单支树，即只有左子树或只有右子树，如图 7-19 所示。每次查找的搜索范围缩小为 n−1，退化为顺序查找，最坏情况的平均查找长度为 O(n)。

（2）空间复杂度。空间复杂度为 O(1)。

3. 二叉排序树的插入

因为二叉排序树的中序遍历具有有序性，因此要先查找待插入关键字的插入位置，当查找不成功时，将待插入关键字作为新的叶子结点插入最后一个查找结点的左孩子或右孩子。

【算法步骤】

二叉排序树的插入算法步骤如下。

（1）若二叉排序树为空，则创建一个新的结点 s，将待插入关键字放入新结点的数据域，s 结点作为根结点，左右子树均为空。

（2）若二叉排序树非空，则将待查找关键字 x 与根结点的关键字 T->data 进行比较：

①若 T->data 且 T->x，则将 x 插入左子树。

②若 x>T->data，则将 x 插入右子树。

【算法图解】

例如，在一棵二叉排序树中插入关键字 30，如图 7-6（a）所示。

（1）30 与树根 25 比较，若 30>25，则在 25 的右子树中查找，如图 7-6（b）所示。

（2）30 与右子树的树根 69 比较，若 30<69，则在 69 的左子树中查找，如图 7-6（c）所示。

（3）30 与左子树的树根 32 比较，若 30<32，则在 32 的左子树中查找，如图 7-6（d）所示。

（4）若 32 的左子树为空，则将 30 作为新的叶子结点插入 32 的左子树，如图 7-6（e）所示。

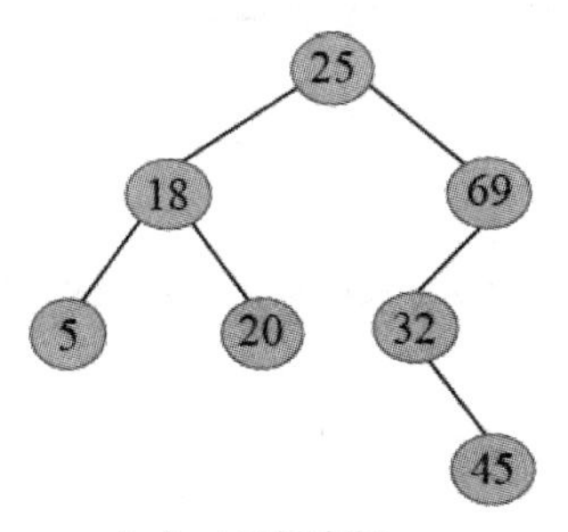

（a）二叉排序树

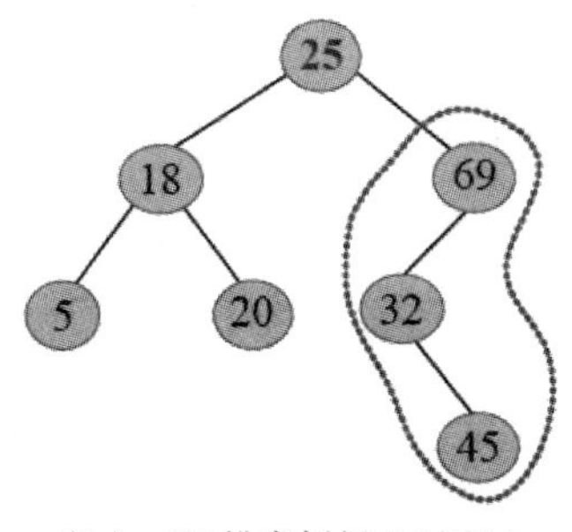

（b）二叉排序树插入过程 1

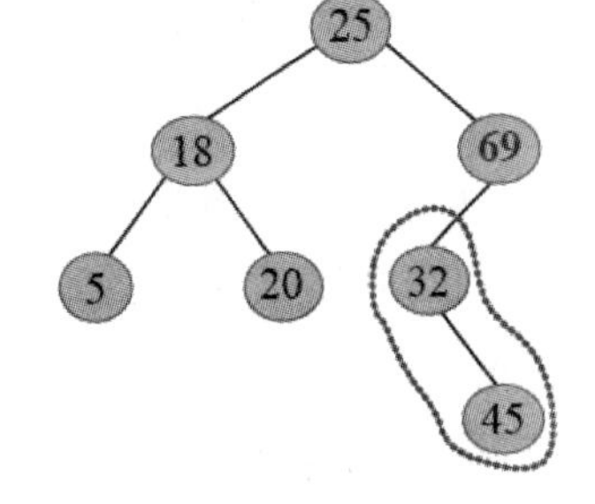

（c）二叉排序树插入过程 2

图 7-6　二叉排序树的插入过程

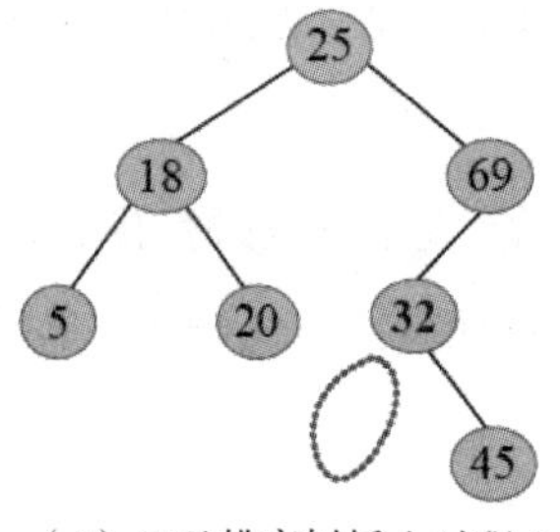

（d）二叉排序树插入过程 3

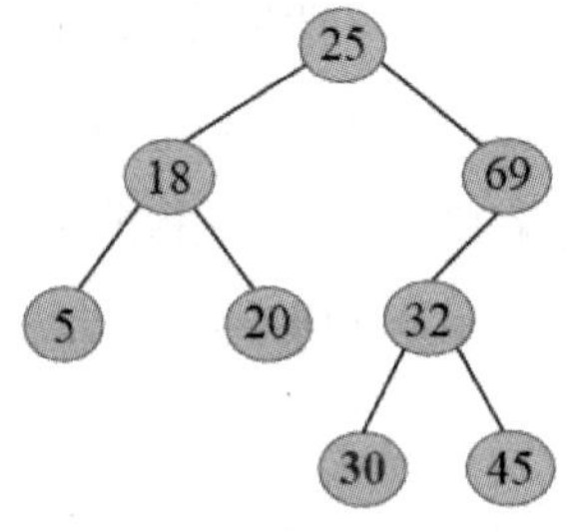

（e）二叉排序树插入过程 4

续图 7-6

【代码实现】

二叉排序树插入的代码实现如算法 7-6 所示。

算法 7-6　二叉排序树的插入算法

```
/* 插入算法 */
bintree insert(bintree root,datatype key)
{
    if (root == NULL)
    {
        bintree newNode = (bintree)malloc(sizeof(bintnode));
        newNode->data = key;
        newNode->lchild = newNode->rchild = NULL;
        return newNode;
    }
    if (key < root->data)
    {
        root->lchild = insert(root->lchild,key);
    }
    else if (key > root->data)
    {
        root->rchild = insert(root->rchild,key);
    }
    return root;
}
```

【算法性能分析】

二叉排序树的插入需要先查找插入位置，插入本身只需要常数时间，但查找插入位置的时间复杂度为 O(logn)。

4. 二叉排序树的创建

二叉排序树的创建可以从空树开始，按照输入关键字的顺序依次执行插入操作，最终得到一棵二叉排序树。

【算法步骤】

二叉排序树的创建算法步骤如下。

（1）初始化二叉排序树为空树，则 T=NULL。

（2）输入一个关键字 x，将 x 插入二叉排序树 T 中。

（3）重复第（2）步，直到关键字输入完毕。

例如，依次输入关键字（25,69,18,5,32,45,20），创建一棵二叉排序树。

（1）输入 25，并将二叉排序树初始化为空，所以 25 作为树根，左右子树为空，如图 7-7（a）所示。

（2）输入 69，并将其插入二叉排序树中。首先与树根 25 比较，若比 25 大，则到右子树查找，直到右子树为空，插入 25 的右子树位置，如图 7-7（b）所示。

（3）输入 18，插入二叉排序树中。首先和树根 25 比较，比 25 小，到左子树查找，左子树为空，插入到 25 的左子树位置，如图 7-7（c）所示。

（4）输入 5，插入二叉排序树中。首先和树根 25 比较，比 25 小，到左子树查找；和树根 18 比较，比 18 小，到左子树查找，左子树为空，插入 18 的左子树位置，如图 7-7（d）所示。

（5）输入 32，插入二叉排序树中。首先和树根 25 比较，比 25 大，到右子树查找；和树根 69 比较，比 69 小，到左子树查找，左子树为空，插入 69 的左子树位置，如图 7-7（e）所示。

（6）输入 45，插入二叉排序树中。首先和树根 25 比较，比 25 大，到右子树查找；和树根 69 比较，比 69 小，到左子树查找；和树根 32 比较，比 32 大，到右子树查找，右子树为空，插入 32 的右子树位置，如图 7-7（f）所示。

（7）输入 20，插入二叉排序树中。首先和树根 25 比较，比 25 小，到左子树查找；和树根 18 比较，比 18 大，到右子树查找，右子树为空，插入 18 的右子树位置，如图 7-7（g）所示。

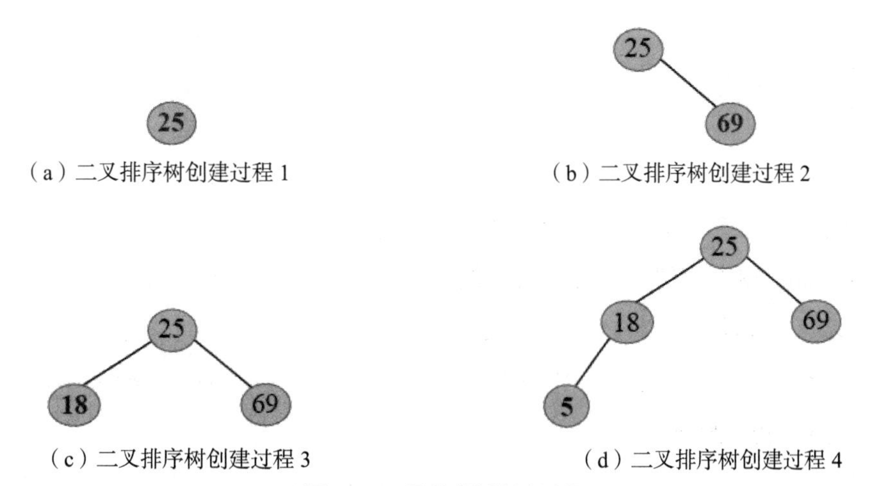

（a）二叉排序树创建过程 1　　（b）二叉排序树创建过程 2

（c）二叉排序树创建过程 3　　（d）二叉排序树创建过程 4

图 7-7　二叉排序树创建过程

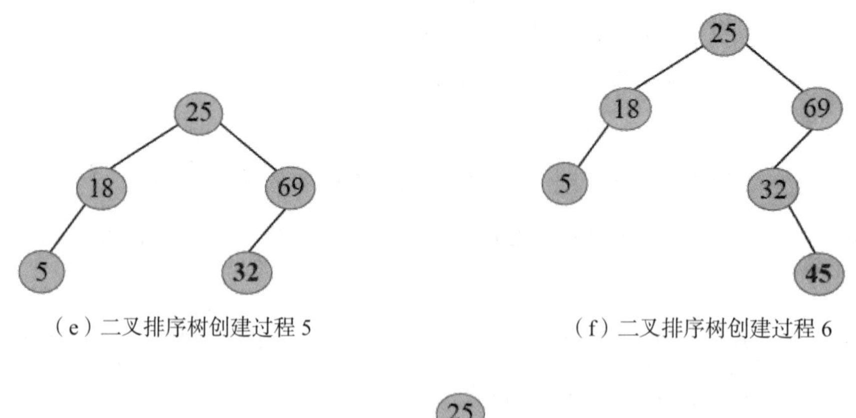

（e）二叉排序树创建过程 5　　　　（f）二叉排序树创建过程 6

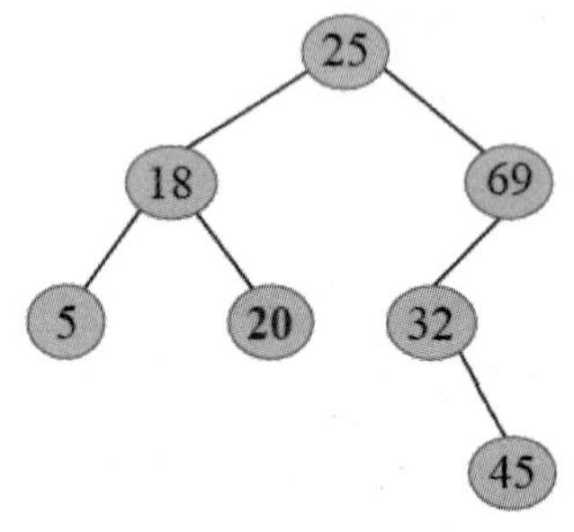

（g）二叉排序树创建过程 7

续图 7-7

【代码实现】

算法 7-7　二叉排序树的创建算法

```
/*创建算法*/
bintree createBST(datatype keys[],int n)
{
    bintree root = NULL;
    for (int i = 0;i < n;i++)
    {
        root = insert(root,keys[i]);
    }
    return root;
}
```

【算法性能分析】

二叉排序树的创建，需要 n 次插入，每次需要 O(logn)时间，因此创建二叉排序树的时间复杂度为 O(nlogn)。相当于把一个无序序列转换为一个有序序列的排序过程。实质上，创建二叉排序树的过程和快速排序一样，根结点相当于快速排序中的基准元素。左右两部分划分的情况取决于基准元素，创建二叉排序树时，输入序列的次序不同，创建的二叉排序树是不同的。

5. 二叉排序树的删除

首先要在二叉排序树中找到待删除的结点，然后执行删除操作。假设指针 p 指向待删除结点，指针 f 指向 p 的双亲结点。根据待删除结点所在位置的不同，删除操作处理方法也不同，可分为三种情况。

（1）被删除结点左子树为空。

如果被删除结点左子树为空，则令其右子树子承父业代替其位置即可。例如，在二叉排序树中删除 p 结点。

（2）被删除结点右子树为空。

如果被删除结点右子树为空，则令其左子树子承父业代替其位置即可。

（3）被删除结点左右子树均非空。

如果被删除结点的左子树和右子树均非空，则没办法再使用子承父业的方法了。根据二叉排序树的中序有序性，删除该结点时，可以用其直接前驱（或直接后继）代替其位置，然后删除其直接前驱（或直接后继）即可。那么中序遍历序列中，一个结点的直接前驱（或直接后继）是哪个结点呢?

直接前驱：中序遍历中，结点 p 的直接前驱为其左子树的最右结点。即沿着 p 的左子树一直访问其右子树，直到没有右子树，就找到了最右结点，如图 7-8（a）所示。s 指向 p 的直接前驱，q 指向 s 的双亲。

直接后继：中序遍历中，结点 p 的直接后继为其右子树的最左结点，如图 7-8（b）所示。s 指向 p 的直接后继，q 指向 s 的双亲。

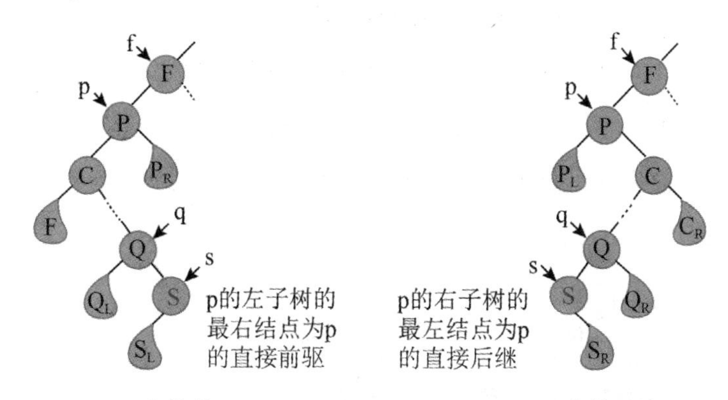

图 7-8　二叉排序树删除（右子树非空）

以 p 的直接前驱 s 代替 p 为例，相当于将 s 结点的数据赋值给 p 结点，即 s 代替 p。然后删除 s 结点即可，因为 s 为最右结点，它没有右子树，删除后，左子树子承父业代替 s，如图 7-9 所示。

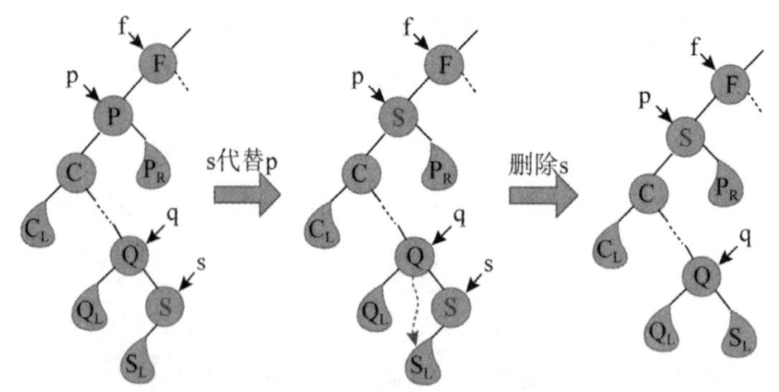

图 7-9　二叉排序树删除（左右子树非空）

例如，在二叉排序树中删除 24。首先查找到 24 的位置 p，然后找到 p 的直接前驱 s（2（2））结点，将 22 赋值给 p 的数据域，删除 s 结点，删除过程如图 7-10 所示。

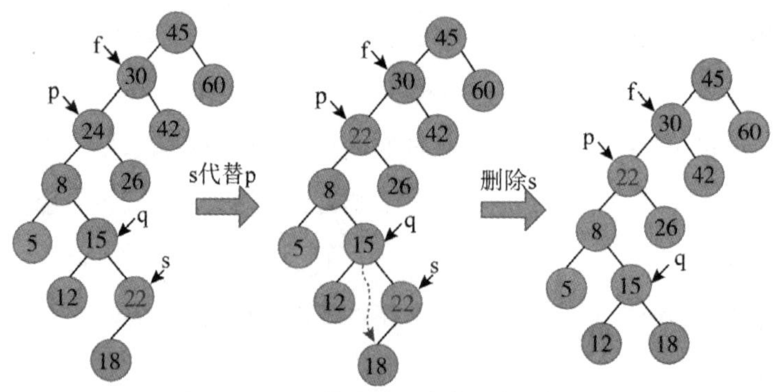

图 7-10　二叉排序树删除（删除 2（4））

删除结点之后是不是仍然满足二叉排序树的中序遍历有序性？

需要注意的是，有一种特殊情况，即 p 的左孩子没有右子树，s 就是其左子树的最右结点（直接前驱），即 s 代替 p，然后删除 s 结点即可，因为 s 为最右结点没有右子树，删除后，左子树子承父业代替 s，如图 7-11 所示。

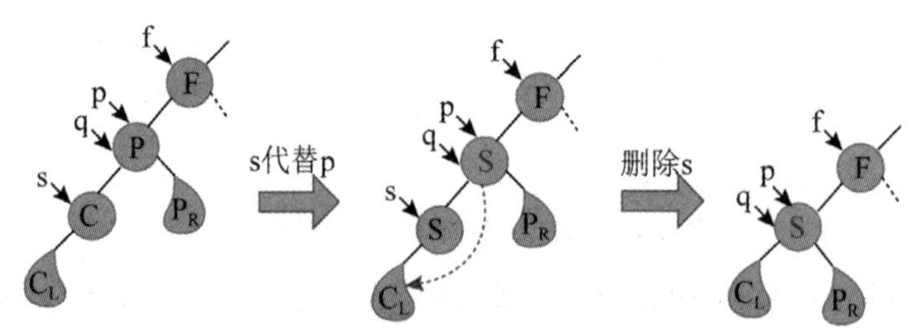

图 7-11　二叉排序树删除（特殊情况）

例如，在二叉排序树中删除 20，删除过程如图 7-12 所示。

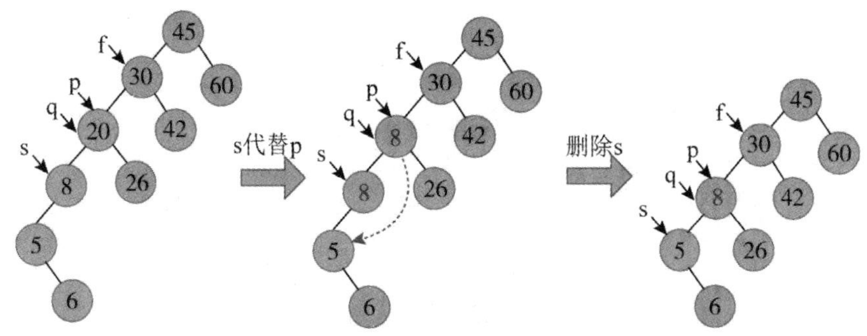

图 7-12　二叉排序树删除（删除 20）

【算法步骤】

（1）在二叉排序树中查找待删除关键字的位置，p 指向待删除结点，f 指向 p 的双亲结点，如果查找失败，则返回。

（2）如果查找成功，则分三种情况进行删除操作。

- 如果被删除结点左子树为空，则令其右子树子承父业代替其位置即可。
- 如果被删除结点右子树为空，则令其左子树子承父业代替其位置即可。
- 如果被删除结点左右子树均非空，则令其直接前驱（或直接后继）代替之，再删除其直接前驱（或直接后继）。

【过程图解】

（1）左子树为空。

在二叉排序树中删除 32，首先查找到 32 所在的位置，判断其左子树为空，再令其右子树子承父业代替其位置，删除过程如图 7-13 所示。

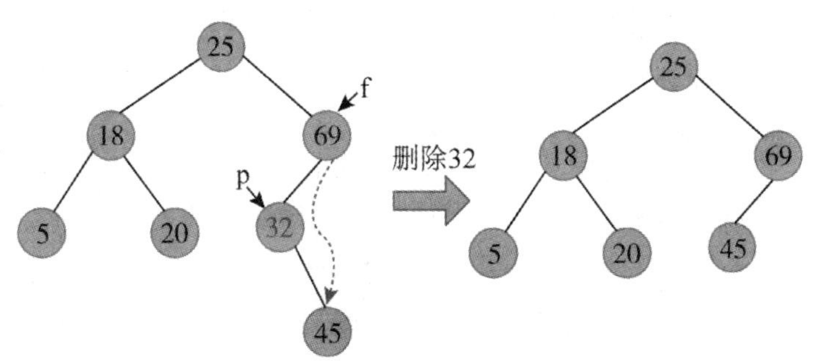

图 7-13　二叉排序树删除（左子树为空）

（2）右子树为空。

在二叉排序树中删除 69，首先查找到 69 所在的位置，判断其右子树为空，再令其左子树子承父业代替其位置，删除过程如图 7-14 所示。

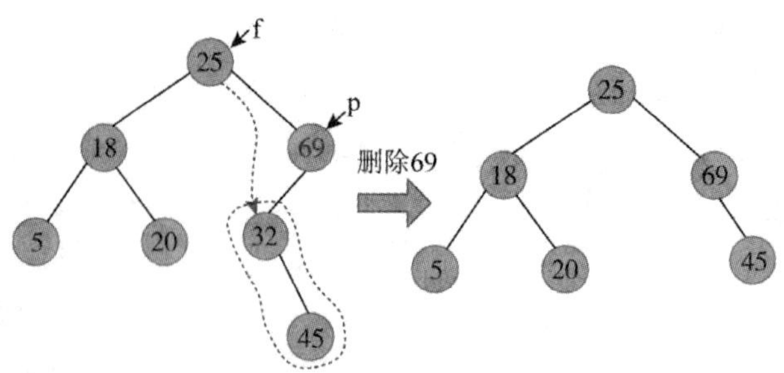

图 7-14　二叉排序树删除（右子树为空）

（3）左右子树均非空。

在二叉排序树中删除 25，首先查找到 25 所在的位置，判断其左右子树均非空，再令其直接前驱（左子树最右结点 20）代替之，删除其直接前驱 20 即可。删除 20 时，其左子树子承父业，删除过程如图 7-15 所示。

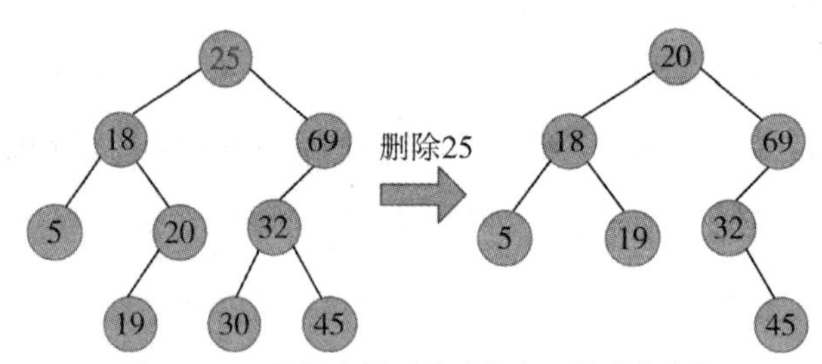

图 7-15　二叉排序树删除（左右子树均非空）

【代码实现】

算法 7-8　二叉排序树的删除算法

```
/*删除算法*/
bintree deleteNode(bintree root,datatype key)
{
    if (root == NULL)
    {
        return root;
    }
    if (key < root->data)
    {
        root->lchild = deleteNode(root->lchild,key);
    }
    else if (key > root->data)
    {
        root->rchild = deleteNode(root->rchild,key);
    }
    else
    {
        if (root->lchild == NULL)
        {
            bintree temp = root->rchild;
            free(root);
            return temp;
```

```
        }
        else if (root->rchild == NULL)
        {
            bintree temp = root->lchild;
            free(root);
            return temp;
        }
        bintree temp = root->rchild;
        while (temp->lchild != NULL)
        {
            temp = temp->lchild;
        }
        root->data = temp->data;
        root->rchild = deleteNode(root->rchild,temp->data);
    }
    return root;
}
```

【算法性能分析】

二叉排序树的删除，主要是查找的过程，需要 O(logn)时间。删除的过程中，如果需要找被删结点的前驱，也需要 O(logn)时间，二叉排序树的删除时间复杂度为 O(logn)。

7.4.2 平衡二叉排序树

1. 树高与性能的关系

二叉排序树的查找、插入、删除的时间复杂度均为 O(logn)，但这是在期望的情况下，最好情况和最坏情况差别较大。

在最好情况下，二叉排序树的形态和二分查找的判定树相似，如图 7-16 所示。每次查找可以缩小一半的搜索范围，查找最多从根到叶子，比较次数为树的高度 $\log n$ 。

在最坏情况下，二叉排序树的形态为单支树，即只有左子树或只有右子树，如图 7-17 所示。每次查找的搜索范围缩小为 $n-1$ ，退化为顺序查找，查找最多从根到叶子，比较次数为树的高度 n 。

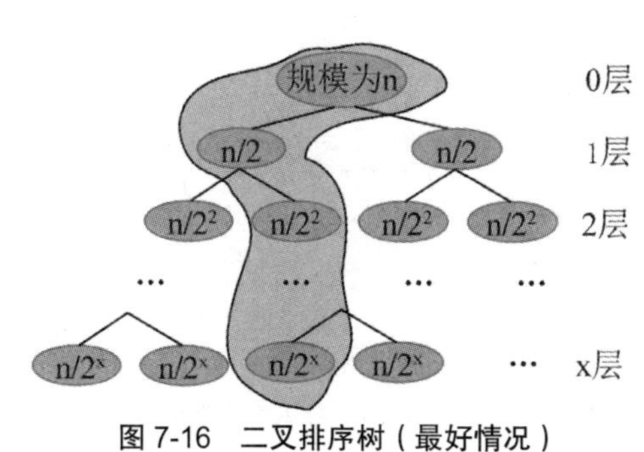

图 7-16 二叉排序树（最好情况）

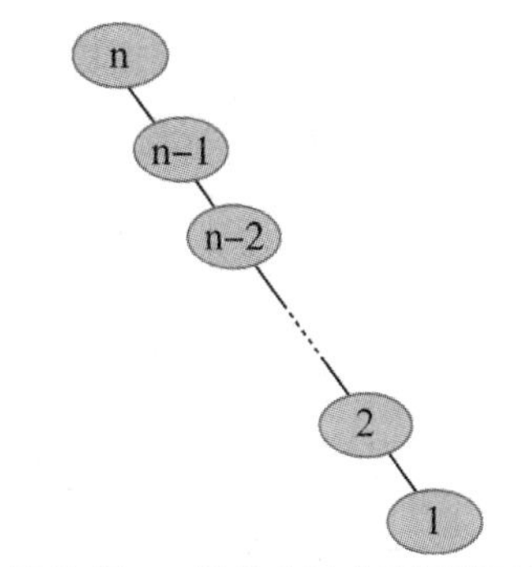

图 7-17 二叉排序树（最坏情况）

二叉排序树的查找、插入、删除的时间复杂度均线性正比于二叉排序树的高度，高度越小，效率越高。也就是说，二叉排序树的性能主要取决于二叉排序树的高度。

如何降低树的高度呢？

2. 理想平衡与适度平衡

首先分析最好情况下，每次一分为二，左右子树的结点数均为 $n/2$，左右子树的高度也一样，也就是说，如果把左右子树放到天平上，是平衡的。

在理想的状态下，树的高度为 $\log n$，左右子树的高度一样，称为理想平衡。但是理想平衡需要大量时间调整平衡以维护其严格的平衡性。

如果可以适度放松平衡的标准，大致平衡就可以了，称为适度平衡。

3. 平衡二叉树的定义

平衡二叉排序树（balanced binary search tree，BBST），简称平衡二叉树，由苏联数学家 Adelson-Velskii 和 Landis 提出，所以又称为 AVL 树。

平衡二叉树或者为空树，或者为具有以下性质的平衡二叉树。

（1）左右子树高度差的绝对值不超过 1。

（2）左右子树也是平衡二叉树。

结点左右子树的高度之差称为平衡因子。二叉排序树中，每个结点的平衡因子绝对值不超过 1 即为平衡二叉树。例如，一棵平衡二叉树及其平衡因子，如图 7-18 所示。

那么在这棵平衡二叉树中插入 20，结果会怎样？如图 7-19 所示，插入 20 之后，从该叶子到树根路径上的所有结点，平衡因子都有可能改变，出现不平衡，有可能有多个结点平衡因子绝对值超过 1。从新插入结点向上，找离新插入结点最近的不平衡结点，以该结点为根的子树称为最小不平衡子树。只需要将最小不平衡子树调整为平衡二叉树即可，其他结点不变。

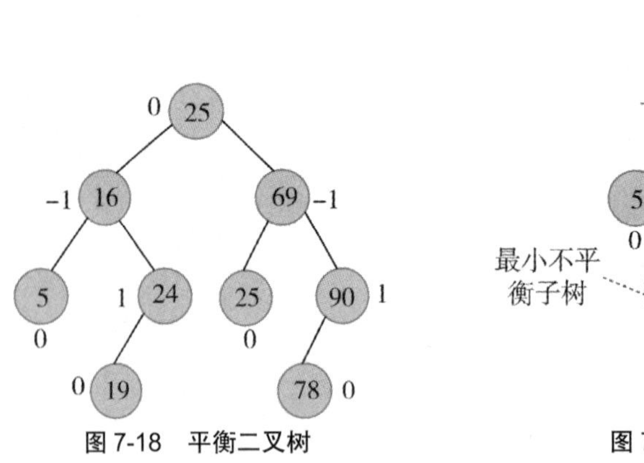

图 7-18　平衡二叉树

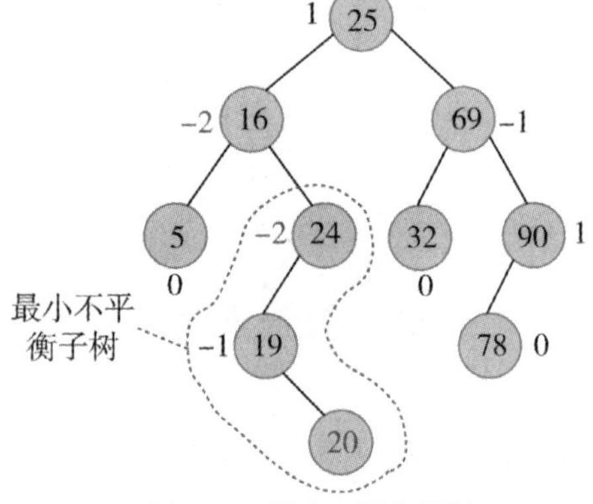

图 7-19　最小不平衡子树

平衡二叉树除了适度平衡性，还具有局部性。

（1）单次插入、删除后，至多有 O(1)处出现不平衡。

（2）总可以在 O(logn)时间内，使这 O(1)处不平衡重新调整为平衡。

平衡二叉树在动态修改后出现的不平衡，只需要局部（最小不平衡子树）调整平衡即可，不需要调整整棵树。

那么如何局部调整平衡呢？

4. 调整平衡的方法

以插入操作为例，调整平衡可以分为 4 种情况：LL 型、RR 型、LR 型、RL 型。

（1）LL 型。

插入新结点 X 后，从该结点向上找到最近的不平衡结点 A。如果最近的不平衡结点到新结点的路径前两个都是左子树 L，即为 LL 型。也就是说，X 结点插入在 A 的左子树的左子树中，A 的左子树因插入新结点的高度增加，造成 A 的平衡因子由 1 增为 2，失去平衡。需要进行 LL 旋转（顺时针）调整平衡。

LL 旋转：A 顺时针旋转到 B 的右子树，B 原来的右子树 T_3 被抛弃，A 旋转后正好左子树空闲，这个被抛弃的子树 T_3 放到 A 左子树即可，如图 7-20 所示。

每一次旋转，总有一个子树被抛弃，一个指针空闲，它们正好配对。旋转之后，是否平衡呢？旋转之后，A、B 两个结点的左右子树的高度之差均为 0，满足平衡条件，C 的左右子树未变，仍然平衡。

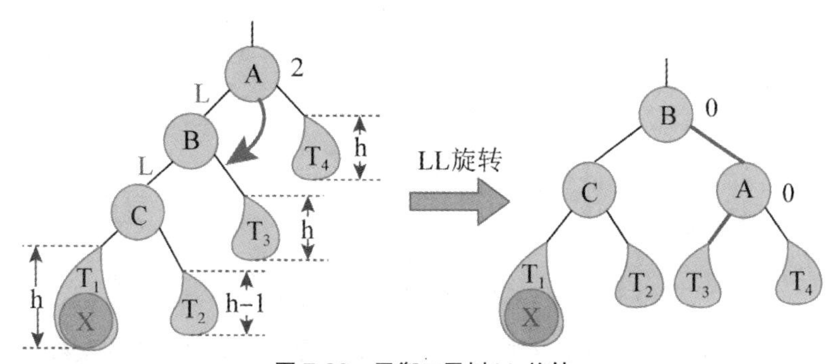

图 7-20　平衡二叉树 LL 旋转

（2）RR 型。

插入新结点 X 后，从该结点向上找到最近的不平衡结点 A，如果最近的不平衡结点到新结点的路径前两个都是右子树 R，即为 RR 型。需要进行 RR 旋转（逆时针）调整平衡。

RR 旋转：A 逆时针旋转到 B 的左子树，B 原来的左子树 T_2 被抛弃，A 旋转后正好右子树空闲，这个被抛弃的子树 T_2 放到 A 右子树即可，如图 7-21 所示。

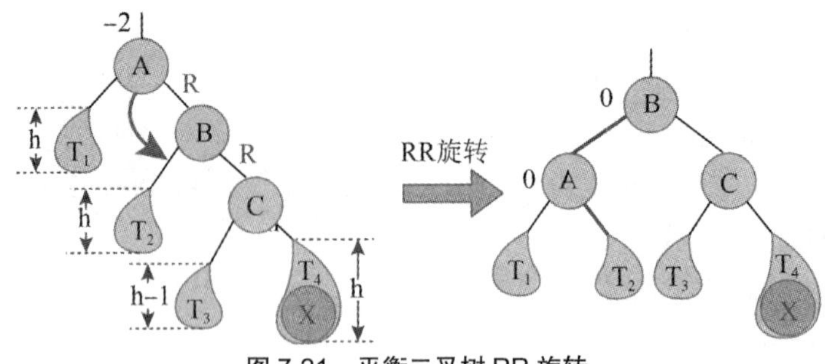

图 7-21　平衡二叉树 RR 旋转

旋转之后，A、B 的左右子树的高度之差均为 0，满足平衡条件，C 的左右子树未变，仍然平衡。

（3）LR 型。

插入新结点 X 后，从该结点向上找到最近的不平衡结点 A，如果最近的不平衡结点到新结点的路径前依次是左子树 L、右子树 R，即为 LR 型。

LR 旋转：分两次旋转，首先，C 逆时针旋转到 A、B 之间，C 原来的左子树 T_2 被抛弃，B 正好右子树空闲，这个被抛弃的子树 T_2 放到 B 右子树。这时已经转变为 LL 型，进行 LL 旋转即可，如图 7-22 所示。实际上，也可以看成 C 固定不动，B 进行 RR 旋转，然后进行 LL 旋转即可。

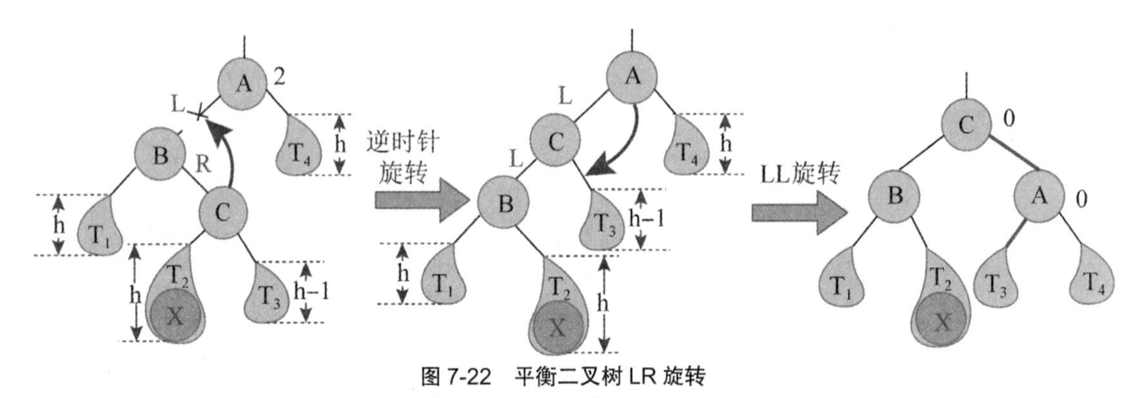

图 7-22　平衡二叉树 LR 旋转

旋转之后，A、C 的左右子树的高度之差均为 0，满足平衡条件，B 的左右子树未变，仍然平衡。

（4）RL 型。

插入新结点 X 后，从该结点向上找到最近的不平衡结点 A，如果最近的不平衡结点到新结点的路径前依次是右子树 R、左子树 L，即为 RL 型。

RL 旋转：分两次旋转，首先，C 顺时针旋转到 A、B 之间，C 原来的右子树 T_3 被抛弃，B 正好左子树空闲，这个被抛弃的子树 T_3 放到 B 左子树。这时已经转变为 RR 型，进行 RR 旋转即可，如图 7-23 所示。实际上，也可以看成 C 固定不动，B 进行 LL 旋转，然后进行 RR 旋转即可。

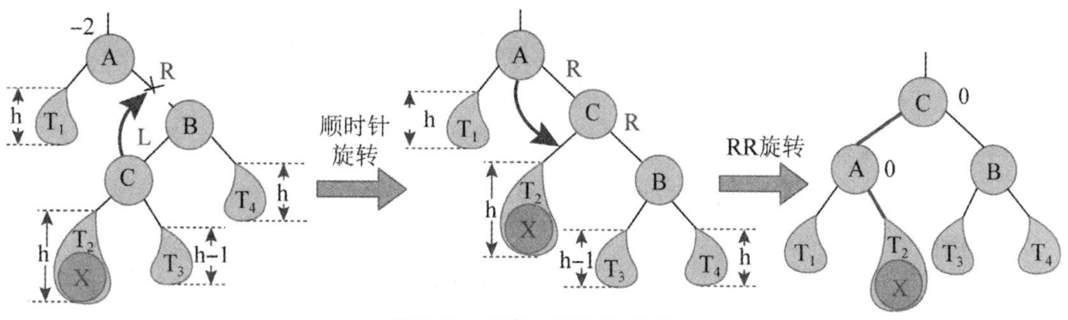

图 7-23　平衡二叉树 RL 旋转

旋转之后，A、C 的左右子树的高度之差均为 0，满足平衡条件，B 的左右子树未变，仍然平衡。

算法 7-9　平衡二叉树的查找算法

```
/*查找算法*/
bintree search(bintree node, datatype key)
{
    if (node == NULL || node->data == key)
        return node;
    if (key < node->data)
        return search(node->lchild,key);
    else
        return search(node->rchild,key);
}
```

5. 平衡二叉树的插入

在平衡二叉树上插入新的数据元素 x，首先查找其插入位置。查找过程中，用 p 指针记录当前结点，f 指针记录 p 的双亲，其算法描述如下。

【算法步骤】

（1）在平衡二叉树查找 x，如果查找成功，则什么也不做，返回 p；如果查找失败，则执行插入操作。

（2）创建一个新结点 p 存储 x，该结点的双亲为 f，高度为 1。

（3）从新结点之父 f 出发，向上寻找最近的不平衡结点。逐层检查各代祖先结点，如果平衡，则更新其高度，继续向上寻找；如果不平衡，则判断失衡类型（沿着高度大的子树判断，刚插入新结点的子树必然高度大），并做相应的调整，返回 p。

【过程图解】

例如，一棵平衡二叉树，如图 7-24 所示，在该树中插入元素 20。（其中，结点旁标记以该结点为根的子树的高度。）

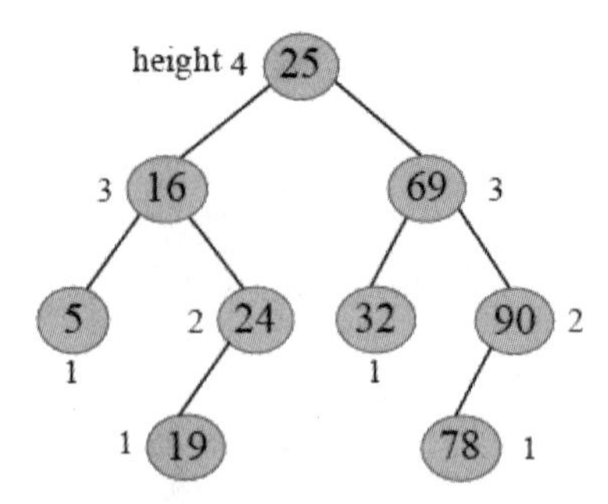

图 7-24　平衡二叉树

（1）查找 20 在树中的位置，初始化，p 指向树根，其双亲 f 为空，如图 7-25 所示。

（2）20 和 25 比较，20<25，在左子树找，f 指向 p，p 指向 p 的左孩子，如图 7-26 所示。

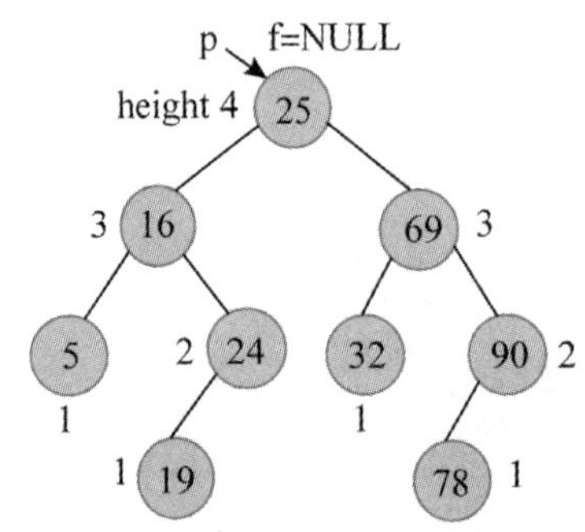

图 7-25　平衡二叉树查找过程 1

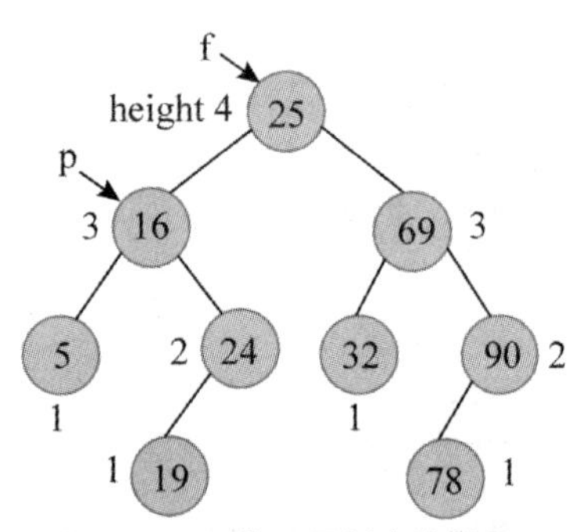

图 7-26　平衡二叉树查找过程 2

（3）20 和 16 比较，20>16，在右子树找，f 指向 p，p 指向 p 的右孩子，如图 7-27 所示。

（4）20 和 24 比较，20<24，在左子树找，f 指向 p，p 指向 p 的左孩子，如图 7-28 所示。

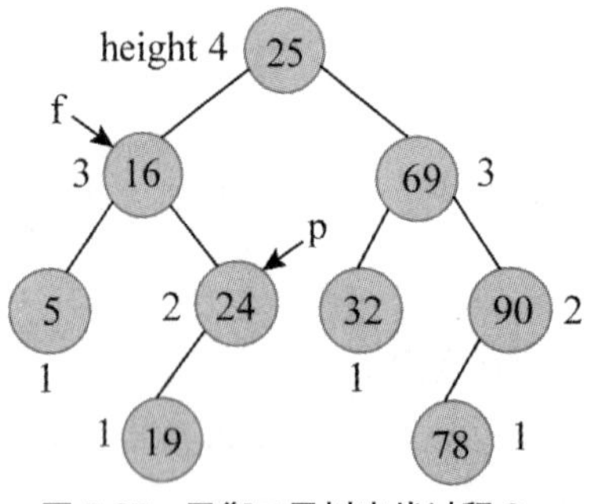

图 7-27　平衡二叉树查找过程 3

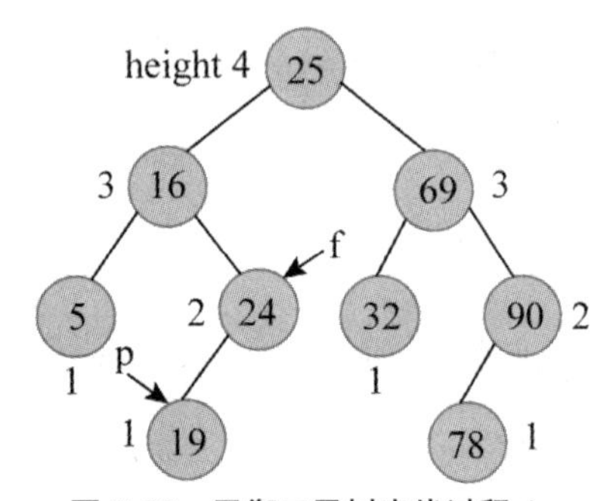

图 7-28　平衡二叉树查找过程 4

（5）20 和 19 比较，20>19，在右子树找，f 指向 p，p 指向 p 的右孩子，如图 7-29 所示。

（6）此时 p 为空，查找失败，可以将新结点插入此处，新结点的高度为 1，双亲为 f，如图 7-30 所示。

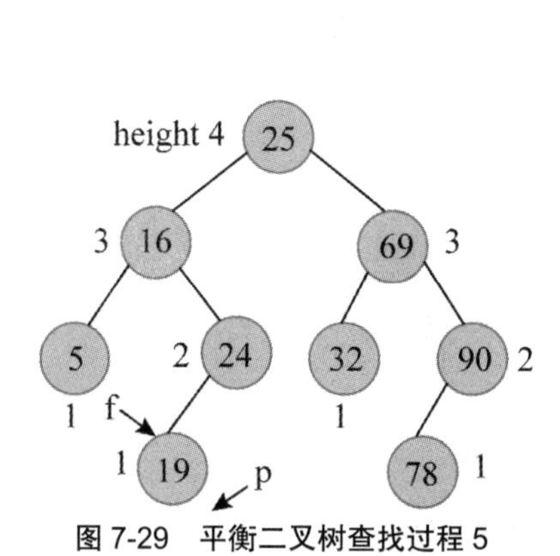

图 7-29　平衡二叉树查找过程 5

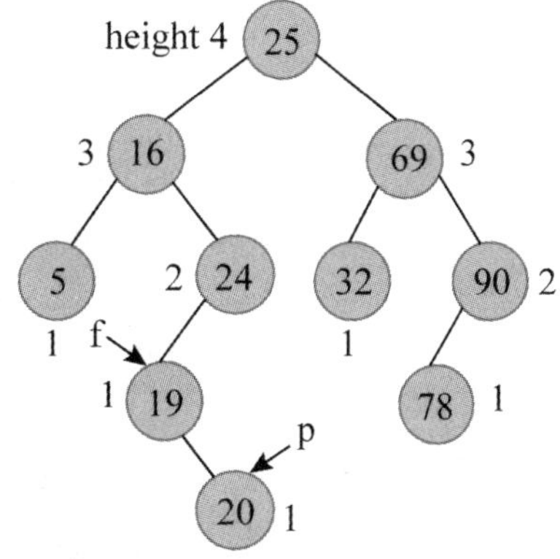

图 7-30　平衡二叉树查找过程 6

（7）从新结点之父 f 开始，逐层向上检查祖先是否失衡，若未失衡，则更新其高度；若失衡，则判断其失衡类型，调整平衡。初始化 g 指向 f，检查 g 的左右子树之差为-1，g 未失衡，更新其高度 2（左右子树的高度最大值加 1），如图 7-31 所示。

（8）继续向上检查，g 指向 g 的双亲，检查发现 g 的左右子树高度之差为 2，失衡。用 g、u、v 三个指针记录三代结点（从失衡结点沿着高度大的方向向下找三代），如图 7-32 所示。

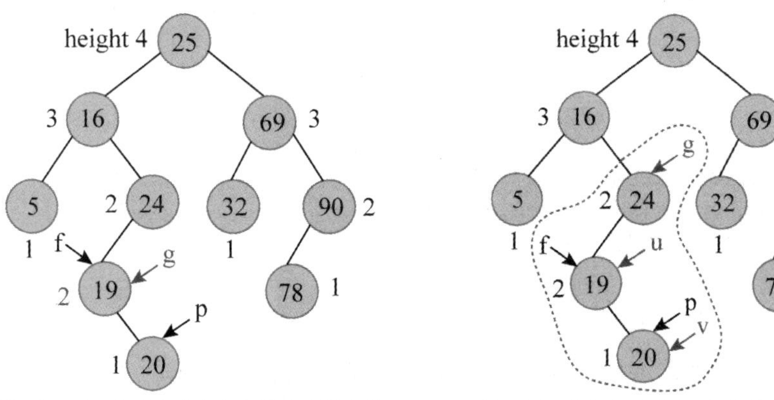

图 7-31　平衡二叉树（向上检查不平衡）　　图 7-32　平衡二叉树（向上检查不平衡）

（9）将 g 为根的最小不平衡子树调整平衡即可。判断失衡类型为 LR 型，先令 20 顺时针旋转到 19、24 之间，然后 24 顺时针旋转即可，更新 19、20、24 三个结点的高度，如图 7-33 所示。

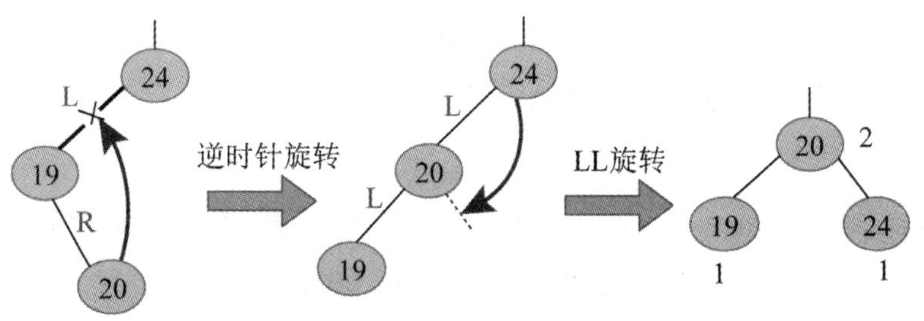

图 7-33　平衡二叉树调整平衡（LR）

（10）调整平衡后，将该子树接入 g 的双亲，平衡二叉树如图 7-34 所示。

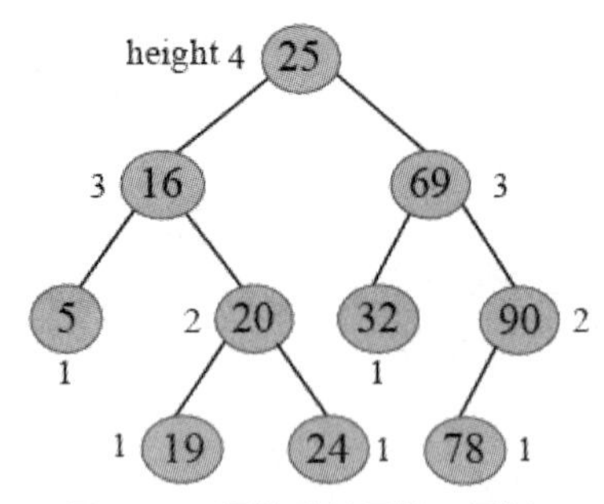

图 7-34　调整后的平衡二叉树

【代码实现】

算法 7-10　平衡二叉树的插入算法

```
/*插入算法*/
bintree insert(bintree node,datatype key)
{
    if (node == NULL)
    {
        bintree newNode = (bintree)malloc(sizeof(bintnode));
        newNode->data = key;
        newNode->lchild = newNode->rchild = NULL;
        return newNode;
    }
    if (key < node->data)
        node->lchild = insert(node->lchild,key);
    else if (key > node->data)
        node->rchild = insert(node->rchild,key);
    return node;
}
```

6. 平衡二叉树的创建

平衡二叉树的创建和二叉排序树的创建类似，只是插入操作多了调整平衡而已。可以从空树开始，按照输入关键字的顺序依次进行插入操作，最终得到一棵平衡二叉树。

【算法步骤】

（1）初始化平衡二叉树为空树，T=NULL。

（2）输入一个关键字 x，将 x 插入平衡二叉树 T 中。

（3）重复第（2）步，直到关键字输入完毕。

【过程图解】

例如，依次输入关键字（25，18，5，10，15，17），创建一棵二叉排序树。

（1）输入 25，平衡二叉树初始化为空，所以 25 作为树根，左右子树为空，如图 7-35 所示。

（2）输入 18，插入平衡二叉树中。首先和树根 25 比较，比 25 小，到左子树查找，左子树为空，插入此位置，检查祖先未发现失衡，如图 7-36 所示。

图 7-35　平衡二叉树创建过程 1

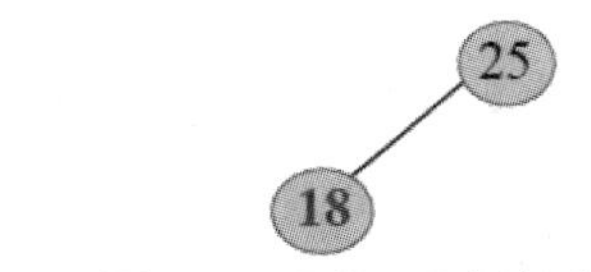

图 7-36　平衡二叉树创建过程 2

（3）输入 5，插入平衡二叉树中。首先和树根 25 比较，比 25 小，到左子树查找；比 18 小，到左子树查找，左子树为空，插入此位置。25 结点失衡，从不平衡结点到新结点路径前两个是 LL，做 LL 旋转调整平衡，如图 7-37 所示。

（4）输入 10，插入平衡二叉树中。首先和树根 18 比较，比 18 小，到左子树查找；和树根 5 比较，比 5 大，到右子树查找，右子树为空，插入此位置，检查祖先未发现失衡，如图 7-38 所示。

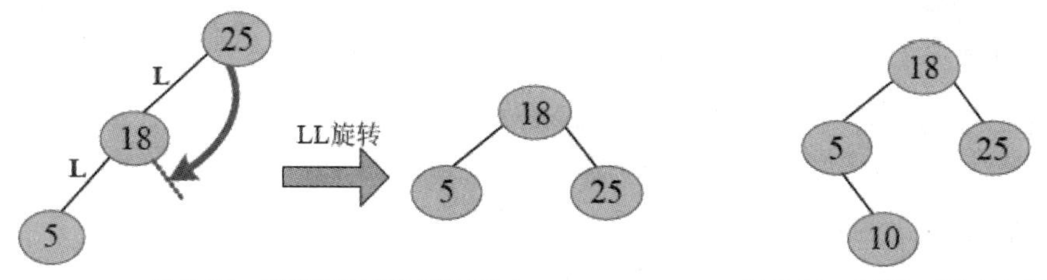

图 7-37　平衡二叉树创建过程 3　　图 7-38　平衡二叉树创建过程 4

（5）输入 15，插入平衡二叉树中。首先和树根 18 比较，比 18 小，到左子树查找；和树根 5 比较，比 5 大，到右子树查找；和树根 10 比较，比 10 大，到右子树查找，右子树为空，插入此位置。5 结点失衡，从不平衡结点到新结点路径前两个是 RR，做 RR 旋转调整平衡，如图 7-39 所示。

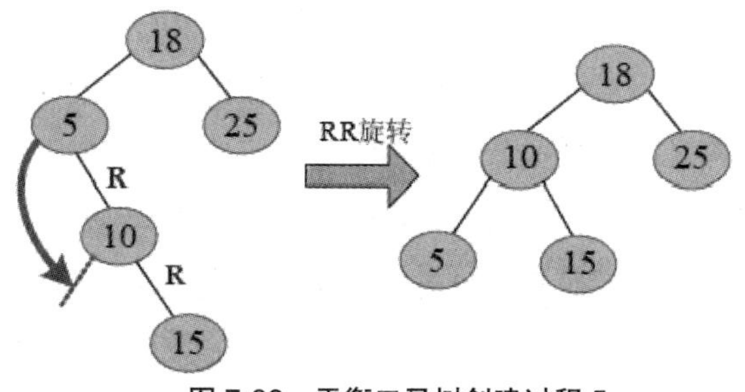

图 7-39　平衡二叉树创建过程 5

（6）输入 17，插入平衡二叉树中。经查找之后（过程省略），插入 15 的右子树位置。18 结点失衡，从不平衡结点到新结点路径前两个是 LR，做 LR 旋转调整平衡，如图 7-40 所示。

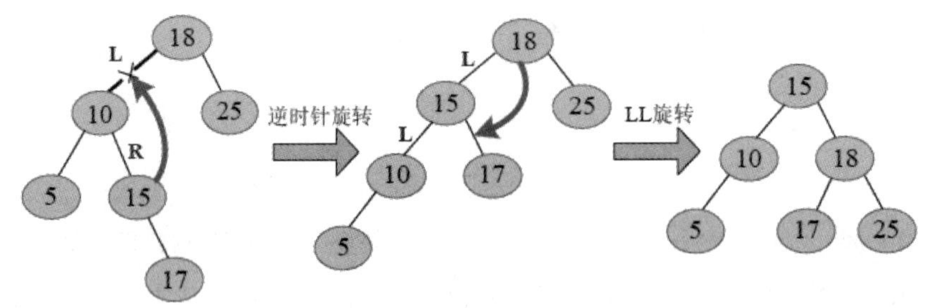

图 7-40　平衡二叉树创建过程 6

【代码实现】

算法 7-11　平衡二叉树的创建算法

```
/*创建算法*/
bintree createTree(datatype keys[],int n)
{
    bintree tree = NULL;
    for (int i = 0;i < n; i++)
    {
        tree = insert(tree,keys[i]);
    }
    return tree;
}
```

7. 平衡二叉树的删除

平衡二叉树的插入只需要从插入结点之父向上检查，发现不平衡立即调整，一次调整平衡即可。而删除操作则需要一直从删除结点之父向上检查，发现不平衡立即调整，然后继续向上检查，检查到树根为止。

【算法步骤】

（1）在平衡二叉树中查找 x，如果查找失败，则返回；如果查找成功，则执行删除操作（同二叉排序树的删除操作）。

（2）从实际被删除结点之父 g 出发（当被删除结点有左右子树时，令其直接前驱（或直接后继）代替其位置，删除其直接前驱，实际被删除结点为其直接前驱（或直接后继）），向上寻找最近的不平衡结点。逐层检查各代祖先结点，如果平衡，则更新其高度，继续向上寻找；如果不平衡，则判断失衡类型（沿着高度大的子树判断），并做相应的调整。

（3）继续向上检查，一直到树根。

【过程图解】

例如，一棵平衡二叉树，如图 7-41 所示，删除 16。

（1）16 为叶子，直接删除即可，如图 7-42 所示。

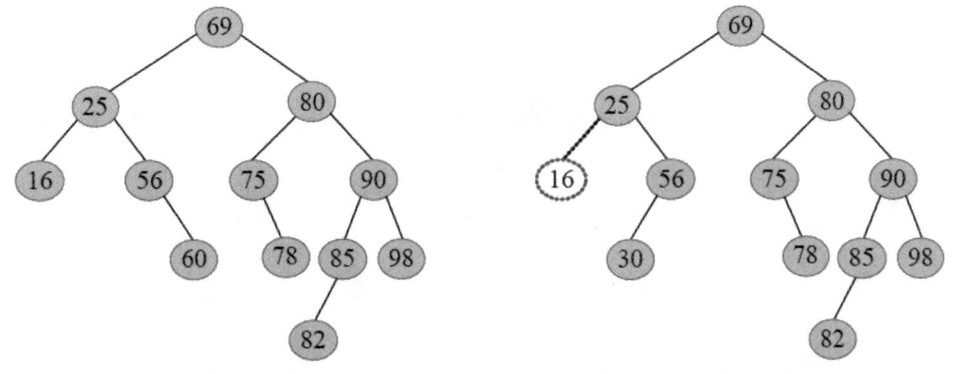

图 7-41　平衡二叉树　　图 7-42　平衡二叉树删除

（2）指针 g 指向实际被删除结点 16 之父 25，检查是否失衡，25 结点失衡，用 g、u、v 记录失衡三代结点（从失衡结点沿着高度大的子树向下找三代），判断为 RL 型，进行 RL 旋转调整平衡，如图 7-43 所示。

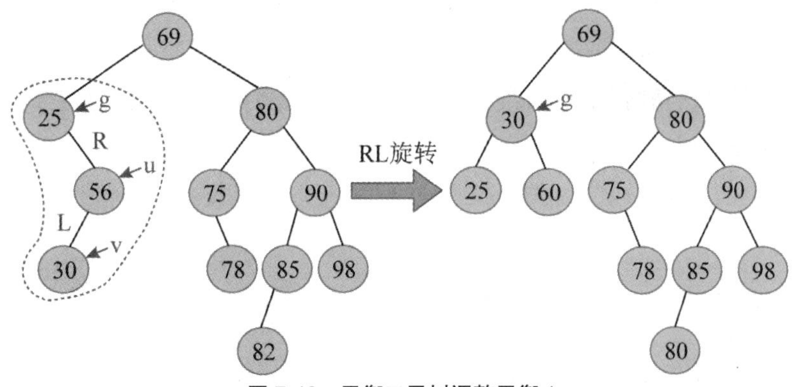

图 7-43　平衡二叉树调整平衡 1

（3）继续向上检查，指针 g 指向 g 的双亲 69，检查是否失衡，69 结点失衡，用 g、u、v 记录失衡三代结点（从失衡结点沿着高度大的子树向下找三代），判断为 RR 型，进行 RR 旋转调整平衡，如图 7-44 所示。

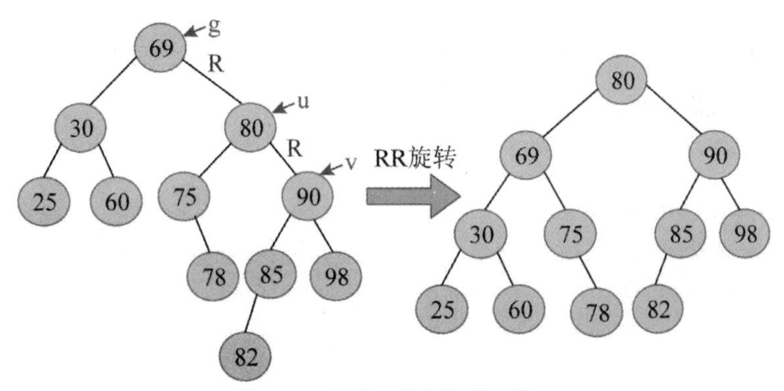

图 7-44　平衡二叉树调整平衡 2

（4）已检查到根，结束。

例如，一棵平衡二叉树，如图 7-45 所示，删除 80。

（1）80 的左右子树均非空，令其直接前驱 78 代替之，删除其直接前驱 78，如图 7-46 所示。

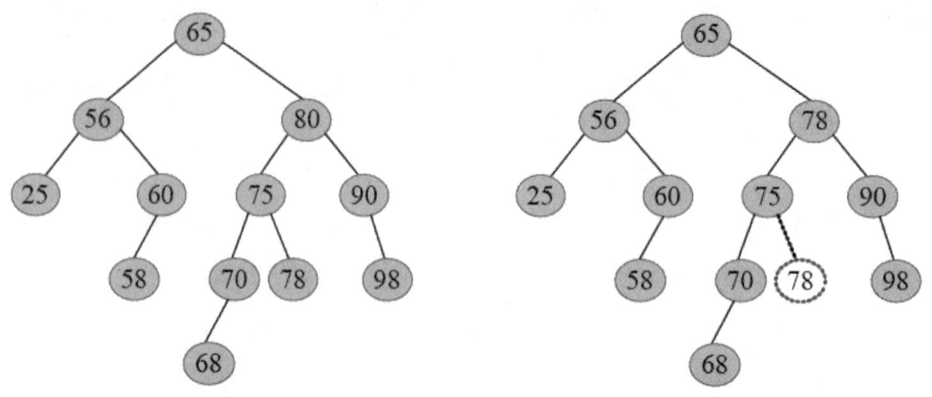

图 7-45　平衡二叉树　　　　图 7-46　平衡二叉树（实际删除 78）

（2）指针 g 指向实际被删除结点 78 之父 75，检查是否失衡，75 结点失衡，用 g、u、v 记录失衡三代结点（从失衡结点沿着高度大的子树向下找三代），判断为 LL 型，进行 LL 旋转调平衡，如图 7-47 所示。

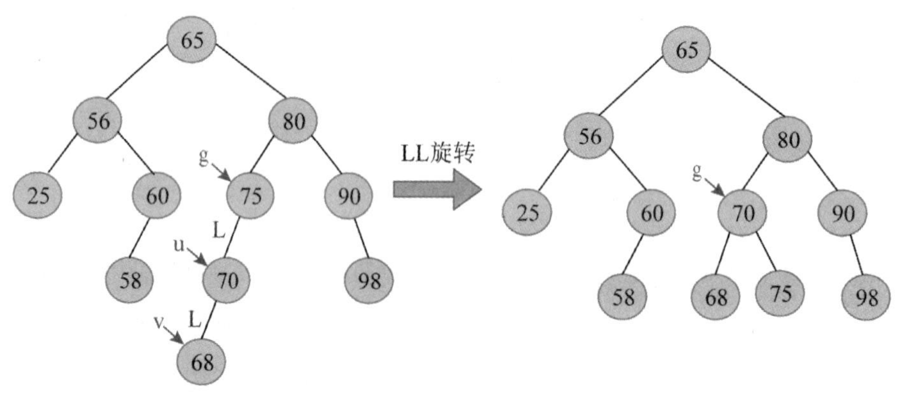

图 7-47　平衡二叉树调整平衡 3

（3）指针 g 指向 g 的双亲 80，检查是否失衡，一直检查到根，结束。

注意：从实际被删除结点之父开始检查是否失衡，一直检查到根。

【代码实现】

算法 7-12　平衡二叉树的删除算法

```
/*删除算法*/
bintree deleteNode(bintree node,datatype key)
{
    if (node == NULL)
        return node;
    if (key < node -> data)
```

```
        node -> lchild = deleteNode(node -> lchild,key);
    else if (key > node -> data)
        node -> rchild = deleteNode(node -> rchild,key);
    else
    {
        if (node -> lchild == NULL)
        {
            bintree temp = node-> rchild;
            free(node);
            return temp;
        }
        else if (node -> rchild == NULL)
        {
            bintree temp = node -> lchild;
            free(node);
            return temp;
        }
        bintree temp = node -> rchild;
        while (temp -> lchild != NULL)
            temp = temp -> lchild;
        node -> data = temp -> data;
        node -> rchild = deleteNode(node -> rchild,temp -> data);
    }
    return node;
}
```

7.5　案例分析与实现

7.5.1　案例一

【解决思路】

（1）初始化。令 low=0，即指向有序数组 S[]的第一个元素；high=n−1，即指向有序数组 S[]的最后一个元素。

（2）判定 low≤high 是否成立，如果成立，则转向第（3）步，否则，算法结束。

（3）middle=(low+high)/2，即指向查找范围的中间元素。

（4）判断 x 与 S[middle]的关系。如果 x=S[middle]，则表示搜索成功，算法结束；如果 x>S[middle]，则令 low=middle+1；否则令 high=middle−1，转向第（2）步。

用 BinarySearch（int n,int s[],int x）函数实现折半查找算法，其中 n 为元素个数，s[]为有序数组，x 为待查找元素。low 指向数组的第一个元素，high 指向数组的最后一个元素。如果 low≤high，middle=(low+high)/2，即指向查找范围的中间元素。如果 x=S[middle]，则表示搜索成功，算法结束；如果 x>S[middle]，则令 low=middle+1，去掉后半部分搜索；否则令 high=middle−1，去掉前半部分搜索。

【代码实现】

```
//折半查找算法
#include <stdio.h>
#define MAXSIZE 100              /*定义常量 MAXSIZE 为 100*/
typedef int datatype;            /*定义 datatype 为 int 类型*/
typedef struct                   /*顺序表的存储结构*/
{
    datatype data[MAXSIZE];      /*使用数组存储顺序表,最大可容纳数据元素个数为 MAXSIZE*/
    int length;                  /*顺序表长度，即顺序表当前数据元素个数*/
} SeqList;
/*折半查找算法*/
int binarySearch(SeqList *list,int target) {
    int low = 0;
    int high = list->length - 1;
    while (low <= high) {
        int mid = low + (high - low) / 2;
        if (list->data[mid] == target) {
            return mid;          /*找到目标元素，返回位置*/
        } else if (list->data[mid] < target) {
            low = mid + 1;       /*目标在右侧*/
        } else {
            high = mid - 1;      /*目标在左侧*/
        }
    }
    return -1;                   /*未找到目标元素*/
}
int main() {
    SeqList sequence = {{5,8,15,17,25,30,34,39,45,52,60},11}; /*初始化顺序表*/
    int target = 17;
    int result = binarySearch(&sequence,target);
    if (result != -1) {
        printf("元素%d 在序列中的位置是: %d\n",target,result);
    } else {
        printf("元素%d 未在序列中找到\n",target);
    }
    return 0;
}
```

以上代码的运行结果如下。

```
元素 17 在序列中的位置是: 3
```

7.5.2　案例二

【解决思路】

选择用户 ID 后两位数字，依次输入关键字（25，69，18，5，32，45，20）来创建一棵二叉搜索树（binary search tree，BST）。然后，使用 C 语言来进行查找、插入、创建和删除的分析。

创建 BST，如下。

```
        25
       /  \
     18    69
    /      /\
   5     32  45
         /
        20
```

书店的库存管理员使用 BST 来管理图书的库存。每本书都有一个唯一的图书编号（类似于用户 ID），并且根据这个编号来构建 BST。每个结点代表一本书的信息，包括图书编号、书名和库存数量。

（1）查找操作。

想要查找图书编号为 32 的书籍。通过 BST，可以快速定位到对应的结点，查找效率很高。代码如下：

```
/*查找操作*/
Node* search(Node* root,int key) {
    if (root == NULL || root->key == key) {
        return root;
    }
    if (key < root-> key) {
        return search(root->left,key);
    }
    else {
        return search(root->right,key);
    }
}
```

（2）插入操作。

新书《Data Structures》到货，图书编号为 20，库存数量为 100 本。可以通过插入操作将这本书添加到 BST 中。

```
/*插入操作*/
Node* insert(Node* root,int key) {
    if (root == NULL) {
        Node* newNode = (Node*)malloc(sizeof(Node));
```

```
        newNode->key = key;
        newNode->left = newNode->right = NULL;
        return newNode;
    }
    if (key < root->key) {
        root->left = insert(root->left,key);
    }
    else if (key > root->key) {
        root->right = insert(root->right,key);
    }
    return root;
}
```

（3）创建操作。

假设要一次性导入一批新书，包括图书编号为 5、12、28 的书。可以通过循环调用插入操作将它们依次加入 BST 中。代码如下：

```
/*创建 BST*/
Node* createBST(int keys[],int n) {
    Node* root = NULL;
    for (int i = 0;i < n;i++) {
        root = insert(root,keys[i]);
    }
    return root;
}
```

（4）删除操作。

图书《Algorithm Design》已经下架，需要从库存中移除它。通过删除操作，可以轻松地将这本书从 BST 中删除。代码如下：

```
/*删除结点*/
Node* deleteNode(Node* root,int key) {
    if (root == NULL) {
        return root;
    }
    if (key < root->key) {
        root->left = deleteNode(root->left,key);
    }
    else if (key > root->key) {
        root->right = deleteNode(root->right,key);
    }
    else {
        /*找到了要删除的结点*/
        if (root->left == NULL) {
            Node* temp = root->right;
            free(root);
            return temp;
        }
        else if (root->right == NULL) {
            Node* temp = root->left;
            free(root);
            return temp;
```

```
        }
        /* 有两个子结点的情况，找到右子树的最小值作为替代结点 */
        Node* temp = root->right;
        while (temp->left != NULL) {
            temp = temp->left;
        }
        root->key = temp->key;
        root->right = deleteNode(root->right,temp->key);
    }
    return root;
}
```

这个案例背景以图书库存管理为例，通过 BST 实现了高效的查找、插入、创建和删除操作。这样的数据结构在实际应用中能够提供快速的数据检索和管理功能。

【代码实现】

```
#include <stdio.h>
#include <stdlib.h>
/*二叉搜索树的结点结构*/
typedef struct Node {
    int key;
    struct Node* left;
    struct Node* right;
} Node;
/*插入操作*/
Node* insert(Node* root,int key) {
    if (root == NULL) {
        Node* newNode = (Node*)malloc(sizeof(Node));
        newNode->key = key;
        newNode->left = newNode->right = NULL;
        return newNode;
    }
    if (key < root->key) {
        root->left = insert(root->left,key);
    }
    else if (key > root->key) {
        root->right = insert(root->right,key);
    }
    return root;
}
/*查找操作*/
Node* search(Node* root,int key) {
    if (root == NULL || root->key == key) {
        return root;
    }
    if (key < root->key) {
        return search(root->left,key);
    }
    else {
        return search(root->right,key);
    }
}
/*中序遍历*/
```

```
void inOrderTraversal(Node* root) {
    if (root != NULL) {

        inOrderTraversal(root->left);
        printf("%d",root->key);
        inOrderTraversal(root->right);
    }
}
/*创建 BST*/
Node* createBST(int keys[],int n) {
    Node* root = NULL;
    for (int i = 0;i < n;i++) {
        root = insert(root,keys[i]);
    }
    return root;
}
/*删除结点*/
Node* deleteNode(Node* root,int key) {
    if (root == NULL) {
        return root;
    }
    if (key < root->key) {
        root->left = deleteNode(root->left,key);
    }
    else if (key > root->key) {
        root->right = deleteNode(root->right,key);
    }
    else {
        /*找到了要删除的结点*/
        if (root->left == NULL) {
            Node* temp = root->right;
            free(root);
            return temp;
        }
        else if (root->right == NULL) {
            Node* temp = root->left;
            free(root);
            return temp;
        }
        /*有两个子结点的情况，找到右子树的最小值作为替代结点*/
        Node* temp = root->right;
        while (temp->left != NULL) {
            temp = temp->left;
        }
        root->key = temp->key;
        root->right = deleteNode(root->right,temp->key);
    }
    return root;
}
/*主函数*/
int main() {
    int keys[] = {25,69,18,5,32,45,20};
```

```
    int n = sizeof(keys) / sizeof(keys[0]);
    Node* root = createBST(keys,n);
    printf("In-order traversal of the BST:");
    inOrderTraversal(root);
    printf("\n");
    int searchKey = 32;
    Node* result = search(root,searchKey);
    if (result != NULL) {
        printf("Found key %d in the BST.\n",searchKey);
    }
    else {
        printf("Key %d not found in the BST.\n",searchKey);
    }
    int insertKey = 15;
    root = insert(root,insertKey);
    printf("In-order traversal after inserting %d:",insertKey);
    inOrderTraversal(root);
    printf("\n");
    int deleteKey = 32;
    root = deleteNode(root,deleteKey);
    printf("In-order traversal after deleting %d:",deleteKey);
    inOrderTraversal(root);
    printf("\n");
    return 0;
}
```

以上代码的运行结果如下。

```
In-order traversal of the BST: 5 18 20 25 32 45 69
Found key 32 in the BST.
In-order traversal after inserting 15: 5 15 18 20 25 32 45 69
In-order traversal after deleting 32: 5 15 18 20 25 45 69
```

7.6 本章小结

1. 本章内容

查找分为线性表查找、树表查找和散列表查找。

2. 查找算法的比较

（1）顺序查找（无序，顺序、链式存储均可）：查找效率和插入效率均为 O(n)。

（2）二分查找（有序，顺序存储）：查找效率为 O(logn)，插入效率为 O(n)。

（3）二叉排序树：查找效率和插入效率均为 O(logn)，可以进行高效查找和插入操作。

（4）平衡二叉排序树：其最坏情况下和平均情况下的查找效率与插入效率均为 O(logn)。

（5）散列表查找：能够快速地查找和插入常见数据类型的数据。对于其他数据类型，需要进行相应的转换。其查找效率和插入效率与处理冲突的方法有关，不同的冲突处理方法，其效率不同。

各种查找算法的比较如表 7-3 所示。

表 7-3　各种查找算法的比较

查找算法 \ 性能分析	查找效率	插入效率	是否支持有序性操作
顺序查找	O(n)	O(n)	否
二分查找	O(logn)	O(n)	是
二叉排序树	O(logn)	O(logn)	是
平衡二叉排序树	O(logn)	O(logn)	是
散列表查找	—	—	否

习　题

一、选择题

1. 对于有序数据集合，以下查找算法通常比较高效的是（　　）。

A. 二分查找　　B. 线性查找　　C. 随机查找　　D. 哈希查找

2. 在二叉搜索树中，每个结点的值满足（　　）。

A. 左子树的值小于当前结点，右子树的值大于当前结点

B. 左子树的值大于当前结点，右子树的值小于当前结点

C. 左子树和右子树的值都小于当前结点

D. 左子树和右子树的值都大于当前结点

3. （　　）数据结构可以用于高效地查找最小值和最大值。

A. 数组　　B. 哈希表　　C. 链表　　D. 二叉搜索树

4. 对 22 个记录的有序表进行折半查找，当查找失败时，至少需要比较（　　）次关键字。

A. 3　　B. 4　　C. 5　　D. 6

5. 折半查找与二叉排序树的时间性能（　　）。

A. 相同　　B. 完全不同

C. 有时不相同　　D. 数量级都是 $O(\log_2 n)$

6. 在平衡二叉树中插入一个结点后造成了不平衡，设最低的不平衡结点为 A，并已知 A 的左孩子的平衡因子为 0，右孩子的平衡因子为 1，则应做（　　）型调整以使其平衡。

A. LL　　B. LR　　C. RL　　D. RR

7. 下面关于 B–和 B+树的叙述中，不正确的是（　　）。

A. B–树和 B+树都是平衡的多叉树

B. B–树和 B+树都可用于文件的索引结构

C. B–树和 B+树都能有效地支持顺序检索

D. B–树和 B+树都能有效地支持随机检索

8. 下面关于散列表查找的说法，正确的是（　　）。

A. 散列函数构造得越复杂越好，因为这样随机性好，冲突小

B. 除留余数法是所有散列函数中最好的

C. 不存在特别好与坏的散列函数，要视情况而定

D. 散列表的平均查找长度有时也与记录总数有关

9. 下面关于散列表查找的说法，不正确的是（　　）。

A. 采用链地址法处理冲突时，查找任何一个元素的时间都相同

B. 采用链地址法处理冲突时，若插入规定总是在链首，则插入任意个元素的时间是相同的

C. 用链地址法处理冲突，不会引起二次聚集现象

D. 用链地址法处理冲突，适合表长不确定的情况

二、应用题

1. 假定对有序表（3,4,5,7,24,30,42,54,63,72,87,95）进行折半查找，试回答下列问题。

（1）画出描述折半查找过程的判定树。

（2）若查找元素 54，需依次与哪些元素比较。

（3）若查找元素 90，需依次与哪些元素比较。

（4）假定每个元素的查找概率相等，求查找成功时的平均查找长度。

2. 在一棵空的二叉排序树中依次插入关键字序列为 12,7,17,11,16,2,13,9,21,4，请画出所得到的二叉排序树。

3. 已知如下所示长度为 12 的表：（Jan,Feb,Mar,Apr,May,June,July,Aug,Sep,Oct,Nov,Dec)。

（1）试按表中元素的顺序依次插入一棵初始为空的二叉排序树，画出插入完成之后的二叉排序树，并求其在等概率的情况下查找成功的平均查找长度。

（2）若对表中元素先进行排序后构成有序表，求在等概率的情况下对此有序表进行折半查找时查找成功的平均查找长度。

（3）按表中元素顺序构造一棵平衡二叉排序树，求其在等概率的情况下查找成功的平均查找长度。

三、编程题

1. 写出折半查找的递归算法。

2. 写出一个判别给定二叉树是否为二叉排序树的算法。

3. 已知二叉排序树采用二叉链表存储结构，根结点的指针为 T，链表结点的结构为（Ichild,data,rchild），其中 Ichild、rchild 分别指向该结点左、右孩子的指针，data 域存放结点的数据信息。请写出递归算法，从小到大输出二叉排序树中所有数据值≥x 的结点的数据。要求：先找到第一个满足条件的结点，再依次输出其他满足条件的结点。

4. 已知二叉树 T 的结点形式为（llink,data,count,dink)，在树中查找值为 X 的结点，若找到，则记数（count）加 1；否则，作为一个新结点插入树中，插入后仍为二叉排序树，写出其非递归算法。

5. 假设一棵平衡二叉树的每个结点都标明了平衡因子 b，试设计一个算法，求平衡二叉树的高度。

第 8 章　排序

排序是计算机程序设计中的一种重要操作，在很多领域中都有广泛的应用，如各种升学考试的录取、各类竞赛活动的排名等都离不开排序。简单来说，排序就是按照特定的属性值（称为关键码或关键字），将一组数据从小到大排列。

排序的一个主要目的是便于“查找”，在处理大批量数据时，有序化的数据可以在很大程度上提高算法效率。从第 7 章的讨论中容易看出，有序的顺序表可以采用查找效率较高的折半查找法（二分查找)，速度快；而在未排序的数组中只能顺序查找，速度慢得多。

在日常生活中，人们设计了大量的排序算法以满足不同的需求，本章仅讨论几种典型的、常用的内部排序方法。为了突出重点，假设排序的元素是整数，而且都存储在数组中；同时还假设整个排序工作都可以在主存中完成，无需访问外存。

8.1　案例引入

排序在日常生活中经常被用到，比如，学生考试成绩的排名；运动会比赛中，总分排名或者具体到某一项的排名；网上购物时，展示商品的排序等。

【案例一】　如表 8-1 所示，已知 8 名学生的学号，语文、数学、英语、物理、化学和生物各科成绩的总分，如何依据总分的高低对 8 名学生进行降序（从大到小）排名。

【案例二】　如果总分一样，则按照理综分数（物理、化学和生物总分）的高低对班上学生进行降序排名。

表 8-1　学生成绩表（初始信息表）

序号	姓名	学号	语文	数学	英语	物理	化学	生物	总分
1	小张	202301001	90	85	95	100	65	80	515
2	小王	202301002	80	80	85	95	70	80	490
3	小李	202301003	90	80	90	90	75	60	485
4	小陈	202301004	70	80	80	85	80	90	485

续表

序号	姓名	学号	语文	数学	英语	物理	化学	生物	总分
5	小宋	202301005	95	90	90	80	85	85	525
6	小周	202301006	86	94	80	75	90	68	493
7	小李	202301007	80	80	80	70	95	70	475
8	小刘	202301008	90	100	90	60	100	60	500

8.2 排序的基本概念与分类

排序（sorting）是按照关键字的非递减或非递增顺序对一组记录重新进行排列的操作。排序是我们日常生活中经常会面对的问题，比如，同学们做操时会按照从矮到高排列；老师查看上课出勤情况时，会按学生学号顺序点名；高考录取时，按照总成绩高低依次录取等。

那么，排序的严格定义是什么？我们常说，同一个问题可以有多种不同的求解算法，常见的经典的排序算法有哪些？如何评价不同算法之间的优劣？

8.2.1 排序的基本概念

排序确切的描述如下：

假设含 n 个记录的序列为$\{R_1,R_2,\cdots,R_n\}$，其对应的关键字序列为$\{K_1,K_2,\cdots,K_n\}$；需确定$1,2,\cdots,n$ 的一种排列 $P_1,P_2,\cdots,P_n$，使其相应的关键字满足式（8-1）的非递减或非递增关系：

$$K_{P1}\leqslant K_{P2}\leqslant\cdots\leqslant K_{Pn} \tag{8-1}$$

即使式（8-1）的序列成为一个按关键字有序的序列：

$$\{R_{P1}\leqslant R_{P2}\leqslant\cdots\leqslant R_{Pn}\} \tag{8-2}$$

这样的一种操作称为排序。

注意，在排序问题中，通常将数据元素称为“记录”。显然，我们输入的是一个记录集合，输出的也是一个记录集合。因此，可以将排序看成是线性表的一种操作。

排序是依据关键字之间的大小关系进行的，对于同一个记录集合，针对不同的关键字进行排序，可以得到不同的序列。式（8-1）中的关键字 K_i 可以是记录 R_i 的主关键字，也可以是次关键字，甚至可以是若干数据项的组合。

在进行期末成绩分析时，要求对所有学生的总分进行降序排名，在总分相同的情况下，按照学号进行升序排名，这就是对总分和学号两个次关键字的组合排序。同理，对于案例二所描述的任务，本质上也是一个组合排序的问题，其排序结果如表 8-2 所示；为了降低比较的复杂度，我们在信息表中引入一个新的字段“物化生”来记录理综总分。

表 8-2　学生成绩表（排序表）

序号	姓名	学号	语文	数学	英语	物理	化学	生物	总分	物化生
5	小宋	202301005	95	90	90	80	85	85	525	250
1	小张	202301001	90	85	95	100	65	80	515	245
8	小刘	202301008	90	100	90	60	100	60	500	220
6	小周	202301006	86	94	80	75	90	68	493	233
2	小王	202301002	80	80	85	95	70	80	490	245
4	小陈	202301004	70	80	80	85	80	90	485	255
3	小李	202301003	90	80	90	90	75	60	485	225
7	小李	202301007	80	80	80	70	95	70	475	235

1. 有序性

有序通常分为非递增和非递减。序列“递增”一般是指严格的递增，即后一个元素必须比前一个元素大，不允许相等；“非递增”是指后一个元素必须比前一个元素小，允许相等。其实，非递增就是允许元素相等的递减，同理，非递减就是允许元素相等的递增。

排序是按照关键字进行排列，如果一个记录（元素）包含多个关键字，就需要指明按照哪个关键字排序。如表 8-1 所示，排序时需要指明是按学号排序还是按总成绩排序。

2. 排序的稳定性

在实际应用中，经常会出现待排序的记录序列中存在两个或两个以上关键字相等的记录的情况，导致排序所得的结果不唯一。假设 $K_i=K_j$（$1\leqslant i\leqslant n$，$1\leqslant j\leqslant n$，$i\neq j$），且在排序前的序列中 R_i 领先于 R_j（即 $i<j$）。若在排序后 R_i 仍领先于 R_j，则称排序方法是稳定的；反之，若使得排序后的序列中 R_j 领先 R_i，则称排序方法是不稳定的。

注意，排序算法的稳定性是针对所有记录而言的。也就是说，在所有的待排序记录中，只要有一组关键字的实例不满足稳定性要求，则该排序方法就是不稳定的。如图 8-1 所示，经过对总分的降序排序后，总分高的排在前列。此时，对于小张和小王而言，未排序时是小张在前，那么它们总分排序后，分数相等的小张依然应该在前，这样才算是稳定的排序，如果他们二者颠倒了，则此排序是不稳定的了。只要有一组关键字实例发生类似情况，就可认为此排序方法是不稳定的。排序算法是否稳定，要通过分析后才能得出。

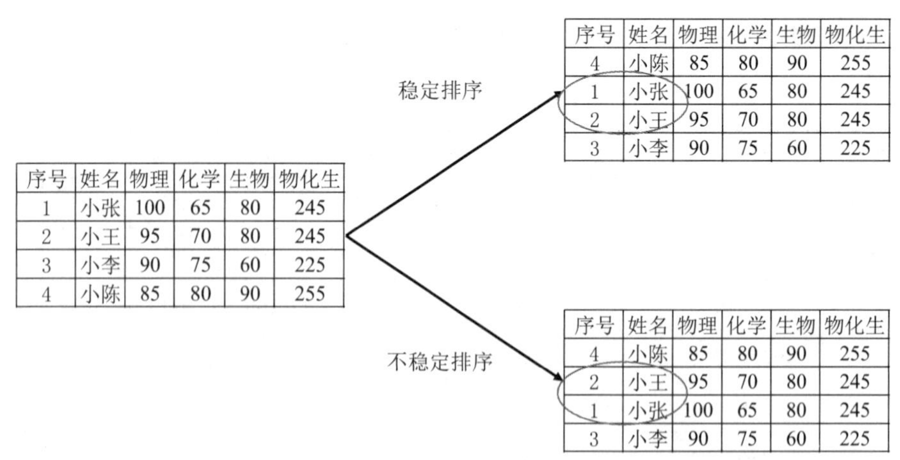

图 8-1　排序的稳定性分析

3. 算法性能分析

算法性能是指运行一个算法所需要的时间长短和内存多少，分别称为时间复杂度和空间复杂度。确定算法的性能有分析方法和实验方法，前者用于性能分析，后者用于性能测量。

（1）时间复杂度分析。

排序是数据处理中经常执行的一种操作，在内部排序中，时间复杂度主要消耗在关键字之间的比较和记录的移动上，排序算法的时间复杂度由这两个指标决定。“比较”是指关键字之间的比较；“移动”是指记录从一个位置移动到另一个位置。因此，高效的排序算法应该尽可能地减少关键字的比较次数和记录的移动次数。

（2）空间复杂度分析。

空间复杂度主要由排序算法所需的辅助空间决定。“辅助存储空间”是指除了存放待排序所占用的存储空间外，执行算法还需要的其他存储空间。理想的空间复杂度为 0(1)，即算法执行期间所需要的辅助空间与待排序的数据量无关。

（3）算法的复杂性。

注意，这里指的是算法本身的复杂度，而不是指算法的时间复杂度。显然，算法过于复杂也会影响排序的性能。

8.2.2　排序方法的分类

根据在排序过程中待排序的元素是否全部被放置在内存中，排序可分为内部排序和外部排序。内部排序是指待排序的元素全部被放置在内存中进行排序。外部排序是指因待排序的元素太多，内存一次不能容纳全部的排序元素，在排序过程中需要访问外存，整个排序过程需要在内外存之间进行多次的数据交换。

本书主要讲述内部排序算法，如对外部排序感兴趣的读者可以参考其他资料。内部排序的过程是一个逐步扩大记录的有序序列长度的过程，在排序的过程中，可以将所有的记录划分为两个区域，即有序序列区和无序序列区。其中，使有序序列区中记录的数目增加一个或几个的操作，称为一趟排序。根据逐步扩大记录有序序列长度原则的不同，可以将内部排序分为插入排序、交换排序、选择排序、归并排序和分配排序五大类，如图 8-2 所示。

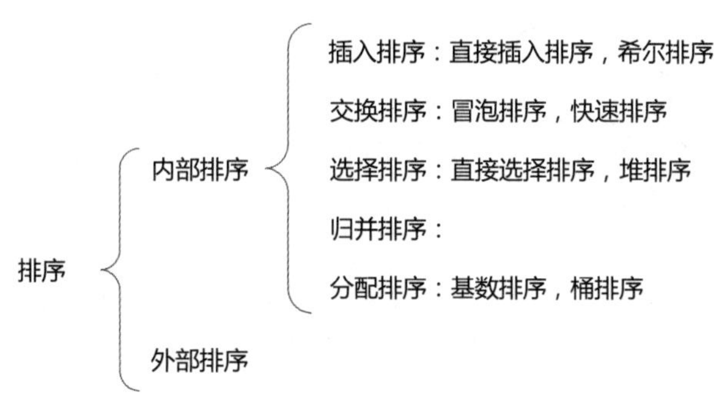

图 8-2　排序方法的分类

（1）插入排序：将无序子序列中的一个或几个记录“插入”有序序列中，从而增加记录的有序子序列的长度。

（2）交换排序：通过“交换”无序序列中的记录而得到其中关键字最小或最大的记录，并将其加入有序子序列中，以此方法增加记录的有序子序列的长度。

（3）选择排序：从记录的无序子序列中“选择”关键字最小或最大的记录，并将其加入有序子序列中，以此方法增加记录的有序子序列的长度。

（4）归并排序：通过“归并”两个或两个以上地记录有序子序列，逐步增加记录有序序列的长度。

（5）分配排序：是唯一一类不需要进行关键字之间比较的排序方法，排序时主要利用分配和收集两种基本操作来完成。基数排序是主要的分配类排序方法。

8.2.3　排序用到的结构与函数

（1）顺序表：记录之间的次序关系由其存储位置决定，实现排序需要移动记录。

（2）链表：记录之间的次序关系由指针指示，实现排序不需要移动记录，只需修改指针即可。这种排序方式称为链表排序。

（3）待排序记录：本身存储在一组地址连续的存储单元内，同时另设一个指示各个记录存储位置的地址向量，在排序过程中不移动记录本身，而移动地址向量中这些记录的“地址”，在排序结束之后再按照地址向量中的值调整记录的存储位置。这种排序方式称为地址排序。

为了讨论方便和突出重点，在本章的讨论中，除基数排序外，待排序记录均按上述第一种方式存储，且假设记录的关键字均为整数。本节将定义一个用于排序用的顺序表结构，在以后介绍的大部分算法中，待排序记录的数据类型定义如下：

```
#define MAXSIZE 20                /*顺序表的最大长度*/
typedef int KeyType;              /*定义关键字类型为整型*/
typedef struct
{
   KeyType key;                   /*关键字项*/
   InfoType otherinfo;            /*其他数据项*/
}RedType;                         /*记录类型*/

typedef struct
{
   RedType r[MAXSIZE+1];          /*用于存储要排序的数组，r[0]用做哨兵或临时变量*/
   int length;                    /*用于记录顺序表的长度*/
}SqList;                          /*顺序表类型*/
```

此外，排序过程中常用到的操作是数组两元素的交换，本节将其定义为函数，在以后讨论的大部分算法中，数组两元素的交换函数定义如下为：

```
/*交换列表 L 中数组 r 的下标为 i 和 j 的值*/
void swap(SqList*L,int i,int j)
{
   int temp = L->r[i];
   L->r[i]=L->r[j];
   L->r[j]=temp;
}
```

8.3 插入排序

插入排序的基本思想：由顺序表的第一个记录构成有序子集，其余记录构成待排序集合；依次选择待排序集合中的待排序数据元素，将其插入有序子集；有序子集不断扩大，直到包含所有数组元素。其中，每一趟将一个待排序的记录，按照其关键字的大小插入到已经排好序的一组记录的适当位置上。根据查找方法的不同，可以有多种插入排序方法，本节主要介绍直接插入排序、折半插入排序和希尔排序三种方法。

8.3.1 直接插入排序

直接插入排序（insert sort）是一种最简单的排序方法，其基本思想：将一个待排序的记录插入已经排好序的有序表中，得到一个新的长度增 1 的有序表，如图 8-3 所示。

【算法步骤】

直接插入排序算法步骤如下。

（1）设待排序的记录存储在数组 r[1...n]中，将第一个记录 r[1]看成一个有序序列。

（2）依次将 r[i]（i=2,⋯,n）插入已经排好序的序列 r[1...i−1]中，并保持有序性。

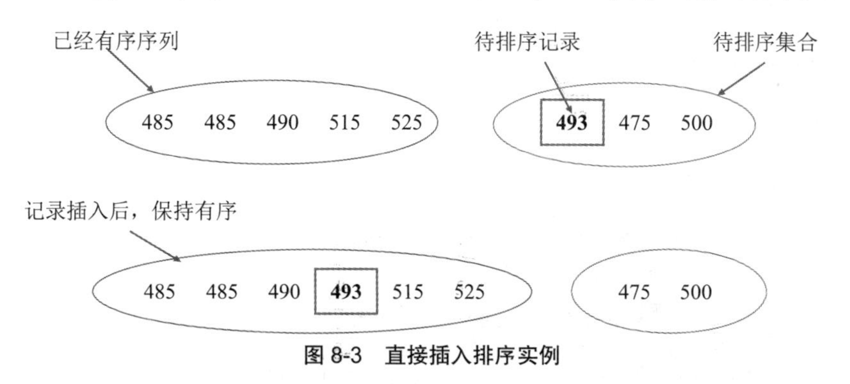

图 8-3　直接插入排序实例

【过程图解】

已知学生的总成绩序列为{515,490,485,485*,525,493,475,500}，请给出直接插入排序的过程，如图 8-4 所示，其中灰色背景序列为已排好序的记录的关键字。

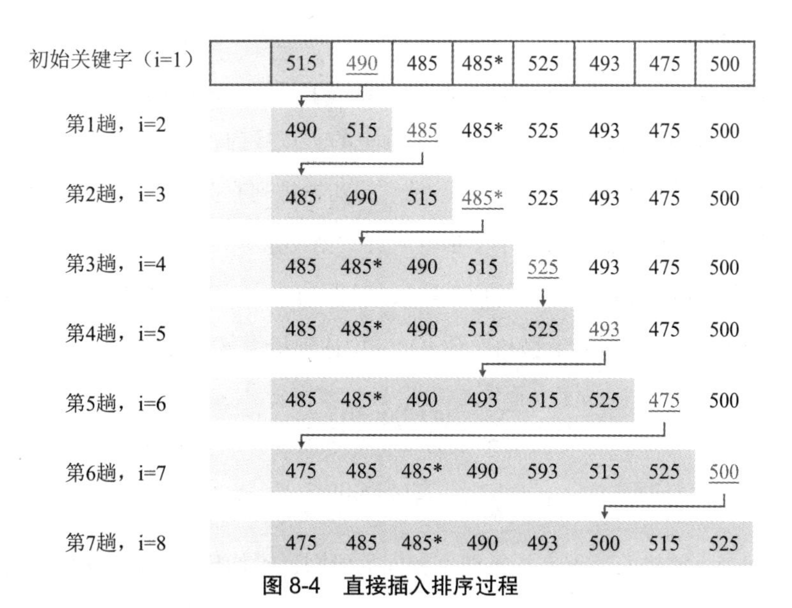

图 8-4　直接插入排序过程

在 r[i]向前面的有序序列插入时，有两种方法：一种是将 r[i]与 r[l],r[2],⋯,r[i−1]从前向后顺序比较；另一种是将 r[i]与 r[i−1],r[i−2],⋯,r[l]从后向前顺序比较。

本节采用后一种方法，与顺序查找类似，为了在查找插入位置的过程中避免数组下标出界，在 r[0]处设置监视哨。在自 i-1 起往前查找插入位置的过程中，可以同时后移记录。

【代码实现】

直接插入排序算法的代码实现如下：

```
/**************************************************/
/*    函数功能：对顺序表 L 进行直接插入排序              */
/*    函数参数：顺序表                                  */
/*    函数名称：InsertSort()                            */
/**************************************************/
void InsertSort(SqList*L)
{
   for(i=2;i<=L.length;++i)
      if(L.r[i].key < L.r[i-1].key)
      {
         /*设置哨兵 r[0]：将待插入的记录暂存到监视哨中*/
         L.r[0]=L.r[i];
         L.r[i]=L.r[i-1];          /*r[i-1]后移*/
         /*从后向前寻找插入位置*/
         for(j=i-2; L.r[0].key < L.r[j].key; --j)
            L.r[j+1]=L.r[j];       /*记录逐个后移，直到找到插入位置*/
         L.r[j+1]=L.r[0];          /*将 r[0]即原 r[i]插入正确位置*/
      }
}
```

【算法性能分析】

如果一种排序在实施前后，关键码相同的任意两个数据元素的前后次序没有发生变化，那么这种排序方法就称为是稳定的，否则就是不稳定的。直接插入排序方法是稳定的。

直接插入排序的比较和移动次数与数据元素的初始排列有关，最坏情况是数据元素全部逆序，第 i 个待排序数据元素需要与有序子集的所有数据元素（共 i 个）进行比较。对于整个排序过程需执行 n−1 趟，最好情况下，总的比较次数达最小值 n−1，记录不需要移动；最坏情况下，总的关键字比较次数 KCN 和记录移动次数 RMN 均达到最大值，分别为：

$$
\begin{aligned}
KCN &= \sum_{i=2}^{n} i = {(n+2)(n-1)}/{2} = O(n^2) \\
RMN &= \sum_{i=2}^{n} (i+1) = {(n+4)(n-1)}/{2} = O(n^2)
\end{aligned}
\tag{8-3}
$$

如果排序记录是随机的，那么根据概率相同的原则，平均比较和移动次数约为 $n^2/4$ 次。因此，可以得出直接插入排序法的时间复杂度为 $O(n^2)$。

8.3.2 希尔排序

希尔排序（shell sort）又称缩小增量排序，因 D. L. Shell 于 1959 年提出而得名。其基本思想：以增量为步长划分子序列，即同一子序列的数据元素，其下标步长等于增量，对每一个子序列实施直接插入排序；不断缩小增量，当增量为 1 时，所有数组元素都在一个子序列中，称为有序集。

开始时，增量比较大，每个子序列的元素比较少，从而减少参与直接插入排序的数据量，因此，直接插入排序速度比较快。随着增量减小，子序列的元素增多；但基于前面的基础，数据元素已经基本有序，移动次数明显减少，因此直接插入排序速度依然较快。

【算法步骤】

希尔排序算法的步骤如下。

（1）设待排序的记录存储在数组 r[1...n]中，增量序列为{$d_1,d_2,\cdots,d_t$}，$n>d_1>d_2>\cdots>d_t=1$。

（2）第 1 趟取增量 d_1，所有间隔为 d_1 的记录分在一组，对每组记录进行直接插入排序。

（3）第 2 趟取增量 d_2，所有间隔为 d_2 的记录分在一组，对每组记录进行直接插入排序。

（4）以次类推，直到所取增量 $d_t=1$，所有记录在一组中进行直接插入排序。

【过程图解】

已知学生的总成绩序列为{515,490,485,485*,525,493,475,500}，请给出希尔排序的过程，如图 8-5 所示。

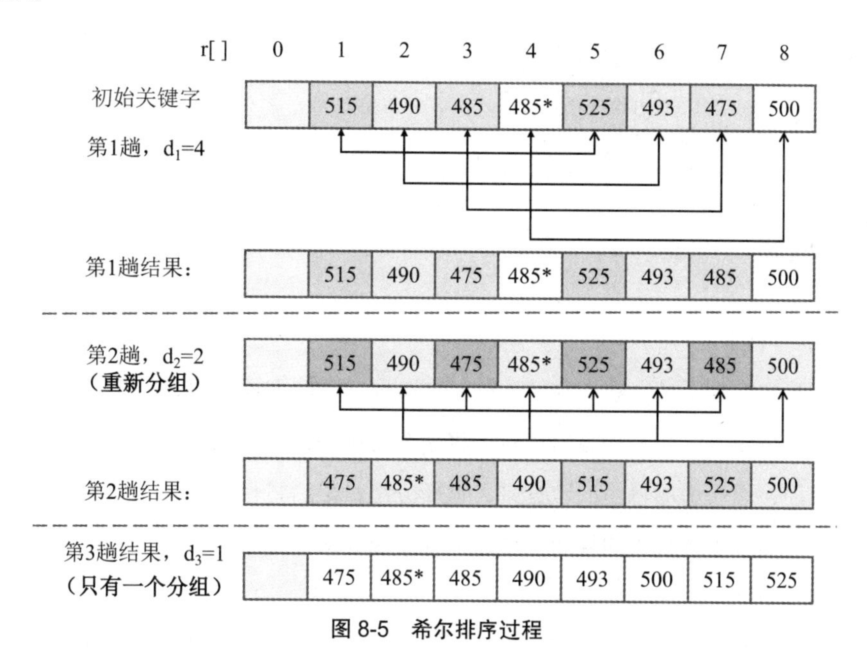

图 8-5　希尔排序过程

（1）第 1 趟取增量 $d_1=4$，所有间隔为 4 的记录分在同一组，全部记录分成 4 组，在各个组中分别进行直接插入排序，排序结果如图 8-5 的第 2 行所示。

（2）第 2 趟取增量 $d_2=2$，所有间隔为 2 的记录分在同一组，全部记录分成 2 组，在各个组中分别进行直接插入排序，排序结果如图 8-5 的第 5 行所示。

（3）第 3 趟取增量 $d_3=1$，对整个序列进行一趟直接插入排序，排序完成。

【代码实现】

希尔排序算法的代码实现如下：

```
/**************************************************/
/*    函数功能：对顺序表 L 进行希尔排序              */
/*    函数参数：顺序表                              */
/*    函数名称：ShelltSort()                        */
/**************************************************/
void ShellSort(SqList *L)
{
    int i, j;
    int increment = L->length;            /* 增量 */
    do{
        increment = increment / 3 + 1;    /* 增量序列，逐步减小为 1 */
        for (i = increment + 1;i <= L->length;i++)
        {
            if (L->r[i] < L->r[i - increment])
            {
                /* 需将 L->r[i]插入有序增量子表 */
                /* 暂存在 L->r[0] */
                L->r[0] = L->r[i];
                for (j = i - increment;j > 0 && L-> r[0] < L->r[j];j -= increment)
                    /* 记录后移，查找插入位置 */
                    L->r[j + increment] = L->r[j];
                /* 插入 */
                L->r[j + increment] = L->r[0];
            }
        }
    } while (increment > 1);
}
```

【算法性能分析】

希尔排序从“减少记录个数”和“序列基本有序”两个方面对直接插入排序进行改进。希尔排序实质上是采用分组插入的方法。首先将整个待排序记录序列分割成几组，对每组分别进行直接插入排序；然后增加每组的数据量，重新分组；最后将相隔某个“增量”的记录组成一个新的子序列，实现了跳跃式的移动，提高了排序的效率。

（1）时间复杂度。

希尔排序的时间复杂度与增量序列有关，不同的增量序列，其时间复杂度不同。目前，还没有人能证明哪一种是最好的增量序列，但是大量的实验结果可以表明：

①当 n 在某个特定范围内时，希尔排序的时间复杂度约为 $O(n^{1.3})$。

②希尔排序的时间复杂度的下界是 $O(n\log_2 n)$，最坏情况下的时间复杂度为 $O(n^2)$。

③希尔排序虽然没有快速排序算法快，但是比 $O(n^2)$复杂度的算法快得多。

（2）空间复杂度。

希尔排序在分组进行直接插入排序时使用了一个辅助空间 r[0]，空间复杂度为 O(1)。

【算法特点】

（1）记录跳跃式地移动，导致希尔排序算法是不稳定的。

（2）希尔排序算法只能用于顺序结构，不能用于链式结构。

（3）增量序列可以有各种取法，但应该使增量序列中的值没有除 1 之外的公因子，并且最后一个增量值必须等于 1。

（4）希尔排序总的比较次数和移动次数都比直接插入排序的要少；当 n 越大时，效果越明显。因此适合初始记录无序、n 较大时的情况。

8.4　交换排序

交换排序的基本思想：通过两两比较待排序记录的关键字，如果是逆序（即待排序顺序与排序后的顺序相反），则交换位置，直到所有元素有序为止。冒泡排序和快速排序是典型的交换排序算法，其中快速排序是目前最快的排序算法。

8.4.1　冒泡排序

冒泡排序（bubble sort）是一种最简单的交换排序算法，其基本思想：两两比较相邻记录的关键字，如果逆序，则交换，直到没有反序的记录为止。每一次“逆序交换”的过程称为一趟“起泡”，即使关键字小的记录像气泡一样逐渐向上“漂浮”（左移），或者使关键字大的记录如石块一样逐渐向下“坠落”（右移）。

在一趟起泡中，每发生一次交换，都要记录交换发生的位置，最后发生交换的位置称为有序子集的上界；直到一趟起泡中没有发生交换，排序停止。

【算法步骤】

冒泡排序算法的步骤如下。

（1）设待排序的记录存储在数组 r[1...n]中，首先将第一个记录的关键字和第二个记录的关键字进行比较，若逆序（即 L.r[l].key>L.r[2].key），则交换两个记录；然后比较第二个记录的关键字和第三个记录的关键字；以次类推，直到第 n−1 个记录的关键字和第 n 个记录的关键字比较完毕为止。第一趟排序结束，关键字最大的记录在最后一个位置。

（2）第 2 趟排序，对前 n−1 个元素进行冒泡排序，关键字次大的记录在 n−1 位置。

（3）重复上述过程，直到某一趟排序中没有进行交换记录为止，说明序列已经有序。

【过程图解】

已知学生的总成绩序列为{515,490,485,485*,525,493,475,500}，请给出冒泡排序的过程。在第 1 趟起泡过程中，两两比较，如果逆序，则交换位置，如图 8-6 所示。

重复上述过程，直到某一趟排序中没有进行交换记录为止，完整的冒泡排序过程结果如图 8-7 所示。

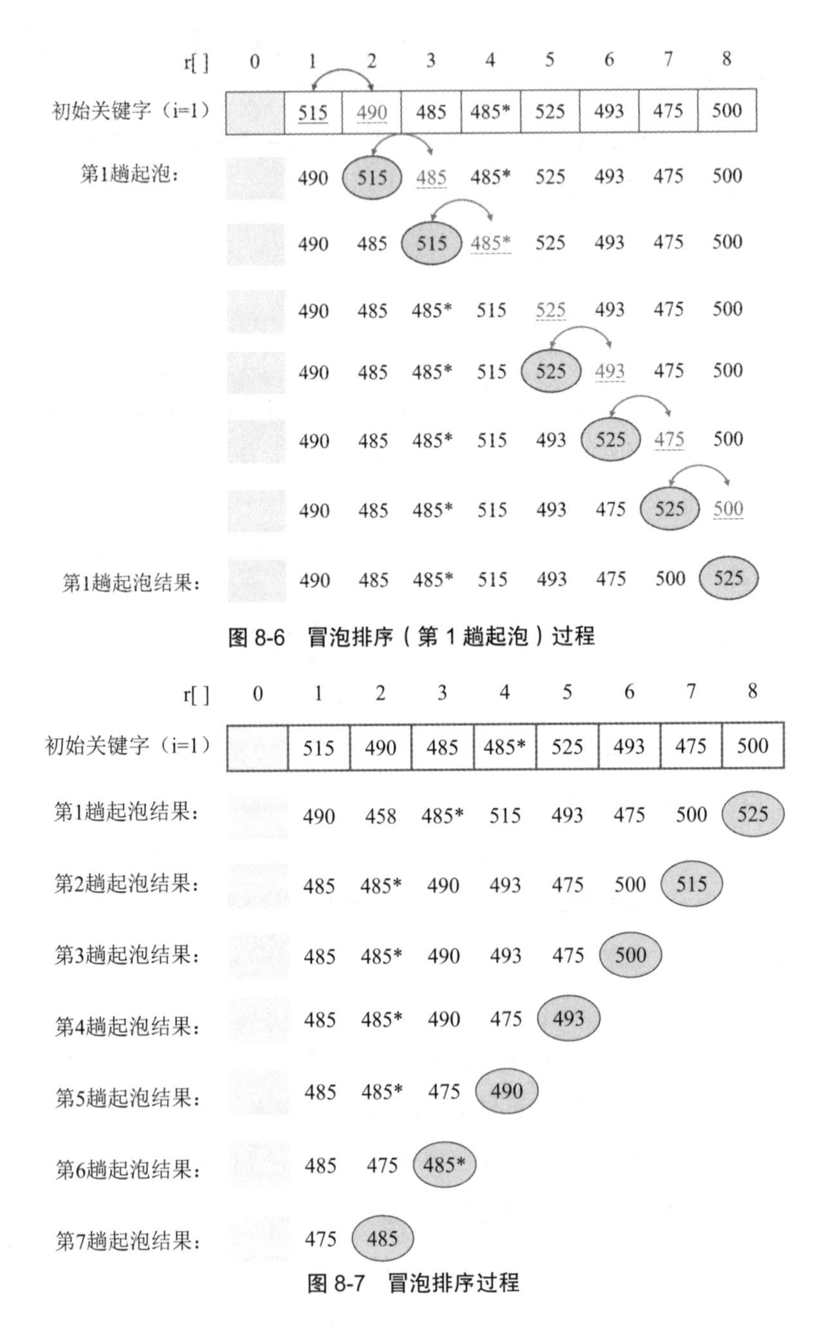

图 8-6　冒泡排序（第 1 趟起泡）过程

图 8-7　冒泡排序过程

【代码实现】

冒泡排序算法的代码实现如下：

```
/***********************************************/
/*    函数功能：对顺序表 L 进行冒泡排序                    */
/*    函数参数：顺序表                                      */
/*    函数名称：BubbleSort()                                */
/***********************************************/
void BubbleSort(SqList *L)
{
    int i, j;
    bool flag = true;       /* 标记符，若 flag 为 true，则说明有过数据交换；否则停止循环 */
    for (i = 1;i < L->length && flag;i++)
    {
        flag = false;       /* 初始为 false */
        for (j = L->length - 1;j >= i;j--)
        {
            if (L->r[j] > L->r[j + 1])
            {
                swap(L,j,j + 1);    /* 交换 L->r[j]与 L->r[j+1]的值 */
                flag = true;        /* 如果有数据交换，则 flag 为 true */
            }
        }
    }
}
```

【算法性能分析】

（1）时间复杂度。

① 最好情况（初始序列为正序）下：冒泡排序只需要进行一趟排序，排序过程中进行 n−1 次关键字间的比较，且不移动记录，时间复杂度为 O(n)。

② 最坏情况（初始序列为逆序）下：冒泡排序需进行 n−1 趟排序，总的关键字比较次数 KCN 和记录移动次数 RMN（每次交换需要移动 3 次记录）分别为：

$$
\begin{aligned}
KCN &= \sum_{i=n}^{2}(i-1) = n(n-1)/2 = O(n^2) \\
RMN &= 3\sum_{i=n}^{2}(i-1) = 3n(n-1)/2 = O(n^2)
\end{aligned}
\qquad (8\text{-}4)
$$

③ 平均情况下，冒泡排序的关键字比较次数和记录移动次数分别约为 $n^2/4$ 和 $3n^2/4$，时间复杂度为 $O(n^2)$。

（2）空间复杂度。

冒泡排序只有在交换位置时使用一个辅助空间来暂存记录，所以空间复杂度为 O(1)。

（3）稳定性。

冒泡排序是稳定的排序方法。

8.4.2 快速排序

快速排序（quick sort）也称分区排序，其基本思想：首先是划分，任取无序子集中的一个记录（一般是首元素）作为基准；其次将无序子集分为左、右两个半区，基准居中，左半区的元素均不大于基准，右半区的元素均不小于基准；最后分别对左右半区重复实施上述划分，直到各分区的记录个数为 1。快速排序的整个过程可以递归进行。

快速排序是由冒泡排序改进而得。冒泡排序只对相邻的两个记录进行比较，因此，每次交换两个相邻记录时只能消除一个逆序。快速排序通过将待排序的记录分割成独立的两部分，能通过两个不相邻记录的一次交换来消除多个逆序，大大提升了排序的效率。

【算法步骤】

快速排序的算法步骤如下。

（1）取数组的第一个元素作为基准元素，pivot=R[low]，i=low，j=high。

（2）从右向左扫描，找小于等于 pivot 的数，如果找到，则 R[i]和 R[j]交换，i++。

（3）从左向右扫描，找大于 pivot 的数，如果找到，则 R[i]和 R[j]交换，j−−。

（4）重复第（2）步和第（3）步，直到 i 和 j 重合，返回该位置 mid=i，该位置的数正好是 pivot 元素。至此完成一趟排序。

（5）此时，以 mid 为界，将原序列分为两个子序列，左侧子序列的元素均不大于 pivot，右侧子序列的元素均不小于 pivot，再分别对划分后的两个子序列进行快速排序。

【过程图解】

已知学生的总成绩序列为{515,490,485,485*,525,493,475,500}，请给出快速排序的过程，如图 8-8、图 8-9 所示。快速排序过程如下。

设当前待排序的序列为 r[low,high]，其中 low≤high。

（1）初始化。i=low，j=high，pivot=R[low]=515，如图 8-4 所示。

（2）向左走。从数组的右边位置向左找，找小于等于 pivot 的数，直到找到 r[j]=500，r[i]和 r[j]交换，i++。

（3）向右走。从数组的左边位置向右找，找比 pivot 大的数，直到找到 r[i]=525。

（4）向左走。从数组的右边位置向左找，找小于等于 pivot 的数，直到找到 r[j]=475。

（5）向右走。从数组的左边位置向右找，找比 pivot 大的数，当 i=j 时，第一轮排序结束，返回 i 的位置，令 mid=i；至此完成一趟排序。

（6）以 mid 为界，将原序列分为两个子序列（使左侧子序列记录的关键字值均不大于基准元素 pivot，右侧子序列记录的关键字值均大于基准元素 pivot）；再分别对两侧子序列{500,490,485,485*,475,493}和{525}进行快速排序。

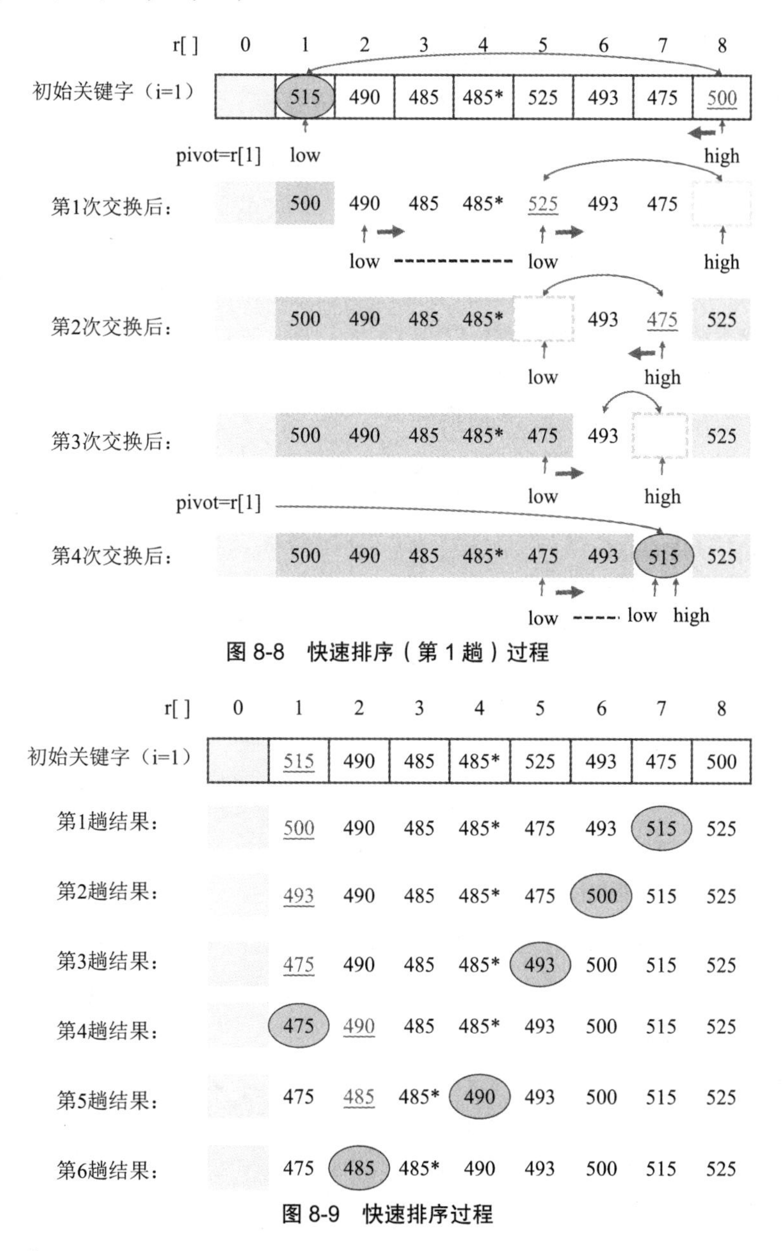

图 8-8　快速排序（第 1 趟）过程

图 8-9　快速排序过程

【代码实现】

（1）划分函数。

划分函数 Partition 的功能：对原序列进行分解，将其分解为两个子序列，以基准元素 pivot 为界，左侧子序列不大于 pivot，右侧子序列不小于 pivot。先从右向左扫描，找到不大于 pivot

的记录，找到后两者交换位置（r[i]和 r[j]交换后，i++）；继续从左向右扫描，找到大于基准元素 pivot 的记录，找到后两者交换位置（r[i]和 r[j]交换后，j--）；继续交替扫描，直到 i=j 时停止，返回划分的中间位置的下标 i。

```
/*****************************************************/
/*    函数功能：返回顺序表 L 中子表基准元素位置              */
/*    函数参数：顺序表 L，子表的下界 low，上界 high          */
/*    函数名称：Partition()                               */
/*****************************************************/
int Partition(SqList *L,int low,int high)
{
   int pivotkey;             /* 用子表的第一个记录作基准元素 */
   pivotkey = L->r[low];     /* 从表的两端交替向中间扫描 */
   /* 交换子表的记录，并记录基准元素的位置 */
   while (low < high)
   {
      /* 从右(high)向左(low)搜索 */
      while (low < high && L->r[high] >= pivotkey)
         high--;
      /* 从前 */
      swap(L,low,high);
      /* 从左(low)向右(high)搜索 */
      while (low < high && L->r[low] <= pivotkey)
         low++;
      /* 将比 pivot 记录大的记录交换到高端 */
      swap(L,low,high);
   }
   /* 返回基准元素所在位置 */
   return low;
}
```

（2）快速排序算法的递归实现。

首先对原序列进行划分，得到中间位置下标 mid；再以中间位置为界，分别对左半部分 r[low,mid-1]和右半部分 r[mid+1,high]进行快速排序；递归的结束条件为 low≥high。

快速排序算法的递归实现代码如下：

```
/***********************************************************/
/*    函数功能：对顺序表 L 进行快速排序                           */
/*    函数参数：顺序表 L                                        */
/*    函数名称：QuickSort()                                     */
/***********************************************************/
void QuickSort(SqList *L)
{
   QSort(L,1,L->length);
}
/**********************************************************/
/*    函数功能：对顺序表 L 中的子序列 L->r[low..high]进行快速排序   */
```

```
/*    函数参数：顺序表 L，子表的下界 low，上界 high                    */
/*    函数名称：QSort()                                                */
/*****************************************************************/
void QSort(SqList *L,int low,int high)
{
    int pivot;              /*记录基准元素位置*/
    if (low < high)
    {
        /*将 L->r[low..high]一分为二*/
        /*Partition()函数，计算出基准元素值 pivot*/
        pivot = Partition(L,low,high);
        /*对低子表递归排序*/
        QSort(L,low,pivot - 1);
        /*对高子表递归排序*/
        QSort(L,pivot + 1,high);
    }
}
```

【算法性能分析】

（1）时间复杂度。

快速排序是不稳定的，主要是划分函数造成的。

在 n 个元素的序列中，划分函数每次扫描的元素个数不能超过 n，因此对基准元素定位所需的时间为 O(n)。假设每次都能够均匀地划分，且划分的时间是 T(n)，则总时间为：

$$
\begin{aligned}
T(m) &\leqslant cn + 2T(n/2) \\
&\leqslant cn + 2(cn/2 + 2T(n/4))2cn + 4T(n/4) \\
&\leqslant 2cn + 4(cn/4 + 27(n/8))3cn + 8T(n/8) \\
&\leqslant cn\log 2n + nT(1) = O(n\log_2 n)
\end{aligned}
\tag{8-5}
$$

（2）空间复杂度。

快速排序是通过递归实现的，执行时需要有一个栈来存放相应的数据；最大递归调用次数与递归树的深度一致，所以最好情况下的空间复杂度为 $O(\log_2 n)$，最坏情况下为 O(n)。

8.5　选择排序

选择排序的基本思想：每一趟从待排序的记录中选出关键字最小的记录，按顺序放在已排序的记录序列的最后，直到全部排完为止。开始时，有序序列为空。下面先介绍一种直接选择排序方法，然后介绍另一种改进的选择排序方法——堆排序。

8.5.1　直接选择排序

直接选择排序（simple selection sort）是一种最简单的选择排序算法，其基本思想：将记录序列分为左、右两个半区，左半区为有序子集，右半区为无序子集；开始时，有序子集为空，每次在无序子集中选出关键字最小的记录，并将其与无序子集的第一个记录交换位置；然后将第一个记录并入有序子集。

上述过程称为一趟选择，对 n 个记录序列，需要经过 n−1 趟选择后有序。

【算法步骤】

设待排序的记录存储在数组 r[1...n]中，直接选择排序算法步骤如下。

（1）第 1 趟选择，从 r[1]开始，在无序子集 r[1...n]中选择一个关键字最小的记录，记为 r[k]，交换 r[k]与 r[1]的位置，则得到有序子集 r[1]。

（2）第 2 趟选择，从 r[2]开始，在无序子集 r[2...n]中选择一个关键字最小的记录，记为 r[k]，交换 r[k]与 r[2]的位置，则得到有序子集 r[1…2]。

（3）重复上述过程，经过 n−1 趟排序，得到有序序列 r[1...n]。

【过程图解】

已知学生的总成绩序列为{515,490,485,485,525,493,475,500}，请给出直接选择排序的过程，如图 8-10 所示。

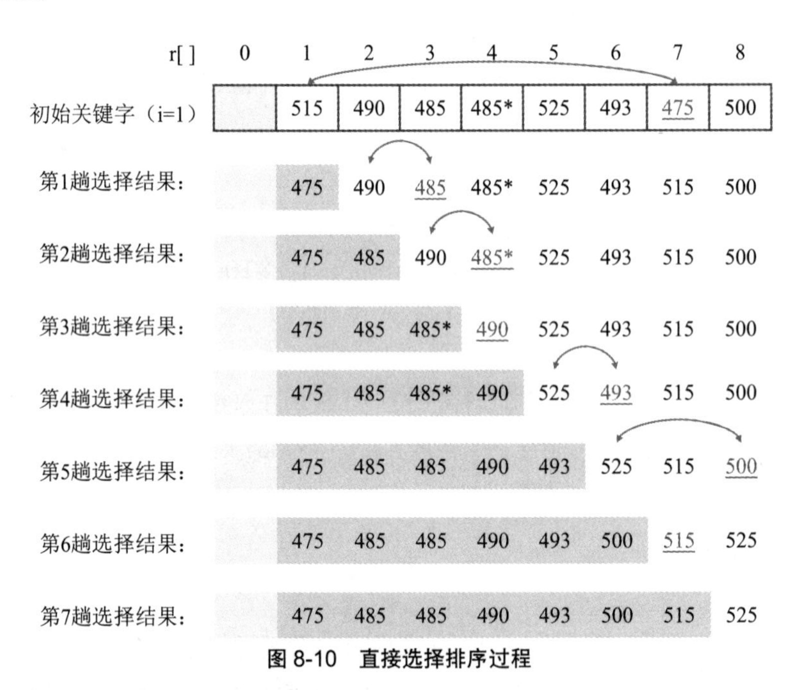

图 8-10　直接选择排序过程

【代码实现】

直接选择排序算法的代码实现如下：

```
/**********************************************/
/*     函数功能：对顺序表 L 进行直接选择排序          */
/*     函数参数：顺序表 L                          */
```

```
/*     函数名称：InsertSort()                    */
/******************************************/

void InsertSort(SqList *L)
{
    int i, j;
    for (i = 2;i <= L->length;i++)
    {
        /* 需将 L->r[i]插入有序子表 r[1…i-1] */
        if (L->r[i] < L->r[i - 1])
        {
            L->r[0] = L->r[i];              /* 设置哨兵 r[0] */
            for (j = i - 1;L->r[j] > L->r[0];j--)
                L->r[j + 1] = L->r[j];      /* 记录后移 */
            /* 插入正确位置 */
            L->r[j + 1] = L->r[0];
        }
    }
}
```

【算法性能分析】

（1）时间复杂度。

直接选择排序过程中，比较次数 KCN 与元素初始排列无关。对于 n 个序列记录，需要进行 n−1 趟选择，第 i 趟选择需要进行 n−1 次比较，总比较次数为：

$$KCN = \sum_{i=1}^{n-1}(n-i) = {n(n-1)}/{2} = O(n^2) \tag{8-6}$$

因此，直接选择排序的时间复杂度也是 $O(n^2)$。

（2）空间复杂度。

直接选择排序只在两个记录交换时需要一个辅助空间，所以空间复杂度为 O(1)。

8.5.2　堆排序

堆排序（heap sort）是一种树形选择排序，其基本思想：将待排序记录 r[1...n]看成是一棵完全二叉树的顺序存储结构，利用完全二叉树中双亲结点和孩子结点之间的内在关系，在当前无序的序列中选择关键字最大（或最小）的记录。相比简单选择排序，每次选择一个关键字最大（或最小）的记录需要 O(n)的时间，而堆排序每次选择只需要 $O(\log_2 n)$的时间。

首先给出堆的定义：设 n 个元素的序列为 $K=\{k_1,k_2,\cdots,k_n\}$，当且仅当满足以下条件时，序列 $K=\{k_1,k_2,\cdots,k_n\}$称之为堆。

（1）$k_i \geqslant k_{2i}$ 且 $k_i \geqslant k_{2i+1}$ 或（2）$k_i \leqslant k_{2i}$ 且 $k_i \leqslant k_{2i+1}$$(1 \leqslant i \leqslant \lfloor n/2 \rfloor)$

若将与此序列对应的一维数组（即以一维数组作为此序列的存储结构）看成是一个完全二叉树，则堆实质上满足如下性质：树中所有非终端结点的值均不大于（或不小于）其左、右孩子结点的值。对应的堆分别称为最大堆（大顶堆）和最小堆（小顶堆）。

例如，关键字序列{90,70,80,50,40,50*,60,30,20}和{10,30,40,50,70,50*,60,90,85}，分别满足条件（1）和条件（2），因此均可称为堆，对应的完全二叉树分别如图 8-11（a）和（b）所示。若堆顶元素为序列中 n 个元素的最大值或最小值，则分别称为大顶堆和小顶堆。

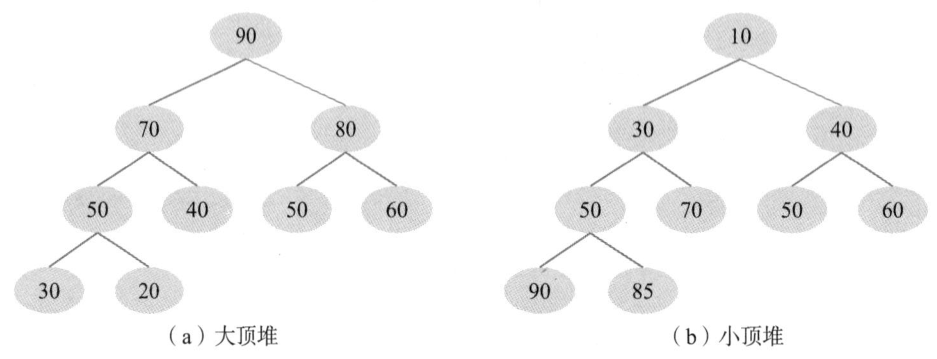

图 8-11　堆的完全二叉树实例

【算法步骤】

堆排序算法步骤如下。

（1）构建初始堆，即按照堆的定义将待排序序列 r[1…n]调整为大根堆。

（2）堆顶和最后一个记录交换，即 r[1]和 r[n]交换，将 r[1...n−1]重新调整为堆。

（3）堆顶和最后一个记录交换，即 r[1]和 r[n−1]交换，将 r[1...n−2]重新调整为堆。

（4）循环 n−1 次，最终得到一个有序序列。

同样，可以通过构造小根堆得到一个非递增的有序序列。

若要实现堆排序，则需要解决如下两个问题。

（1）构建初始堆，即如何将一个无序序列建成一个堆。

（2）调整堆，即在堆顶元素改变之后，如何调整剩余元素形成一个新的堆。

【过程图解】

在构建初始堆时，需要调整堆的操作，所以本节先讨论调整堆的实现，然后讲解如何构建初始堆，最后实现堆排序。

（1）调整堆。

以序列{80,90,20,50,40,50*,60,30,70}为例，如图 8-12（a）所示的最大堆。堆排序时，首先将堆顶 90 和最后一个记录 20 交换，如图 8-12（b）所示。交换后除了堆顶外，其他结点都满足最大堆的定义，只需要将堆顶执行“下沉”操作，即可调整为堆。

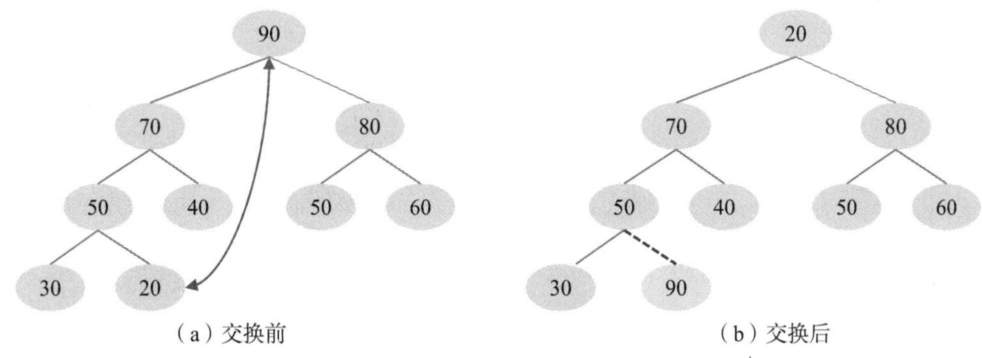

图 8-12　堆顶和最后一个记录的交换过程

下沉操作的基本思想：堆顶与左、右孩子比较，若比孩子大，则已调整为堆；若比孩子小，则与较大的孩子交换；交换到新的位置后，继续向下比较，从根结点一直比较到叶子。

如图 8-13 所示，堆顶“下沉”操作的步骤如下。

①堆顶 20 和两个孩子{70,80}比较，如果比孩子小，则与较大的孩子 80 交换。

②堆顶 20 继续与两个孩子{50*,60}比较，如果比孩子小，则与较大的孩子 60 交换。

③直至堆顶 20 下移为叶子时，停止操作，此时已经调整为堆。

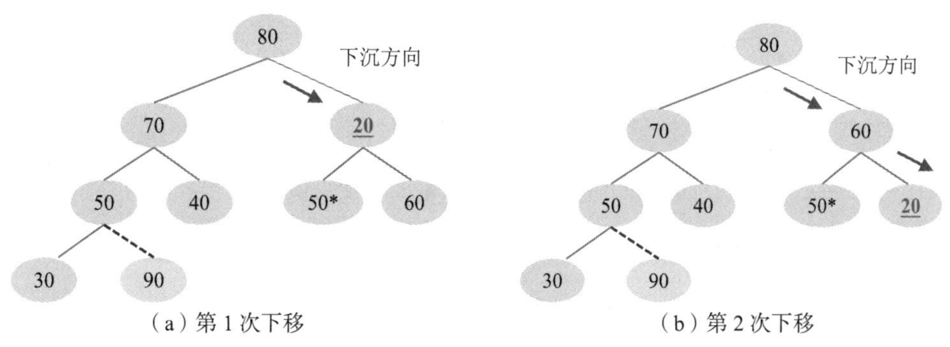

图 8-13　堆顶下沉过程

（2）构建初始堆。

要将一个无序序列调整为堆，就必须将其所对应的完全二叉树中以每个结点为根的子树都调整为堆。构建初始堆的主要过程如下：

① 按照完全二叉树的顺序，将序列 r[1...n]构建成一棵完全二叉树，如图 8-14 所示；

② 从 i=n/2 开始，反复进行下沉操作，依次将以 r[i],r[i−1],⋯,r[1]为根的子树调整为堆。

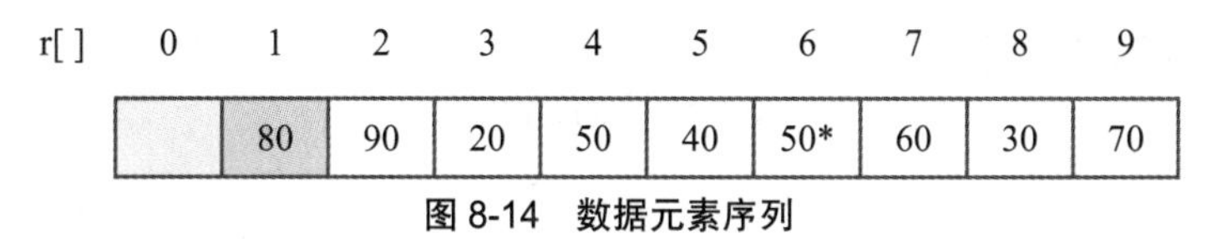

图 8-14　数据元素序列

以无序序列{80,90,20,50,40,50*,60,30,70}为例，用下沉操作将其调整为一个大根堆，构建过程如图 8-15 所示。

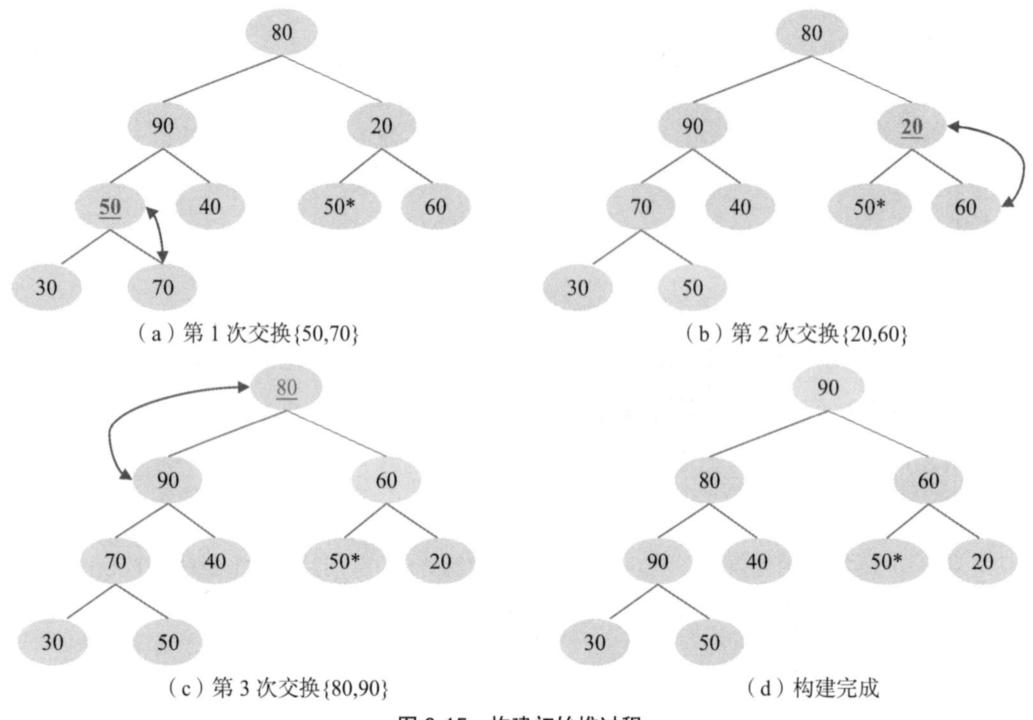

（a）第 1 次交换{50,70}　　（b）第 2 次交换{20,60}

（c）第 3 次交换{80,90}　　（d）构建完成

图 8-15　构建初始堆过程

（3）堆排序算法的实现。

构建初始堆之后，开始进行堆排序。因为最大堆的堆顶是最大的记录，可以将堆顶交换到最后一个元素的位置，然后堆顶执行下沉操作，调整 r[1…n−1]为堆即可。重复此过程，直到剩余一个结点，得到有序序列，如图 8-16 所示。

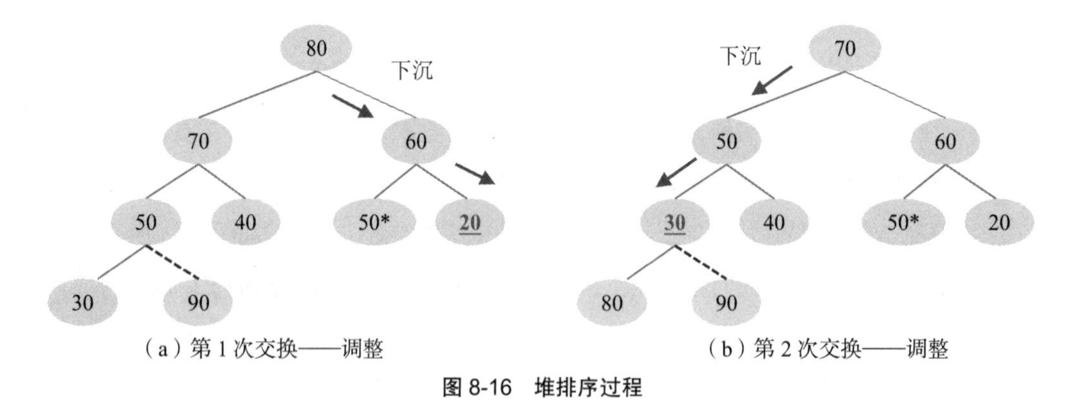

（a）第 1 次交换——调整　　（b）第 2 次交换——调整

图 8-16　堆排序过程

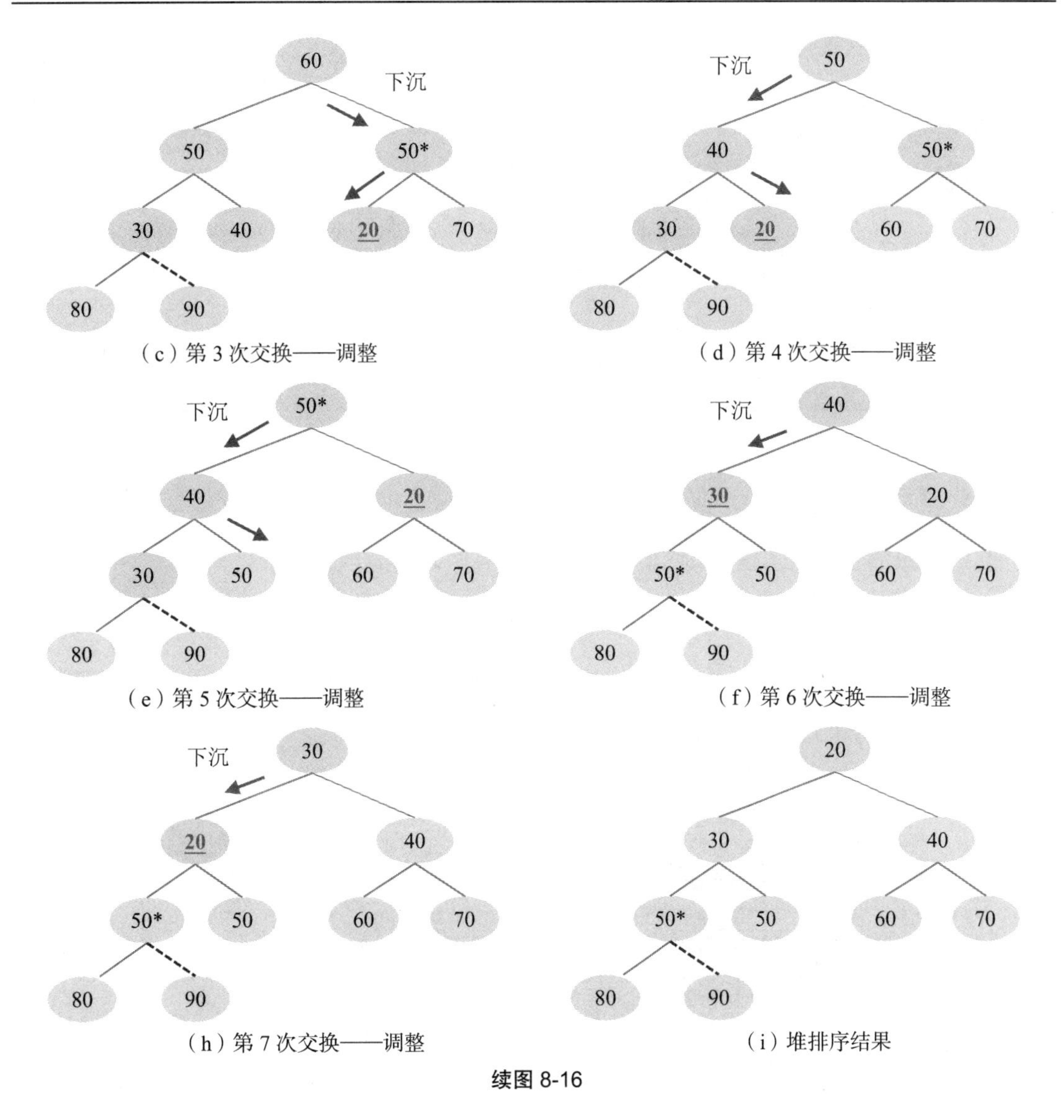

（c）第 3 次交换——调整　　（d）第 4 次交换——调整

（e）第 5 次交换——调整　　（f）第 6 次交换——调整

（h）第 7 次交换——调整　　（i）堆排序结果

续图 8-16

【代码实现】

（1）堆调整。

假设 r[s+l…m]已经是堆，根据“下沉”操作将 r[s...m]调整为以 r[s]为根的堆。堆调整算法实现代码如下：

```
/***************************************************************/
/*     函数功能：调整 L->r[s]的关键字，使 L->r[s..m]成为一个大顶堆       */
/*     函数参数：顺序表 L，下界 s，上界 m                              */
/*     函数名称：HeapAdjust()                                        */
/**************************************************************/
/* 已知 L->r[s…m]中记录的关键字除 L->r[s]之外，均满足堆的定义         */
/* 调整 L->r[s]的关键字，使 L->r[s..m]成为一个大顶堆                 */
```

```
void HeapAdjust(SqList *L,int s,int m)
{
    int temp,j;
    temp = L -> r[s];
    /* 沿关键字较大的孩子结点向下筛选 */
    for (j = 2*s;j <= m;j *= 2)
    {
        if (j < m && L->r[j] < L->r[j+1])
            /* j 为关键字中较大记录的下标 */
            ++j;
        if (temp >= L->r[j])
            /* r[j]应插入在位置 s 上 */
            break;
        L->r[s] = L->r[j];
        s = j;
    }
    /* 插入 */
    L->r[s] = temp;
}
```

（2）构建初始堆。

对于无序序列 r[l…n]，从 i=n/2 开始，反复进行下沉操作，依次将以 r[i],r[i−1],⋯,r[l]为根的子树调整为堆。构建初始堆算法的实现代码如下：

```
/**********************************************/
/*    函数功能：将顺序表 L 中的 r 构建成一个大顶堆          */
/*    函数参数：顺序表 L                                   */
/*    函数名称：CreatHeap()                               */
/**********************************************/
void CreatHeap(SqList *L)
{
/* 将 L 中的 r 构建成一个大顶堆 */
    for (i = L->length/2;i > 0;i--)
        HeapAdjust(L,i,L->length);      /* 反复调用 HeapAdjust */
}
```

（3）堆排序算法的实现。

由图 8-12 堆排序过程的描述可知，堆排序就是将无序序列建成初始堆以后，反复进行交换和堆调整。在构建初始堆和调整堆算法实现的基础上，堆排序算法的代码实现如下：

```
/******************************************/
/*    函数功能：对顺序表 L 进行堆排序          */
/*    函数参数：顺序表 L                        */
/*    函数名称：InsertSort()                   */
/******************************************/
void HeapSort(SqList *L)
{
    int i;
    CreatHeap(L);                        /* 构建一个大顶堆 */
```

```
    for (i = L->length;i > 1;i--)
    {
        /* 将堆顶记录和当前未经排序子序列的最后一个记录交换 */
        swap(L,1,i);
        /* 将 L->r[1..i-1]重新调整为大顶堆 */
        HeapAdjust(L,1,i - 1);
    }
}
```

【算法性能分析】

（1）时间复杂度。

堆排序的运行时间主要耗费在构建初始堆和反复调整堆上。构建初始堆需要从最后一个分支结点（n/2）到第一个结点进行下沉操作，下沉操作最多达到树的深度 logn，因此构建初始堆的时间复杂度上界是 $O(n\log_2 n)$；最坏情况下，堆排序的时间复杂度为 $O(n\log_2 n)$。与快速排序的 $O(n^2)$相比，当序列记录较多时，堆排序算法的运行效率更高。

（2）空间复杂度。

堆排序仅需一个记录大小供交换用的辅助存储空间，空间复杂度为 O(1)。

（3）稳定性。

堆排序是不稳定的，排序过程中需要多次交换关键字。

8.6　归并排序

归并排序（merging sort）就是将两个或两个以上的有序表合并成一个有序表的过程。其基本思想是：假设初始序列含有 n 个记录，则可看成是 n 个有序的子序列，每个子序列的长度为 1；然后子序列两两归并，得到$\lceil n/2 \rceil$个长度为 2 或 1 的有序子序列；再两两归并，如此重复，直至得到一个长度为 n 的有序序列为止。一般将两个有序表合并成一个有序表的过程，称为 2-路归并。2-路归并是最简单和常用的归并排序方法。

【算法步骤】

归并排序就是采用分治策略，将一个大问题分成若干个小问题，先解决小问题，再通过小问题解决大问题。可以把待排序序列分解成两个规模大致相等的子序列。如果不易解决，再将得到的子序列继续分解，直到子序列中包含的元素个数为 1。因为单个元素的序列本身是有序的，此时便可以进行合并，从而得到一个完整的有序序列。

归并排序是采用分治策略实现对 n 个元素进行排序的算法，是一种平衡、简单的二分分治策略。归并排序算法步骤如下。

（1）分解：将待排序序列分成规模大致相等的两个子序列。

（2）治理：对两个子序列进行合并排序。

（3）合并：将排好序的有序子序列进行合并，得到最终的有序序列

【过程图解】

已知学生的总成绩序列为{515,490,485,485*,525,493,475,500}，请给出归并排序的过程，如图 8-17 所示。2-路归并排序是将 r[low…high]中的记录归并排序后，存放在临时数组 T[low…high]中，当序列长度等于 1 时，递归结束，否则：

（1）将当前序列一分为二，计算分裂点 mid=L(low+high)/2。

（2）对子序列 r[low...mid]递归，进行归并排序，并将其结果放入 S[low...mid]中。

（3）对子序列 r[mid+1...high]递归，进行归并排序，并将其结果放入 S[mid+1...high]中。

（4）调用算法 Merge，将有序的两个子序列 S[low…mid]和 S[mid+1...high]归并为一个有序的序列 T[low…high]。

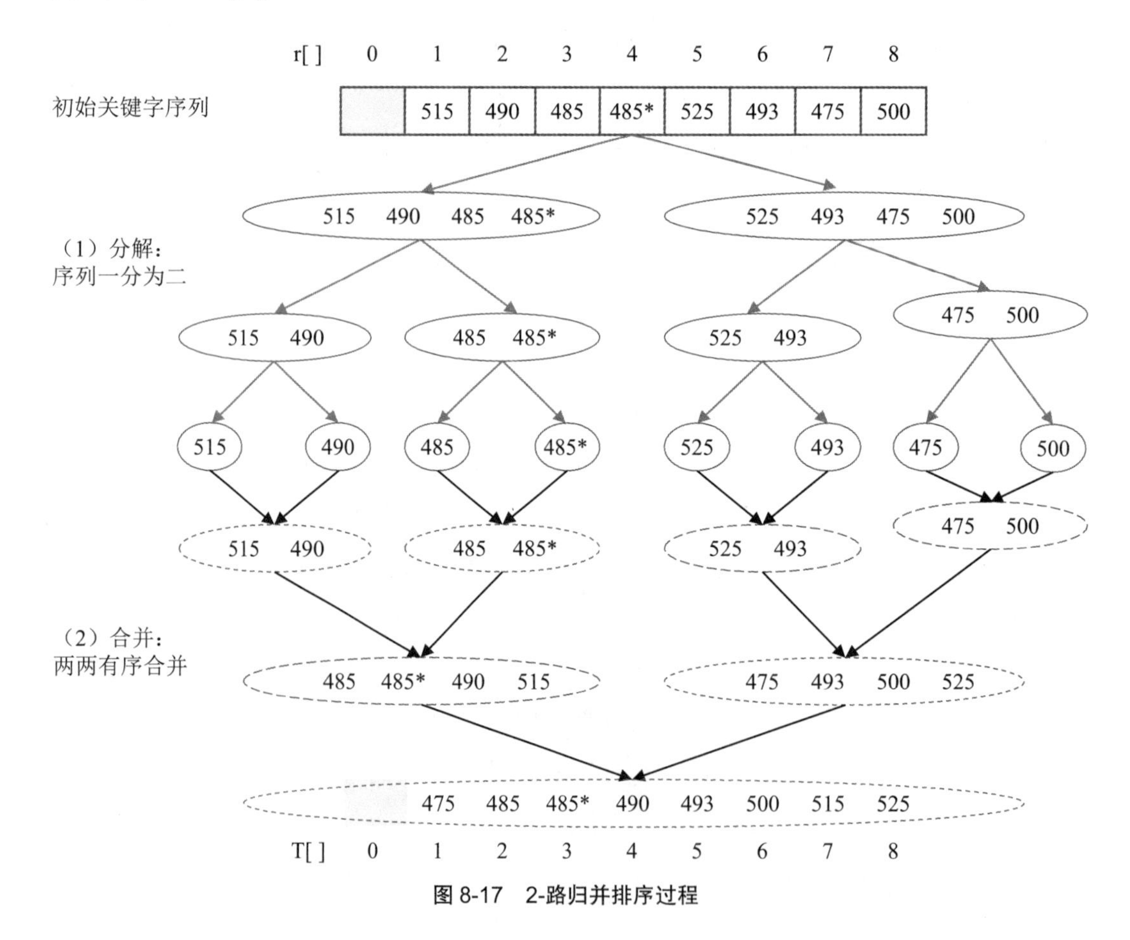

图 8-17　2-路归并排序过程

【代码实现】

（1）归并函数。

归并函数 Merge 的功能是：将相邻两个有序子序列合并为一个有序序列。

将两个有序表存放在同一数组的两个相邻位置上——R[low...mid]和 R[mid+l...high]，每次分别从两个表中取出一个记录进行关键字的比较，将较小者放入 T[low...high]中，重复此过程，直至其中一个表为空，最后将另一非空表中余下的部分直接复制到 T 中。

归并函数的代码实现如下：

```
/*****************************************************************/
/*    函数功能：将有序的 SR[i…m]和 SR[m+1…n]归并为有序的 TR[i…n]          */
/*    函数参数：原始序列 SR，合并后的序列 TR，下标 1，m，n              */
/*    函数名称：Merge()                                             */
/*****************************************************************/
/* 将有序的 SR[i…m]和 SR[m+1…n]归并为有序的 TR[i…n] */
void Merge(int SR[],int TR[],int i,int m,int n)
{
    int j,k,l;
    /* 将 SR 中的记录由小到大归并入 TR */
    for (j = m + 1,k = i;i <= m && j <= n;k++)
    {
        if (SR[i] < SR[j])
            TR[k] = SR[i++];
        else
            TR[k] = SR[j++];
    }
    if (i <= m)
    {
        for (l = 0;l <= m - i;l++)
            /* 将剩余的 SR[i…m]复制到 TR */
            TR[k + l] = SR[i + l];
    }
    if (j <= n)
    {
        for (l = 0;l <= n - j;l++)
            /* 将剩余的 SR[j…n]复制到 TR */
            TR[k + l] = SR[j + l];
    }
}
```

（2）归并排序算法的递归实现。

2-路归并排序算法的代码实现如下：

```
/******************************************/
/*    函数功能：对顺序表 L 进行归并排序        */
/*    函数参数：顺序表 L                      */
/*    函数名称：MergeSort()                  */
/******************************************/
void MergeSort(SqList *L)
{
    MSort(L->r,L->r,1,L->length);
}
```

```
/*******************************************/
/*    函数功能：将 SR[s…t]归并排序为 TR1[s..t]       */
/*    函数参数：序列 SR                              */
/*    函数名称：MSort()                             */
/*******************************************/
void MSort(int SR[],int TR1[],int s,int t)
{
   int m;
   int TR2[MAXSIZE+1];
   if (s == t)
      TR1[s] = SR[s];
   else
   {
      /* 将 SR[s…t]平分为 SR[s…m]和 SR[m+1…t] */
      m = (s + t) / 2;
      /* 递归将 SR[s…m]归并为有序的 TR2[s…m] */
      MSort(SR,TR2,s,m);
      /* 递归将 SR[m+1…t]归并为有序 TR2[m+1…t] */
      MSort(SR,TR2,m + 1,t);
      /* 将 TR2[s…m]和 TR2[m+1…t]归并到 TR1[s…t] */
      Merge(TR2,TR1,s,m,t);
   }
}
```

【算法性能分析】

（1）时间复杂度。

归并排序过程包含以下三大步骤。

① 分解：计算出子序列中间位置的时间为 O(1)。

② 解决子问题：递归求解两个规模为 n/2 的子问题，所需时间为 2T(n/2)。

③ 合并：Merge 算法完成时间为 O(n)。

当有 n 个记录时，需要进行 $\log_2 n$ 趟归并排序，每一趟归并操作，其关键字的比较次数不超过 n 个元素，移动次数都是 n，所以归并排序的时间复杂度为 $O(n\log_2 n)$。

（2）空间复杂度。

归并排序需要与待排序记录个数相等的辅助存储空间，空间复杂度为 O(n)。

8.7　案例分析与实现

【案例分析】

如表 8-1 所示，已知 8 名学生的学号，语文、数学、英语、物理、化学和生物各科成绩和总分，如何依据总分的高低对 8 名学生进行降序（从大到小）排名。

【解决思路】

（1）存储数据：定义一个顺序表存放学生的所有信息，或者定义一个整形数组存放学生的总分信息。本案例采用顺序表结构存放。

（2）数据的输入：先确定输入元素的个数，再依次输入各学生的总分信息。

（3）本案例通过定义一个功能选项菜单，选择相应的排序算法，输出总分排序结果。

【代码实现】

具体的代码实现如下：

```
#include <stdio.h>
#include <string.h>
#include "sort.h"
/*排序算法功能选项菜单*/
void sort_menu()
{
    printf("*******************************************\n\n");
    printf("            排序算法功能菜单      \n");
    printf("            1.插入排序：\n");
    printf("            2.希尔排序：\n");
    printf("            3.冒泡排序：\n");
    printf("            4.快速排序：\n");
    printf("            5.选择排序：\n");
    printf("            6.堆排序：\n");
    printf("            7.归并排序：\n");
    printf("            0.退出\n");
    printf("*******************************************\n\n");
    printf("请选择排序的编号：");
}
int main()
{
    int n,cnt;
    SeqList L,temp_L;
    InitList(&L);              /*初始化顺序表 L*/
    InitList(&temp_L);         /*初始化顺序表*/
    printf("请输入要建立的顺序表的长度:");
    scanf("%d",&n);
    CreateList(&L,n);          /*构建顺序表*/
    printf("已建立顺序表如下：");
    DisplayList(&L);           /*打印顺序表信息*/
    while(1)
    {
        CopyList(&L,&temp_L); /*重新赋值*/
        sort_menu();
        scanf("%d",&cnt);      /*选择排序算法*/
        getchar();
        switch(cnt)
```

```
    {
        case 1:
            printf("插入排序结果：");
            InsertSort(&temp_L);DisplayList(&temp_L);break;
        case 2:
            printf("希尔排序结果：");
            ShellSort(&temp_L);DisplayList(&temp_L);break;
        case 3:
            printf("冒泡排序结果：");
            BubbleSort(&temp_L);DisplayList(&temp_L);break;
        case 4:
            printf("快速排序结果：");
            QuickSort(&temp_L);DisplayList(&temp_L);break;
        case 5:
            printf("选择排序结果：");
            SelectSort(&temp_L);DisplayList(&temp_L);break;
        case 6:
            printf("堆排序结果：");
            HeapSort(&temp_L);DisplayList(&temp_L);break;
        case 7:
            printf("归并排序结果：");
            MergeSort(&temp_L);DisplayList(&temp_L);break;
        case 0:
            exit(0);          /*退出循环*/
        default:
            printf("无效操作，请重新选择。\n");
    }
  }
  return 0;
}
```

排序类“sort.h”包含顺序表的构建和 7 种排序算法接口的定义，排序算法的具体实现参考第 8.3 节至第 8.6 节的内容。

```
/**************************************************/
/*    功能：定义和创建顺序表，常用排序方法的封装      */
/*    类名称：Sort.h                                 */
/**************************************************/
#include<stdio.h>
#define MAXSIZE 20                /*顺序表的最大长度*/
typedef int KeyType;             /*定义关键字类型为整型*/
typedef struct
{
    KeyType r[MAXSIZE+1];        /*用于存储要排序的数组，r[0]用做哨兵或闲*/
    int length;                  /*用于记录顺序表的长度*/
}SeqList;                        /*顺序表类型*/

/************************************************/
/*    函数功能：顺序表初始化                      */
```

```
/*    函数参数：顺序表地址                          */
/*    函数名称：InitList()                          */
/*********************************************/
void InitList(SeqList *L)
{
   /*置空表，将表长置为0*/
   L->length=0;
}
/*********************************************/
/*    函数功能：创建顺序表                          */
/*    函数参数：顺序表地址，顺序表元素个数          */
/*    函数名称：CreateList()                        */
/*********************************************/
int CreateList(SeqList *L,int n)
 {
   int i;
   if(n>MAXSIZE||n<=0)
   {
      printf("\n数据元素个数错误！\n");
      return -1;
   }
   /* r[0]作为哨兵，从r[1]开始存放数据*/
   printf("请从键盘输入%d个数据元素:\n",n);
   for(i=1;i<=n;i++)
      scanf("%d",&L->r[i]);

   L->length=n;

   return 0;
}

/*********************************************/
/*    函数功能：顺序表的复制                        */
/*    函数参数：原始顺序表，复制后的顺序表                  */
/*    函数名称：CopyList()                          */
/*********************************************/
void CopyList(SeqList *L,SeqList *temp_L)
{
   int i;
   temp_L->length = L->length;
   for(i=1;i<=L->length;i++)
      temp_L->r[i] = L->r[i];
}

/*********************************************/
/*    函数功能：遍历顺序表打印元素值                */
/*    函数参数：顺序表                              */
/*    函数名称：DisplayList()                       */
/*********************************************/
void DisplayList(SeqList *L)
{
```

```
    int i;
    if (L->length==0)
        printf("顺序表为空，无可打印信息！");
    else
        /* r[0]为哨兵，从 r[1]开始打印数据*/
        for(i=1;i<=L->length;i++)
            printf("%5d",L->r[i]);
    printf("\n");
}
/* 交换 L 中数组 r 的下标为 i 和 j 的值 */
void swap(SeqList *L,int i,int j)
{
    int temp = L->r[i];
    L->r[i] = L->r[j];
    L->r[j] = temp;
}
/* 对顺序表 L 进行冒泡排序 */
void BubbleSort(SeqList *L)
{
    int i, j;
    for (i = 1;i < L->length;i++)
    {
        /* 注意 j 是从后往前循环 */
        for (j = L->length - 1;j >= i;j--)
        {
            /* 若前者大于后者(注意这里与上一个算法的差异) */
            if (L->r[j] > L->r[j + 1])
            {
                /* 交换 L->r[j]与 L->r[j+1]的值 */
                swap(L,j,j + 1);
            }
        }
    }
}
/* 对顺序表 L 作改进冒泡算法 */
void BubbleSort2(SeqList *L)
{
    int i,j;
    /* flag 用来作为标记 */
    int flag = 1;
    /* 若 flag 为 true，则说明有过数据交换，否则停止循环 */
    for (i = 1;i < L->length && flag;i++)
    {
        /* 初始为 false */
        flag = 0;
        for (j = L->length - 1;j >= i;j--)
        {
            if (L->r[j] > L->r[j + 1])
            {
                /* 交换 L->r[j]与 L->r[j+1]的值 */
                swap(L,j,j + 1);
```

```
                /* 如果有数据交换，则 flag 为 true */
                flag = 1;
            }
        }
    }
}
/* 对顺序表 L 进行简单选择排序 */
void SelectSort(SeqList *L)
{
    int i,j,min;
    for (i = 1;i < L->length;i++)
    {
        /* 将当前下标定义为最小值下标 */
        min = i;
        /* 循环之后的数据 */
        for (j = i + 1;j <= L->length;j++)
        {
            /* 如果有小于当前最小值的关键字 */
            if (L->r[min] > L->r[j])
                /* 将此关键字的下标赋值给 min */
                min = j;
        }
        /* 若 min 不等于 i，则说明找到了最小值，交换 */
        if (i != min)
            /* 交换 L->r[i]与 L->r[min]的值 */
            swap(L,i,min);
    }
}
/* 对顺序表 L 进行直接插入排序 */
void InsertSort(SeqList *L)
{
    int i, j;
    for (i = 2;i <= L->length;i++)
    {
        /* 需将 L->r[i]插入有序子表 */
        if (L->r[i] < L->r[i - 1])
        {
            /* 设置哨兵 */
            L->r[0] = L->r[i];
            for (j = i - 1;L->r[j] > L->r[0];j--)
                /* 记录后移 */
                L->r[j + 1] = L->r[j];
            /* 插入到正确位置 */
            L->r[j + 1] = L->r[0];
        }
    }
}
/* 对顺序表 L 进行希尔排序 */
void ShellSort(SeqList *L)
{
    int i,j;
```

```
    int increment = L->length;
    do
    {
        /*增量序列*/
        increment = increment / 3 + 1;
        for (i = increment + 1;i <= L->length;i++)
        {
            if (L->r[i] < L->r[i - increment])
            {
                /* 需将 L->r[i]插入有序增量子表中 */
                /* 暂存在 L->r[0] */
                L->r[0] = L->r[i];
                for (j = i - increment;j > 0 &&
                    L->r[0] < L->r[j];j -= increment)
                    /* 记录后移，查找插入位置 */
                    L->r[j + increment] = L->r[j];
                /*插入*/
                L->r[j + increment] = L->r[0];
            }
        }
    } while (increment > 1);
}
/* 已知 L->r[s…m]中记录的关键字除 L->r[s]之外，均满足堆的定义 */
/* 本函数可调整 L->r[s]的关键字，使 L->r[s..m]成为一个大顶堆 */
void HeapAdjust(SeqList *L,int s,int m)
{
    int temp,j;
    temp = L->r[s];
    /* 沿关键字较大的孩子结点向下筛选 */
    for (j = 2 * s;j <= m;j *= 2)
    {
        if (j < m && L->r[j] < L->r[j + 1])
            /* j 为关键字中较大记录的下标 */
            ++j;
        if (temp >= L->r[j])
            /* rc 应插入在位置 s 上 */
            break;
        L->r[s] = L->r[j];
        s = j;
    }
    /* 插入 */
    L->r[s] = temp;
}
/* 对顺序表 L 进行堆排序 */
void HeapSort(SeqList *L)
{
    int i;
    /* 将 L 中的 r 构建成一个大顶堆 */
    for (i = L->length / 2;i > 0;i--)
        HeapAdjust(L,i,L->length);
    for (i = L->length;i > 1;i--)
```

```
    {
        /* 将堆顶记录和当前未经排序子序列的最后一个记录交换 */
        swap(L,1,i);
        /* 将 L->r[1…i-1]重新调整为大顶堆 */
        HeapAdjust(L,1,i - 1);
    }
}
/* 对顺序表 L 进行归并排序 */
/* 将有序的 SR[i…m]和 SR[m+1…n]归并为有序的 TR[i…n] */
void Merge(int SR[],int TR[],int i,int m,int n)
{
    int j,k,l;
    /* 将 SR 中的记录由小到大归并入 TR */
    for (j = m + 1,k = i;i <= m && j <= n;k++)
    {
        if (SR[i] < SR[j])
            TR[k] = SR[i++];
        else
            TR[k] = SR[j++];
    }
    if (i <= m)
    {
        for (l = 0;l <= m - i;l++)
            /* 将剩余的 SR[i…m]复制到 TR */
            TR[k + l] = SR[i + l];
    }
    if (j <= n)
    {
        for (l = 0;l <= n - j;l++)
            /* 将剩余的 SR[j…n]复制到 TR */
            TR[k + l] = SR[j + l];
    }
}
/* 将 SR[s…t]归并排序为 TR1[s…t] */
void MSort(int SR[],int TR1[],int s,int t)
{
    int m;
    int TR2[MAXSIZE + 1];
    if (s == t)
        TR1[s] = SR[s];
    else
    {
        /* 将 SR[s…t]平分为 SR[s…m]和 SR[m+1…t] */
        m = (s + t) / 2;
        /* 递归将 SR[s…m]归并为有序的 TR2[s…m] */
        MSort(SR,TR2,s,m);
        /* 递归将 SR[m+1…t]归并为有序 TR2[m+1…t] */
        MSort(SR,TR2,m + 1,t);
        /* 将 TR2[s…m]和 TR2[m+1…t] */
        /* 归并到 TR1[s…t] */
        Merge(TR2,TR1,s,m,t);
```

```
    }
}
/* 对顺序表L进行归并排序 */
void MergeSort(SeqList *L)
{
    MSort(L->r,L->r,1,L->length);
}

/* 对顺序表L进行快速排序 */
/* 交换顺序表L中子表的记录，使枢轴记录到位，并返回其所在位置 */
/* 此时在它之前（后）的记录均不大（小）于它。 */
int Partition(SeqList *L,int low,int high)
{
    int pivotkey;
    /* 用子表的第一个记录进行枢轴记录 */
    pivotkey = L->r[low];
    /* 从表的两端交替向中间扫描 */
    while (low < high)
    {
        while (low < high && L->r[high] >= pivotkey)
            high--;
        /* 将比枢轴记录小的记录交换到低端 */
        swap(L, low, high);
        while (low < high && L->r[low] <= pivotkey)
            low++;
        /* 将比枢轴记录大的记录交换到高端 */
        swap(L, low, high);
    }
    /* 返回枢轴所在位置 */
    return low;
}
/* 对顺序表L中的子序列L->r[low..high]作快速排序 */
void QSort(SeqList *L, int low, int high)
{
    int pivot;
    if (low < high)
    {
        /* 将L->r[low..high]一分为二， */
        /* 算出枢轴值pivot */
        pivot = Partition(L, low, high);
        /* 对低子表递归排序 */
        QSort(L, low, pivot - 1);
        /* 对高子表递归排序 */
        QSort(L, pivot + 1, high);
    }
}
/* 对顺序表L实现快速排序 */
void QuickSort(SeqList *L)
{
    QSort(L, 1, L->length);
}
```

案例运行结果如图 8-18 所示。

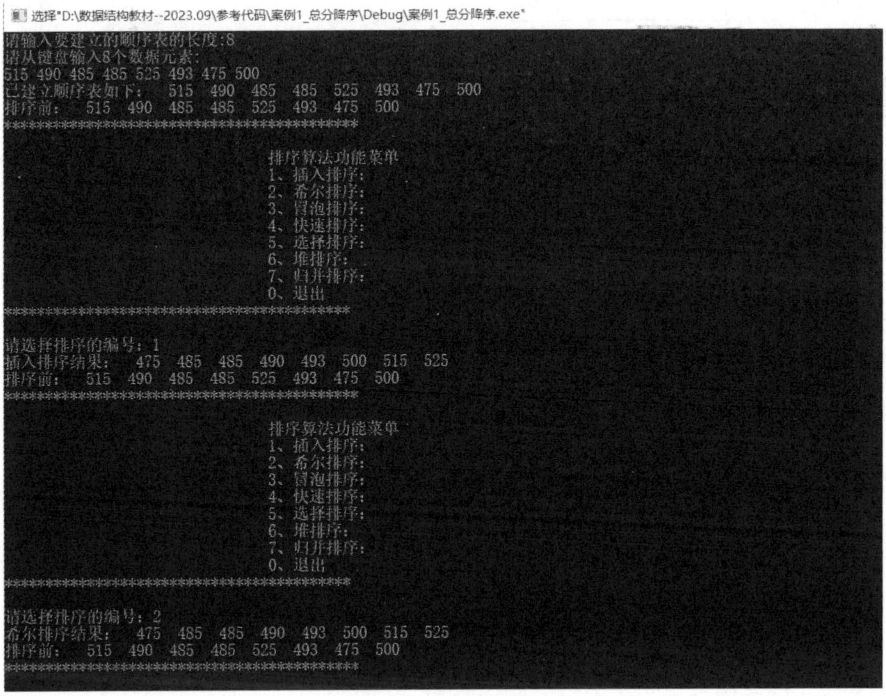

```
选择"D:\数据结构教材--2023.09\参考代码\案例1_总分降序\Debug\案例1_总分降序.exe"
请输入要建立的顺序表的长度:8
请从键盘输入8个数据元素:
515 490 485 485 525 493 475 500
已建立顺序表如下:   515  490  485  485  525  493  475  500
排序前:   515  490  485  485  525  493  475  500
*******************************************
                                排序算法功能菜单
                                1、插入排序:
                                2、希尔排序:
                                3、冒泡排序:
                                4、快速排序:
                                5、选择排序:
                                6、堆排序:
                                7、归并排序:
                                0、退出
******************************************

请选择排序的编号: 1
插入排序结果:   475  485  485  490  493  500  515  525
排序前:   515  490  485  485  525  493  475  500
*******************************************
                                排序算法功能菜单
                                1、插入排序:
                                2、希尔排序:
                                3、冒泡排序:
                                4、快速排序:
                                5、选择排序:
                                6、堆排序:
                                7、归并排序:
                                0、退出
******************************************

请选择排序的编号: 2
希尔排序结果:   475  485  485  490  493  500  515  525
排序前:   515  490  485  485  525  493  475  500
*******************************************
```

图 8-18　案例运行结果

8.8　本章小结

本章主要介绍了内部排序，根据主要操作的不同可分为插入排序、交换排序、选择排序、归并排序和分配排序 5 大类。本章共介绍了 7 种经典的常用内部排序方法，而从算法的简单性来看，可以将上述 7 种算法分为简单算法（直接插入排序、冒泡排序、简单选择排序）和改进算法（希尔排序、堆排序、归并排序、快速排序）两类。

8.8.1　排序算法的性能比较

从时间复杂度、空间复杂度和稳定性进行排序时的算法性能对比结果如表 8-2 所示。

（1）从稳定性来看，希尔排序、堆排序、快速排序是不稳定的。

（2）从平均情况来看，改进算法性能远胜过第（1）步中的 3 种简单算法。

（3）从最好情况来看，冒泡排序和直接插入排序更胜一筹，也就是说，如果待排序序列总是基本有序，那么反而不用考虑 4 种复杂的改进算法。

（4）从最坏情况来看，直接插入排序、折半排序、冒泡排序和简单选择排序的速度较慢，而其他排序的速度较快。

表 8-2 内部排序算法性能对比表

算法名称 性能	时间复杂度			空间复杂度	稳定性
	平均情况	最好情况	最坏情况		
直接插入排序	$O(n^2)$	O(n)	$O(n^2)$	O(1)	稳定
希尔排序	$O(n^{1.3})$	—	$O(n^2)$	O(1)	不稳定
冒泡排序	$O(n^2)$	O(n)	$O(n^2)$	O(1)	稳定
快速排序	O(nlogn)	O(nlogn)	$O(n^2)$	O(nlogn)~O(n)	稳定
简单选择排序	$O(n^2)$	$O(n^2)$	$O(n^2)$	O(1)	不稳定
堆排序	O(nlogn)	O(nlogn)	O(nlogn)	O(1)	不稳定
归并排序	O(nlogn)	O(nlogn)	O(nlogn)	O(n)	不稳定

8.8.2 排序算法比较

总体来看，各种排序算法各有优缺点，使用时要根据不同的情况适当选用，甚至可以将多种方法结合起来使用。选用排序算法时，应综合考虑以下几个因素。

（1）待排序的记录个数。

（2）记录本身的大小。

（3）关键字的结构及初始状态。

（4）对排序稳定性的要求。

（5）存储结构。

一般来讲，快速排序是最快的，大多数人优先选择快速排序。但是，当数据量特别大时，比如超过一百万条记录，快速排序使用递归实现时可能会发生栈溢出。此时，可以考虑使用堆排序。

直接插入排序尽管时间复杂度是 $O(n^2)$，但是算法简单，对少量记录排序也十分有效。如果记录基本有序，则可以优先选择插入排序或冒泡排序。如果问题对稳定性有要求，则必须选择稳定的算法。注意，选择排序、希尔排序、堆排序、快速排序是不稳定的。

习 题

一、选择题

1. 从未排序序列中依次取出元素与已排序序列中的元素进行比较，将其放入已排序序列的正确位置上的方法，称为（　　）。

A. 归并排序　　B. 冒泡排序　　C. 插入排序　　D. 选择排序

2. 从未排序序列中挑选元素，并将其依次插入已排序序列末端的方法，称为（　　）。

A. 归并排序　　B. 冒泡排序　　C. 插入排序　　D. 选择排序

3. 将n个不同的关键字由小到大进行冒泡排序，在下列（　　）情况下比较的次数最多。

A. 从小到大排列好的　　B. 从大到小排列好的

C. 元素无序的　　D. 元素基本有序的

4. 对n个不同的排序码进行冒泡排序，在元素无序的情况下比较的次数为（　　）。

A. n+1　　B. n　　C. n−1　　D. n(n−1)/2

5. 快速排序在下列（　　）情况下最易发挥其长处。

A. 被排序的数据中含有多个相同排序码

B. 被排序的数据已基本有序

C. 被排序的数据完全无序

D. 被排序的数据中的最大值和最小值相差悬殊

6. 对n个关键字进行快速排序，在最坏情况下，算法的时间复杂度是（　　）。

A. O(n)　　B. $O(n^2)$　　C. $O(n\log_2 n)$　　D. $O(n^3)$

7. 若一组记录的排序码为{46,79,56,38,40,84}，则利用快速排序的方法，以第一个记录为基准得到的一次划分结果为（　　）。

A. 38,40,46,56,79,84　　B. 40,38,46,79,56,84

C. 40,38,46,56,79,84　　D. 40,38,46,84,56,79

8. 下列关键字序列中，（　　）是堆。

A. 16,72,31,23,94,53　　B. 94,23,31,72,16,53

C. 16,53,23,94,31,72　　D. 16,23,53,31,94,72

9. 堆的形状是一棵（　　）。

A. 二叉排序树　　B. 满二叉树　　C. 完全二叉树　　D. 平衡二叉树

10. 若一组记录的排序码为{46,79,56,-38,40,84}，则利用堆排序的方法建立的初始堆为(　　)。

A. 79,46,56,38,40,84　　B. 84,79,56,38,40,46

C. 84,79,56,46,40,38　　D. 84,56,79,40,46,38

11. 下述几种排序方法中，（　　）是稳定的排序方法。

A. 希尔排序　　B. 快速排序　　C. 归并排序　　D. 堆排序

12. 下述几种排序方法中，对内存要求最大的是（　　）。

A. 希尔排序　　B. 快速排序　　C. 归并排序　　D. 堆排序

13. 假设数据表中有 10000 个元素，如果只要求输出其中最大的 10 个元素，则采用(　　)算法最节省时间。

A. 冒泡排序　　B. 快速排序　　C. 简单选择排序　　D. 堆排序

二、应用题

1. 假设待排序的关键字序列为{515,490,485,485*,525,493,475,500}，试分别写出使用直接插入排序、希尔排序（增量依次选取 5、3、1)、冒泡排序、快速排序、简单选择排序、堆排序、归并排序共 7 种排序方法每趟排序结束后关键字序列的状态。

三、编程题

1. 试以单链表为存储结构，实现简单选择排序算法。

2. 有 n 个记录存储在带头结点的双向链表中，现用双向冒泡排序法对其按升序排序，请写出这种排序的算法。（注：双向冒泡排序即相邻两趟排序向相反方向冒泡。）

设有顺序放置的 n 个桶，每个桶中装有一粒砾石，每粒砾石的颜色是红、白、蓝之一。要求重新安排这些砾石，使得所有红色砾石在前、所有白色砾石居中、所有蓝色砾石在后，重新安排时，每粒砾石的颜色只能看一次，并且只允许交换操作来调整砾石的位置。

第 9 章　算法分析与设计

前述章节已经了解和掌握了算法的基本概念、评价标准等相关知识，本章主要阐述分治算法、回溯算法、贪心算法和动态规划算法。

9.1　分治算法

9.1.1　分治算法概述

在计算机科学中，分治算法是一种很重要的算法，其本质是将一个大规模的问题分解成若干规模较小的相同的或相似的子问题，再把子问题继续分解成更小的子问题，直到最后子问题可以简单地直接求解，原问题的解即为子问题的解的合并。

1. 分治算法的特点

分治算法具有以下特点。

（1）原问题可以分解为若干规模较小、与原问题形式相同的子问题。

（2）只要子问题的规模足够小，子问题就能用较为简单的方法解决。

（3）子问题相互独立，即子问题之间不存在公共的子子问题。

（4）由于子问题的形式与原问题相同，解决方法一样，因此可以使用递归法快速且有效地解决问题。

2. 分治算法的基本实现步骤

分治算法的基本实现步骤如下。

（1）将原问题分解为若干规模较小的子问题。

（2）求各子问题的解。

（3）按照原问题的要求，将子问题的解逐层合并，从而得到原问题的解。

9.1.2　案例分析与实现

分治算法可以解决的典型应用包括二分查找、全排序、合并排序、快速排序、汉诺塔等。本节以汉诺塔为例来分析分治算法。

【案例描述】

汉诺塔（Tower of Hanoi），又称河内塔，起源于印度的一个古老传说。传说在世界中心的圣庙里，一块铜板上插着三根宝石针，印度教的主神梵天在创造世界的时候，在其中一根针上从下到上串上了由大到小的 64 片金片。不论白天黑夜，都会有一名僧人按照这样的法则移动金片：一次只移动一片，不管在哪根针上，小片必须在大片的上面。僧人们预言，当所有金片从梵天穿好的那根针上移到另一根针上时，世界将会毁灭，而梵塔、庙宇和众生也都一并消失。

时至今日，汉诺塔的传说已经演变成了一种益智游戏，假设有三根分别命名为 A、B、C 的柱子，有四个从小到大依次编号的圆盘。最初，所有圆盘都在 A 柱上，其中最大的圆盘在最下面，然后是第二大，以此类推，如图 9-1 所示。

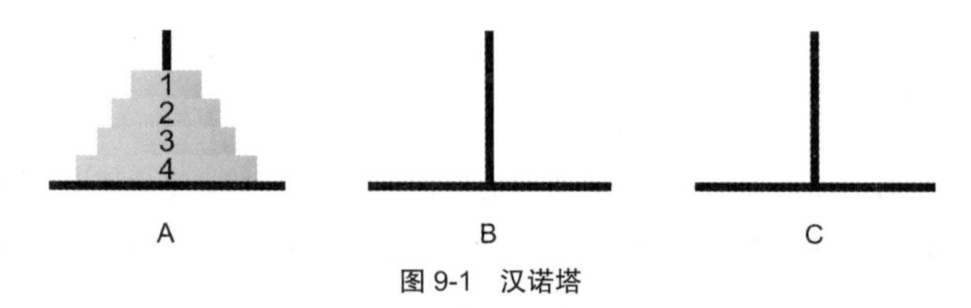

图 9-1　汉诺塔

游戏目的是将所有圆盘从 A 柱移动到 C 柱，B 柱用来临时放置圆盘，游戏规则如下。

（1）一次只能移动一个圆盘。

（2）任何时候都不能将一个较大的圆盘压在较小的圆盘上面。

（3）除了第（2）条限制，任何柱子最上面的圆盘都可以移动到其他柱子上。

【案例分析】

（1）确定问题的基本条件。

圆盘的数量是 4，初始位置在 A 柱，目标位置是 C 柱，中间位置是 B 柱。

（2）将汉诺塔问题分解为若干个小问题。

本例可以把四个圆盘看成两个圆盘，1~3 号圆盘看成一个大圆盘，4 号圆盘看成一个圆盘；接下来继续分解 1~3 号圆盘，把 1~2 号圆盘看成一个大圆盘，3 号圆盘看成一个圆盘；最后就只剩 1~2 号圆盘了，此时问题就变得简单了。我们可以使用递归法解决这些子问题。

【解决思路】

我们可以定义一个递归函数，每次调用这个函数的时候都将 n−1（n=4）个圆盘从 A 柱移动到 B 柱，最大的圆盘从 A 柱移动到 C 柱，将 n−1（n=3）个圆盘从 B 柱移动到 C 柱，以此类推，最后得到整个汉诺塔的算法。

下列代码中，move 函数的功能是移动一次圆盘就在屏幕上打印一行；result 函数的功能是把 n 个盘子从 x 柱上经由 y 柱移动到 z 柱子，n 代表圆盘的个数，x 代表起始柱子，y 代表临时放置柱子，z 代表最终的目标柱子。

【代码实现】

算法 9-1 分治算法

```
#include <stdio.h>
void move(char a,char b)       /*a 表示移动一次的起点，b 表示移动一次的终点*/
{
printf("%c->%c\n",a,b);
}
void result(int n,char x,char y,char z)
/*n 代表圆盘个数，x 代表起始柱子，y 代表临时放置柱子，z 代表目标柱子*/
{
      if (n == 1) {
        move(x,z);
    }
      else {
        result(n - 1,x,z,y);   /*步骤一：把 n-1 个盘子从 x 柱上经由 z 柱移动到 y 柱*/
        move(x, z);            /*步骤二:把圆盘从 x 柱移动到 z 柱*/
        result(n - 1,y,x,z);   /*步骤三：把 n-1 个圆盘从 y 柱上经由 x 柱移动到 z 柱*/
      }
    }
    int main()
    {
      int n = 0;
      printf("请输入圆盘个数:");
      scanf("%d",&n);          /*键盘输入圆盘个数，存放在 n 中*/
      result(n,'a','b','c');   /*调用函数*/
      return 0;
    }
```

【算法性能分析】

（1）时间复杂度。

本案例的时间复杂度可以通过递归的深度来计算，汉诺塔问题的递归解法可以概括为以下步骤。

① 将 n-1 个盘子从 A 柱移动到 B 柱上。

② 将最大的盘子从 A 柱移动到 C 柱上。

③ 将 n-1 个盘子从 A 柱移动到 C 柱上。

因此，汉诺塔问题的递归解法的时间复杂度可以按照以下方式计算：

$$T(n) = T(n-1) + 1 + T(n-1) = 2 * T(n-1) + 1 \quad (9\text{-}1)$$

其中，T(n−1)表示将 n−1 个盘子从 A 柱移动到 B 柱上所需的时间，加上将 n−1 个圆盘从 B 柱移动到 C 柱上所需的时间。

我们可以使用递归树来求解这个递归关系，根据式（9-1），可以推算：

当 n=1 时，T(1)=1；

当 n=2 时，T(2)=2*T(1)+1；

当 n=3 时，T(3)=2*T(2)+1；

当 n=4 时，T(4)=2*T(3)+1。

以此类推出 $T(n)=2^n-1$，其中 n 表示圆盘个数，最终得到汉诺塔问题的时间复杂度为 $O(2^n)$。

（2）空间复杂度。

汉诺塔的空间复杂度主要与圆盘个数及递归栈存储每个递归调用的状态相关。在解决问题的过程中，由于递归栈的深度等于递归调用的层数，递归调用的层数就是圆盘个数，因此汉诺塔的空间复杂度为 O(n)。尽管除了递归栈，还需要使用一些额外的变量来保存问题的状态，但这些变量的数量与圆盘的数量无关，因此不会影响空间复杂度。

值得注意的是，随着圆盘数的增加，算法的执行时间将呈指数级增长，会变得非常耗时，因此可以考虑迭代法和非递归方法解决这个问题，但这两种方法的算法设计会更复杂一些。

9.2 回溯算法

9.2.1 回溯算法概述

回溯算法是一种择优搜索算法，根据约束条件搜索问题的解，当发现找到的解不是最优或无法满足约束条件时，则回退尝试别的解决路径。这种回退即称为回溯，满足回溯条件的点称为回溯点。

1. 回溯算法的特点

回溯算法具有以下特点。

（1）回溯算法是一种递归算法。

（2）需要记录当前搜索的路径用于回溯。

（3）需要在搜索过程中剪枝，以减少不必要的搜索。

（4）问题的解空间通常是在搜索问题解的过程中动态产生的。

2. 回溯算法的基本实现步骤

回溯算法的基本实现步骤如下。

（1）确定问题的解空间树。

（2）确定解空间树的组织结构。

（3）用深度优先法搜索解空间树。

（4）在搜索过程中，用剪枝函数或限界函数避免移动到不可能产生解的子空间。

9.2.2　案例分析与实现

回溯算法可以解决的典型问题包括 n 皇后问题、着色问题、解数独、旅行商问题、最优顺序问题、切割问题等。本节以 n 皇后问题为例来分析回溯算法。

【案例描述】

根据国际象棋的规则，皇后可以攻击与其在同一行、同一列或同一斜线上的棋子。此时在 n×n 的棋盘上摆放有 n 个皇后棋子，设计一个算法，使每个皇后棋子彼此不受攻击。8×8 棋盘上的 8 皇后如图 9-2 所示。

图 9-2　8×8 棋盘上的 8 皇后

【案例分析】

根据国际象棋规则，若想皇后彼此都不受到攻击，则任意两个皇后都不能在棋盘的同一行、同一列和同一斜线上。

假设棋盘上有 4 个皇后，则根据案例要求棋盘由 4 行 4 列组成。通常会在棋盘的第 1 行第 1 列（1，1）处放皇后 1，然后观察棋盘情况，以列为主方向放置皇后，发现皇后 2，不能放在第 1 列和第 2 列，可以尝试将皇后 2 放在第 3 列，当皇后 2 放在第 2 行第 3 列（2，3）处时，发现皇后 3 无法放置，此时无论皇后 3 放在哪里都将受到攻击，无法满足约束条件，于是回溯，尝试将皇后 2 放在第 4 列，然后发现皇后 3 可以放在（3，2）处，但皇后 4 无论放在哪里都将受到攻击，又一次无法满足约束条件，可见放置问题不是出在皇后 2，而是皇后 1 放在（1，1）处不合适，于是回溯到皇后 1 应当放置的位置，将皇后 1 放置在第 2 列，以次类推，直到找到最后可成立的一个放置解。

【解决思路】

（1）定义解空间树。

使用一维数组 array 对每一行皇后的存放位置进行保存，可以得到解向量(array[0],array[1], array[2],⋯,array[N−1])，array[i]表示第 i 个皇后被放置到了第 array[i]+1 列上。

（2）检查是否有任意两个皇后在同一行和同一列上。

使用 dfs(int row)函数来判断是否有任意两个皇后在同一行和同一列上，当 row==n+1 时，说明此处已经放置了一个皇后，然后遍历每一行的所有位置，判断该位置是否可以放置皇后。

（3）任意两个皇后不能在同一斜线上。

可以使用直线斜率公式表示两个皇后处于同一斜线，假设两个皇后位置坐标分别为(x1,y1)、(x2,y2)，则根据直线斜率公式：

$$(x1-x2) / (y1-y2) = 1 \tag{9-2}$$

$$(x1-x2) / (y1-y2) = -1 \tag{9-3}$$

式（9-2）和式（9-3）可以变换成 x1-x2==y1-y2 和 x1-x2==y2-y1，当满足这两种情况的时候，说明任意两个皇后处于同一对角线，违反了约束规则。

【代码实现】

算法 9-2　回溯算法

```
#include <stdio.h>
int array[20];              /*数组大小,a[i]=j 表示第 i 个皇后放在第 i 行的第 j 个位置*/
int n,cnt;                  /*n 为皇后的个数*/
int check(int x,int y)      /*x 为行,y 为放置的位置*/
{
    int i = 1;
```

```
    for(;i <= x;i++)
    {
        if(array[i] == y)return 0;          /*前面几行已经在 y 位置上有元素*/
        if(array[i] + i == x + y)return 0; /*上右下左对角线*/
        if(i-array[i] == x-y)return 0;      /*上左下右对角线*/
    }
    return 1;
}
void dfs(int row)                           /*第 row 个皇后*/
{
    int i,j;
    if(row == n+1)                          /*此时已有一个解*/
    {
        cnt++;
        for(j=1;j<=n;j++)
        {
            printf("%d",array[j]);
        }
        printf("\n");
        return ;
    }
    for(i = 1;i <= n;i++)       /*从一横排的所有位置开始，判断该位置能否放皇后*/
    {
        if(check(row,i))        /*第 row 个皇后能否放在 i 位置*/
        {
            array[row] = i;
            dfs(row+1);         /*接着放下一个*/
            array[row] = 0;     /*回溯*/
        }
    }
}
void main()
{
    printf("请输入皇后的个数：");
    scanf("%d",&n);
    dfs(1);
    printf("%d 个皇后一共有%d 个解\n",n,cnt);
}
```

【算法性能分析】

（1）时间复杂度。

n 皇后问题的解空间是一棵 m（m=n）叉树，树的深度为 n。最坏情况下，除最后一层，有

$1+n^1+n^2+\cdots+n^{n-1}=(n^{n-1})(n-1)\sim n^{n-1}$ 个结点需要扩展，且这些结点的每个都要扩展 n 个分支，因此总分支个数为 n^n，而每个分支都要判断约束条件，判断约束条件需要 O(n)时间，因此总耗时为 $O(n^{n+1})$。在叶子结点处输出当前最优解需要耗时 O(n)，最坏情况下回溯搜索每一个叶子结点，叶子个数为 n^n，耗时为 $O(n^{n+1})$。因此，n 皇后问题的时间复杂度为 $O(n^{n+1})$。

（2）空间复杂度。

回溯算法是在搜索过程中动态地产生问题的解空间，因此在任何时刻，算法只保留从根结点到当前扩展结点的路径，而根结点到当前结点的最长路径是 n，因此 n 皇后问题的空间复杂度为 O(n)。

值得注意的是，本例在求解过程中，解空间树过于庞大，因此时间复杂度很高，算法效率就会降低。可以使用剪枝函数或限界函数减小解空间树规模，这样可以大幅提升算法效率。

9.3 贪心算法

9.3.1 贪心算法概述

贪心算法的本质是通过当下最好的选择得到最优解，意味着贪心算法总是从局部最优选择得到全局最优选择。

1. 贪心算法的特点

（1）根据当前已有的信息选择出对当前而言的最优解。

（2）一旦做出选择，不管将来的结果如何，这个选择都不会改变。

（3）这个选择不一定是最优解，可能只是最优近似解。

（4）选择的贪心策略直接决定了算法的好坏。

（5）运用贪心策略解决的问题，在程序运行中无回溯过程。

2. 贪心算法的基本实现步骤

（1）将原问题分解为若干个相互独立的子问题。

（2）根据贪心策略对每个子问题进行贪心求解，求出局部最优解。

（3）将每个子问题的解合并为原问题的可行最优解或近似最优解。

9.3.2 案例分析与实现

贪心算法可以解决的典型问题包括会议安排问题、背包问题、最优装载问题、删数问题、汽车加油问题、最短路径问题、哈夫曼编码、最小生成树等。本节以背包问题为例来分析贪心算法。

【案例描述】

国庆节假期，小明约朋友一起去徒步旅行，徒步旅行需要带上水、面包、饼干、拐杖、充电器、安全绳等必须的徒步物品。如果包装体积太大，则外包装可以拆分成若干个小的独立包装。但小明的背包容量和承受重量的能力是有限的，请你帮小明规划一下，怎样才能携带更多的徒步物品呢？

【案例分析】

假设小明需要携带 n 种物品，每种物品都有一定的重量 w 和体积 v，背包的容量有限，能带走 m 重量的物品，一种物品只能拿一样，物品可以分解。怎样才能使背包装载更多的物品呢？

我们可以尝试的贪心策略有下面三种。

（1）每次挑选重量最轻的物品装入背包，得到的结果是否最优？

（2）每次挑选体积最小的物品装入背包，得到的结果是否最优？

（3）每次选取单位体积重量最小的物品，能否使背包装载最多？

试想如果每次挑选重量最轻的物品，但这个物品体积太大，则无法满足小明的要求，因此第一种贪心策略得舍弃；如果每次挑选体积最小的物品，但这个物品的重量很重，也无法满足小明的要求，因此第二种贪心策略也不合适；第三种贪心策略选择单位体积重量最小的物品，如果可以达到装载量 m，那么背包能装载的物品一定最大，因此第三种策略可以选择。

【解决思路】

（1）数据初始化。

将 n 种物品的重量、体积和单位体积重量（重量/体积）存储在结构体 count 中；背包能够承载的总体积用 total 表示，初始值为 0。

（2）贪心策略。

假设现在有一些可供选择的装备，重量和体积如表 9-1 所示，背包装载最大能力 m=20，怎么装入更多的装备呢？

表 9-1 物品清单

物品 i	1	2	3	4	5	6	7	8	9	10
体积 v[i]	2	1	3	4	1	2	3	5	3	6
重量 w[i]	5	3	6	5	2	3	5	4	2	4

根据我们所选的贪心策略，每次选择单位体积重量最小的物品，可以按照重量/体积的升序排序，排序后的结果如表 9-2 所示。

表 9-2　根据单位体积重量最小排序后的清单

物品 i	9	8	10	4	6	7	5	3	1	2
体积 v[i]	3	5	6	4	2	3	1	3	2	1
重量 w[i]	2	4	7	5	3	5	2	7	5	3
单位体积重量（重量/体积）	0.67	0.8	1.16	1.25	1.5	1.67	2	2.33	2.5	3

我们把原问题分解成 10 个子问题，看每个子问题的单位体积重量是否为最小，根据贪心策略，单位体积重量最小即为最优解，因此：

第一次选择装备 9，剩余容量 20−3=17；

第二次选择装备 8，剩余容量 17−5=12；

第三次选择装备 10，剩余容量 12−6=6；

第四次选择装备 4，剩余容量 6−4=2；

第五次选择装备 6，装备 6 的体积是 2，因此背包正好可以装下装备 6，背包剩余容量为 0。

（3）构造最优解。

把上述物品的序号组合在一起，就得到了最优解{9,8,10,4,6}。

【代码实现】

贪心算法如算法 9-3 所示。

算法 9-3　贪心算法

```
#include <stdio.h>
#define MAX 10
int n,c;
struct Object
{
    int volume;             /*物品体积*/
    int weight;             /*物品重量*/
    double rate;            /*单位体积重量*/
}Obj[MAX];

void sort( struct Object A[]);
void load( struct Object A[]);

int main()
{
    printf("请输入背包的最大物品数量和重量上限：");
    scanf("%d %d",&n,&c); /*输入背包体积上限和重量上限*/
    printf("请输入每个物品的体积和重量：\n");
    for(int i=0;i<n;i++)
    {
```

```
        /*输入物品的体积和重量，循环次数由输入的体积上限决定*/
        scanf("%d %d",&Obj[i].volume,&Obj[i].weight);
        Obj[i].volume = Obj[i].volume*Obj[i].weight;
        Obj[i].rate=Obj[i].weight/(Obj[i].volume*1.0);
    }
    sort(Obj);
    load(Obj);
}

/*排序算法*/
void sort(struct Object A[])
{
    int i,j;
    for (i = 0;i < n - 1;i++)
    {
        int a = i;
        for (j = i + 1;j < n;j++)
            if (A[j].rate > A[a].rate)
                {
                    a = j;
                }
        struct Object temp=A[a];
        A[a]=A[i];
        A[i]=temp;
    }
}

void load(struct Object A[])
{
    int D=0,E=0;                /*D 为最大重量，E 为最大体积*/
    for(int i=0;i<n;i++)
    {
        if(A[i].weight<=c)
        {
            E+=A[i].volume;     /*保存最大体积*/
            D+=A[i].weight;     /*保存最大重量*/
            c-=A[i].weight;     /*更新背包剩余重量*/
        }
        else
        {
            int demo=(A[i].weight/A[i].volume*1.0)*c;
            E+=demo;
            D+=demo*A[i].volume/A[i].weight*1.0;
            break;
        }
    }
    printf("背包装载的最大重量是：%d\n",D);
}
```

【算法性能分析】

（1）时间复杂度。

本案例的时间主要消耗在单位体积的重量排序，采用的是冒泡排序法，算法的时间复杂度为 $O(n^2)$。

（2）空间复杂度。

本案例的存储空间主要消耗在存储装备的单位体积的重量排序，采用的是冒泡排序法，因此空间复杂度为 O(1)。

值得注意的是，由于 0-1 背包问题中的物品不允许拆分，因此使用贪心算法解决该问题可能只会得到近似最优解。同时，贪心算法的时间复杂度取决于采用的排序算法，还可以选择快速排序或归并排序等方法解决本案列提出的问题。

9.4　动态规划算法

9.4.1　动态规划算法概述

动态规划算法与分治算法类似，其本质也是把原问题分解为若干个子问题求解。不同的是，分治算法是自顶向下求解子问题，且子问题相互独立，而动态规划算法是自底向上求解子问题，子问题不是相互独立的。

动态规划算法的本质是先求解最小子问题，然后把这个子问题的解存入一个表格，再求解较大的子问题。由于动态规划的子问题不是相互独立的，意味着子问题存在重叠情况，在求同一个子问题的解时，可以直接从表格中获取解，而不需要重复求解，这样可以大大提升算法效率。

1. 动态规划算法的特点

（1）原问题划分为若干个子问题，这些子问题相互之间不独立。

（2）自底向上求解。

（3）所有子问题的解只用求一次。

（4）存储子问题的解。

2. 动态规划算法的基本实现步骤

（1）设计递归模型。

（2）利用历史数据推算出子问题之间存在的关联方程式。

（3）最小子问题的初始化。

（4）返回结果。

9.4.2　案例分析与实现

动态规划算法可以解决的典型问题包括切割钢条问题、爬楼梯问题、0-1 背包问题、最长公共子序列/最长回文子序列问题、投资分配问题、最优二叉搜索树问题等。在第 9.3 节中阐述了用贪心算法解决背包问题（物品可分解），但解决 0-1 背包问题（物品不可分解）时有可能只会得到近似最优解。本节用动态规划算法解决 0-1 背包问题。

【案例描述】

我们在超市购物时，一般会推一辆购物车或提一个购物篮，选购的商品会放进购物车或购物篮，由于购物车和购物篮的容量有限，如何选择使得我们购买的商品性价比最高？需要注意的是，超市的商品不允许拆分，要么买，要么不买，同一种商品不能装入多次。

【案例分析】

0-1 背包问题是给定 n 个重量为{w1,w2,⋯,wn}、价值为{v1,v2,⋯,vn}的物品和一个容量为 C 的容器，求这些物品中的一个最有价值的子集，并且要能够装到容器中。

【解决思路】

首先判断当前容器的容量是否可以容纳该物品，如果物品重量超过当前容器的容量，就不可以放入，如果小于，则需要进一步判断。假设当前物品为 i，重量为 wj，则取前 i-1 个物品装入容量为 j 的背包的价值和前 i-1 个物品装入容量为 j-wj 的背包加上物品 i 的价值的最大值。

按照这样的思路，根据动态规划的特点，填写过程表格，背包最大的价值就是过程矩阵最后一个元素的值，最后可以倒推求出哪些物品被放入容器中。

【代码实现】

动态规划算法的代码实现如算法 9-4 所示。

算法 9-4　动态规划算法

```
#include<stdio.h>
struct Goods
{
    int id;                 /*物品编号*/
    int is_in_bag;          /*当前物品是否在背包中，1 表示在背包，0 表示不在*/
    int weight;             /*当前物品的重量*/
    int value;              /*当前物品的价值*/
}goods[50];                 /*目前所支持的最大物品数量为 50，可根据实际情况调整*/
/*函数原型声明*/
int KnapSack(struct Goods goods[50],int n,int C); /*求背包的最大价值*/
void PrintInfo(struct Goods goods[50],int n);     /*输出物品信息*/
void IsInBagInfo(struct Goods goods[50],int n);   /*装入背包中的物品信息*/
```

```
int main()
{
    int i;
    int capacity;          /*背包的容量*/
    int goods_number;      /*物品的个数*/
    int max_value;         /*最大价值*/
    /*输入背包的容量、物品个数、物品重量、物品价值*/
    printf("请输入背包容量:");
    while(scanf("%d",&capacity) != EOF)
    {
        printf("请输入物品的个数:");
        scanf("%d",&goods_number);
        while(goods_number > 50)
        {
            printf("抱歉，当前所允许的最大物品数量为50，请您重新输入");
            scanf("%d",&goods_number);
        }
        printf("请输入%d物品的重量:",goods_number);
        for(i=0;i<goods_number;i++)
        {
            goods[i].id=i+1;
            goods[i].is_in_bag=0;   /*默认表示当前物品不在背包中*/
            scanf("%d",&goods[i].weight);
        }
        printf("请输入%d个物品的价值:",goods_number);
        for(i=0;i<goods_number;i++)
        {
            scanf("%d",&goods[i].value);
        }
        /*输出用户输入的信息*/
        PrintInfo(goods,goods_number);
        /*求最大价值*/
        max_value=KnapSack(goods,goods_number,capacity);
        /*输入背包中的物品信息*/
        IsInBagInfo(goods,goods_number);
        /*输出最大价值*/
        printf("\n最大价值为%d",max_value);
        /*开始下一次计算*/
        printf("\n\n\n请输入背包容量");
    }
    return 0;
}
/*输出物品信息*/
```

```
void PrintInfo(struct Goods goods[50],int n)
{
   int i=0;
   printf("------------------------------------------------------------\n");
   printf("您输入的物品信息如下:\n");
     printf("\n 物品 ID\t 重量\t 价值\n");
      for(i=0;i<n;i++)
      {
         printf("%d\t%d\t%d\n",goods[i].id,goods[i].weight,goods[i].value);
      }
}
/*求背包的最大价值*/
int KnapSack(struct Goods goods[50],int n,int C)  /*n 为物品数量，C 为背包容量*/
{
   int i,j;
   int V[50][50]={0};                        /*存放迭代结果*/
   for(i=0;i<=n;i++)
   {
      V[i][0]=0;
   }
   for(j=0;j<=C;j++)
   {
      V[0][j]=0;
   }
   for(i=1;i<=n;i++)
   {
      for(j=1;j<=C;j++)
      {
         if(j<goods[i-1].weight)       /*物品重量大于背包重量，不能放入*/
            V[i][j]=V[i-1][j];
         else                          /*物品重量小于等于背包重量*/
         {
            V[i][j]=(V[i-1][j]>V[i-1][j-goods[i-1].weight]+goods[i-1].
            value)?V[i-1][j]:V[i-1][j-goods[i-1].weight]+goods[i-1].value;
         }
      }
   }
   /*求装入背包的物品*/
   for(j=C,i=n;i>0;i--)
   {
      if(V[i][j]>V[i-1][j])
      {
         goods[i-1].is_in_bag=1;
         j=j-goods[i-1].weight;
      }
      else
```

```
        {
            goods[i-1].is_in_bag=0;
        }
    }
    /*输出计算过程*/
    printf("---------------------------------------------------------------\n");
    printf("计算过程如下:\n");
    for(i=0;i<=n;i++)
    {
        for(j=0;j<=C;j++)
            printf("%3d",V[i][j]);
        printf("\n");
    }
    /*返回背包的最大价值*/
    return V[n][C];
}
/*输出装入背包中的物品信息*/
void IsInBagInfo(struct Goods goods[50],int n)
{
    int i=0;
    printf("---------------------------------------------------------------\n");
    printf("背包中的物品为:\n");
    printf("物品 ID\t 重量\t 价值\n");
    for(i=0;i<n;i++)
        {
            if(goods[i].is_in_bag==1)

printf("%d\t%d\t%d\n",goods[i].id,goods[i].weight,goods[i].value);
        }
}
```

【算法性能分析】

（1）时间复杂度。

本案例在计算背包最大价值的函数中包含了两层嵌套循环，此处是程序消耗时间最多的地方，因此本案例的时间复杂度为 O(n*w)，其中 n*w 为二维数组的元素个数。

（2）空间复杂度。

由于本案例中使用了二维数组，因此本例的空间复杂度为 O(n*w)，其中 n*w 为二维数组元素的个数。

值得注意的是，当 w 很大时，时间复杂度和空间复杂度都非常高。

9.5　本章小结

本章主要论述了分治算法、回溯算法、贪心算法和动态规划算法四种常见的算法。

（1）分治算法是一种搜索算法，其本质是将原问题分解成若干个相互独立的子问题，采用自顶向下的方法求解，通常采用递归方法实现该算法，因此其时间复杂度相对较高。

（2）回溯算法是一种择优搜索算法，根据约束条件搜索问题的解，当发现找到的不是最优解或无法满足约束条件时，则回退尝试别的解决路径。回溯算法通常也采用递归方法实现，在搜索过程中需要通过剪枝函数或限界函数避免移动到不可能产生解的子空间。回溯算法的时间复杂度是由解空间树的规模决定的。

（3）贪心算法的本质是从局部最优得到全局最优解，贪心算法在程序运行过程中无法回溯，并且贪心算法得到的全局最优解有可能是近似最优解。贪心算法的时间复杂度取决于采用的排序算法。

（4）动态规划算法也是把原问题分解为若干个子问题，从底向上逐步求解，该算法的子问题不是相互独立的，每个子问题得到的解将存入表格，这样所有子问题的解只用求一次。动态规划算法的每个子问题之间存在关联方程式，其时间复杂度和空间复杂度都取决于表格单元格的数量。

习　题

一、选择题

1. 分治算法的核心就是分而治之，其中的“治”描述错误的是（　　）。

   A. 分治算法通过治理小问题来治理大问题

   B. 分治算法递归治理小问题

   C. 分治算法需要将子问题的解归并成大问题的解

   D. 治理子问题时，会有重复性治理子问题的现象

2. 动态规划算法的基本要素为（　　）。

   A. 最优子结构性质与贪心选择性质　　B. 重叠子问题性质与贪心选择性质

   C. 最优子结构性质与重叠子问题性质　　D. 预期排序与递归调用

3. 能采用贪心算法求最优解的问题，一般具有的重要性质是（　　）。

A. 重叠子问题性质与贪心选择性质　　B. 最优子结构性质与贪心选择性质

C. 预期排序与递归调用　　D. 最优子结构性质与重叠子问题性质

4. 回溯算法在问题的解空间树中，按（　　）策略，从根结点出发搜索解空间树。

A. 广度优先　　B. 活结点优先

C. 扩展结点优先　　D. 深度优先

5. 回溯算法的效率不依赖于（　　）因素。

A. 满足显约束的 x[k]值的个数　　B. 问题解空间的形式

C. 产生 x[k]的时间　　D. 计算上界函数的时间

二、简答题

1. 分治法的三个步骤是什么？
2. 回溯法的特点是什么？
3. 贪心算法的本质是什么？
4. 什么是动态规划算法？

参考文献

[1] 严蔚敏，李冬梅，吴伟民.数据结构（C 语言版）[M].2 版.北京：人民邮电出版社，2022.

[2] 李云清，杨庆红，揭安全.数据结构（C 语言版）[M].北京：人民邮电出版社，2014.

[3] 陈小玉.趣学数据结构[M].北京：人民邮电出版社，2021.

[4] 陈小玉.趣学算法[M].2 版.北京：人民邮电出版社，2022.

[5] 王争.数据结构与算法之美[M].北京：人民邮电出版社，2021.

[6] 耿国华.数据结构——用 C 语言描述[M].北京：高等教育出版社，2011.